高等职业教育农业农村部『十三五』规划教材

第二版

茶树栽培技术

蔡烈伟 主编

U0298816

中国农业出版社
北京

第二版

编审人员名单

主　编　蔡烈伟

副主编　杨双旭　龚　恕

编　者　（以姓氏笔画为序）

　　　　刘　威　刘　敏　安丰轩

　　　　李　丹　杨双旭　邵克平

　　　　徐凯明　龚　恕　彭　青

　　　　蔡烈伟

审　稿　骆耀平

第一版

编写人员名单

主　编　蔡烈伟

副主编　陈昌辉　袁　丁　张　敏

编　者　（以姓氏笔画为序）

　　　　杨双旭　张　敏　陈昌辉

　　　　袁　丁　徐凯明　彭　青

　　　　蔡烈伟

第二版前言

　　《茶树栽培技术》自2014年7月出版以来，受到了诸多高职院校师生的好评，入选高等职业教育农业农村部"十三五"规划教材。为了更好地发挥规划教材的作用，根据《国家职业教育改革实施方案》《职业教育提质培优行动计划（2020—2023）》《关于推动现代职业教育高质量发展的意见》等文件精神，我们在征求部分学校、企业、行业人员意见的基础上，就教材内容进行了修订，新版教材更注重理论知识和实践操作的有机融合，尽可能满足茶类相关专业人才培养的需要。

　　此次修订主要涉及以下范围和内容：一是按"任务驱动，项目导向"式组织教材内容，设立"知识目标""能力目标""知识准备""拓展知识"和"思考题"，以体现职业教育的特色；二是吸收茶树栽培技术方面的创新成果，调整、补充相关内容；三是考虑到教材使用的周期性，删除上一版教材的项目十二，增加拓展知识，调整任务及思考题的内容与要求，以适应"互联网＋职业教育"的发展需求。

　　《茶树栽培技术》教材的修订由校政行企四方人员共同完成，具体分工为：蔡烈伟（宁德师范学院）编写了绪论、附录部分，刘敏（江苏农林职业技术学院）编写了项目一，刘威（信阳农林学院）编写了项目二，龚恕（浙江经贸职业技术学院）编写了项目三、项目七，李丹（宜宾职业技术学院）编写了项目四、项目十，彭青（恩施职业技术学院）编写了项目五，杨双旭（漳州科技职业学院）编写了项目六，徐凯明（汉中职业技术学院）编写了项目八、项目十一，安丰轩（广西职业技术学院）编写了项目九。福建省品品香茶业有限公司的邵克平参与了本教材技能实训内容的编写。本教材由蔡烈伟进行统稿。本教材承蒙浙江大学骆耀平教授审稿。

　　本教材在编写过程中，我们参考了一些教材和资料，同时，教材编写工作得到了各相关院校领导的重视和支持，在此一并表示诚挚的谢意。限于编者水平，教材中难免存在疏漏之处，恳请广大读者批评指正。

编　者

2021 年 12 月

我国是茶树的原产地，是最早发现和利用茶叶的国家，经历了从药用到饮用、从利用野生茶树到人工栽培茶树的发展过程。广大茶农在长期的茶树栽培过程中积累了丰富的实践经验，现代的科学研究成果将传统的生产技术进一步升华和发展，形成了系统的茶树栽培理论和技术体系。

茶叶是我国山区的主要经济作物之一，对山区农村经济发展具有重要作用。随着经济、社会快速发展，物质生活水平不断提高，以及人们对饮茶与健康的深刻认识，茶叶生产得到更广泛的关注和重视。同时人们对茶产业也提出了新的要求，茶叶生产已从数量扩张型转为质量效益型。为使高等职业教育教学适应茶叶生产的理念更新、生产转型，把更多关于茶树栽培的新品种、新技术、新方法传授给学生，我们编写了这本《茶树栽培技术》。

《茶树栽培技术》是茶学类专业的主修骨干核心课程。我国目前没有专门的高职高专茶树栽培技术教材，一直以来，各地高职教学沿用的本科教材强调理论体系，技能培养不足。而本教材则按就业岗位群所需的知识点及要求来安排和组织教学内容，坚持以高级茶园工的职业需求为导向，以国家职业资格标准为依据，紧密结合茶叶生产实际，重点介绍茶园土壤管理技术、病虫害防治技术、修剪技术、育苗技术、采摘技术等内容，突出开放性和实践性，学会解决生产中的实际问题。为有利于学习与复习，各章的前面加入"知识目标"和"技能目标"，章末加入"练习与思考"，同时，本教材既有专业理论又有实训操作，体现了职业教育的特色，所选内容可操作性强，且与企业实践紧密结合，着重培养实践技能和自主学习能力。

《茶树栽培技术》是集体智慧的结晶，参加编写的人员都是长期从事高职教育的"双师型"教师，在茶叶生产技术方面具有丰富的实践经验。教材具体编写分工为：蔡烈伟（漳州科技职业学院）编写绪论、项目一及附录部分；陈昌辉（四川农业大学）编写项目四、项目十；袁丁（信阳农林学院）编写项目二；张敏（湖北三峡职业技术学院）编写项目三、项目七、项目九；徐凯明（汉中职业技术学院）编写项目八、项目十一；彭青（恩施职业技术学院）编写项目五；杨双旭（漳州科技职业学院）编写项目六、项目十二。本教材由蔡烈伟主编并统稿。

本教材部分彩页图片由天福茶博物院提供。教材编写过程中，我们参阅了许多同行、专家的论著、文献、资料、消息报道等，除去书后开列的参考文献外，还有其他许多参阅文献、资料，恕不一一列出。在此一并向这些文献、资料的作者表示真诚的谢意。

限于我们的学术水平和实践经验，书中的不妥之处在所难免，恳请各位同仁批评指正。

编　者

2014 年 1 月

目 录

绪　论

一、茶树栽培的意义

中国是茶的故乡，也是产茶大国，世界各国的茶种、种茶技术最初都是从我国直接或间接传入的。东汉的《神农本草经》中有记载："神农尝百草，日遇七十二毒，得荼而解之"，这是迄今发现的关于茶的最早文字记载。此处的"荼"是"茶"字的古代异体字，指的就是茶，也就是说，在公元前的神农时代人们就发现茶具有解毒的功效，并加以利用。这说明中华民族在远古史前阶段就已经有了对茶的认识和利用，在其后的漫长岁月中，茶逐渐成为人们普遍喜爱的饮料。

茶是一种天然饮料，对人体具有营养价值和保健功效。作为饮料，茶对人的保健作用一直处在被人们的不断发现与认定之中。数以百计的中医文献将茶的医药功效归纳为以下几个方面：少睡、安神、明目、清头目、止渴生津、清热、消暑、解毒、消食、醒酒、去肥腻、下气、利水、通便、治痢、去痰、祛风解表、坚齿、治心痛、疗疮治瘘、疗饥、益气力、延年益寿等。现代医学研究利用先进的分离、分析仪器和方法，已从茶叶中分离、鉴定出700多种内含成分，其中具有较高营养价值的成分有各种维生素、蛋白质、氨基酸、脂类、糖类及矿物质元素磷、钾、钙、镁、铁等。在这些成分中，证明对人体有保健和药用价值的成分主要有茶多酚、咖啡碱、茶多糖、茶氨酸、茶黄素、茶红素、β-胡萝卜素、叶绿素、茶皂素、氟和硒等无机元素、维生素等。

在20世纪，茶与咖啡、可可齐名，被誉为世界性的三大饮料。随着科学的发展和研究的深入，人们发现饮茶在保健等方面的作用越来越多。目前已被现代科技证实的茶及其提取物的医疗和保健功效有：抗肿瘤、抗突变、抗衰老、美容、抗疲劳、抗辐射、抗重金属毒害、代谢调节、生理调节、抑制有害微生物、抗龋齿、增强记忆及改善大脑功能等。这正如唐代著名药学家陈藏器所著《本草拾遗》中说"诸药为各病之药，茶为万病之药"。著名药学家李时珍在《本草纲目》中全面地总结了茶的功效："茶苦而寒，最能降火，火为百病，火降，则上清矣。"

茶不仅可以饮用，在医学、药理学、日用化工、水产养殖和建筑材料等方面也有十分好的应用前景。而且，人们对茶树的利用不仅仅是将芽叶制成各类茶叶，还综合利用茶树的其他组织，开发出许多可为人们利用的其他茶产品。如茶籽中的含油量达24%～30%、粗蛋白质含量达11%、淀粉含量达24%，还有其他糖类、氨基酸和皂素等，可利用其精炼食油、工业用油，茶油具有极高的营养价值和养生保健功效，被誉为"东方橄榄油"。茶籽还是化工、轻工、食品、饲料工业产品等的原料。所以茶树已经不是单一的叶用作物，其树体的各部分都具有综合利用的价值。

茶树一经发现与利用，就在我国广泛传播，并随着我国茶叶生产及人们饮茶风尚的发展，对外国产生了巨大的影响。中国茶叶、茶树、饮茶风俗及制茶技术最早于6世纪传入朝鲜、日本，其后由南方海路传至印度尼西亚、印度、斯里兰卡等国家，16世纪传播至欧洲各国进而传到美洲大陆，而由我国北方传入波斯、俄罗斯等国，并在世界各国广泛种植。目前世界上已有61个产茶国家。茶叶受到各地人们的喜爱，消费量不断增长，成为主要饮料之一，茶叶的生产和消费有明显的增长趋势。

由于贴近社会、贴近生活、贴近百姓，茶成为人们生活的重要组成部分，是日常不可或缺的生活物质。我国56个民族自古爱茶，各族人民都有饮茶的习惯，都有以茶敬客、以茶祭祖、以茶供神、以茶联谊的礼俗，尤其是边疆少数民族地区，更是把茶叶作为每天必不可少的食料。因此，种茶制茶也成为许多地方重要的生产活动。在我国南方，特别是山区，茶叶生产在地方经济中占有重要地位，目前全国共有20多个省份近1 000个县（市、区）产茶。如云南省129个县（县级市、区）中，有120个种植茶叶，涉及茶叶种植、加工、流通、服务业的人口约占全省人口的1/4。福建省除海岛平潭外，县县产茶。为了推进经济结构的战略性调整，促进产业升级，提高中国在国际社会中的综合国力和竞争力，2000年国家颁布的《当前国家重点鼓励发展的产业、产品和技术目录》中共有28个领域526种产品位列其中，茶叶就是其中之一。

茶叶还是我国传统的出口商品，在国际市场上享有盛誉。现在我国茶叶销往世界五大洲100多个国家，特别是非洲国家，对我国的绿茶情有独钟。我国还有许多特种茶，如乌龙茶、普洱茶等也在许多国家畅销不衰。随着人们对茶的营养价值和药用功能的认识和发现，茶越来越受到人们的关注和喜爱。

学习茶树栽培技术，可以为我们今后的茶叶生产工作或从事涉茶行业提供理论指导。

二、茶树栽培技术课程的主要内容

在中国，人工栽培茶树的历史已有3 000多年。随着人们对茶树利用经验的不断积累，有关茶的栽培知识也不断丰富。西晋的《广志》就对茶树外部形态进行描述，是记载较早的茶树栽培技术。唐代陆羽（733—804年）撰写了世界上第一部茶学专著《茶经》，对茶的栽培、采制、制作、煎煮、饮用的基本知识，唐代茶叶的历史、产地，乃至茶叶的功效，都做了简述。唐末五代之间的《四时纂要》就有了茶树栽培技术的具体记载。经过多代人的不断探索实践，积累了丰富的茶树栽培技术知识。特别是最近数十年，在茶树栽培上，普遍改丛栽为密植条栽，研究出快速成园的矮化密植速生栽培技术，极大地提高了广大茶农的种茶收益与种茶积极性。同时，在茶树新品种选育工作中，育成了一大批高产、优质、多抗的国家级茶树新品种，并普遍推广了无性繁殖技术，极大地提高了茶园良种化的比例，加速了茶园良种化的进程，使茶叶的产量、品质和抗性得到大幅度的提高。悠久的茶树栽培历史积淀了丰富的实践经验，现代科技文明又进一步完善和发展了茶树栽培理论和技术，形成了系统完整的茶树栽培技术理论。

　　茶树栽培技术充分考虑职业教育的特点，把课程教学与茶园管理岗位的真实工作内容紧密结合起来，与茶学专业的各门基础课程、专业课程密切联系，能广泛地应用植物与植物生理、土壤学、气象学、遗传学、生物化学等专业基础知识，联系茶树自然特征特性，制订出科学的综合农业技术措施，获得优质、高效、可持续的生产目的。其主要内容有以下几个部分。

　　第一，对茶树栽培历史及其演变扼要地加以概述，了解茶树栽培的过去以及它对世界茶叶发展的贡献。叙述了茶树的原产地及其在国内外的传播历史，同时简要介绍了中国茶区的分布、主要产茶省份的茶叶生产概况、世界茶区分布及主要产茶国生产概况，对各地茶树栽培经验和生产上取得的成绩做了重点介绍。这可以认识中国辽阔的茶区以及不同茶区自然条件的复杂性，从而知道对不同茶树品种采取不同技术措施，以适应不同茶类对茶树种植的要求。

　　第二，根据国内外现有资料，系统归纳、阐明茶树栽培的生物学基础和茶园生态问题。简述茶树在植物分类学上的地位以及茶树根、茎、叶、花、果的形态特征与内部结构，介绍了茶树的一生生长发育规律和周年生长发育规律。并随着茶园生态研究的深入，讨论气象要素、土壤条件、生物因子与茶树生长发育的关系，为茶树栽培技术的研究提供理论依据和奠定良好的基础。

　　第三，重点阐述了一系列实用栽培技术措施。对茶树的各种繁育方法，着重在扦插繁殖和种子繁殖两个方面，内容包括如何加速繁殖、培育壮苗等。同时也介绍了新茶园的建立方法，包括园地选择、规划、垦殖和茶树种植、幼苗管理技术，强调生态茶园的建设标准和设置防护林、遮阳树的意义与方法。茶树栽培管理技术大体上可分土壤管理和树冠管理两个方面。前者包括茶园土壤耕作、水分管理、茶园施肥等。后者包括应用剪、采技术，培养和改造树冠，塑造持续高产的树型和茶树自然灾害与病虫害的防治等。土壤管理和树冠管理两者是相互作用、相互促进的。茶园土壤管理的目的主要是加强营养元素，促进土壤中微生物繁育，调节土壤三相状态，不断累积肥力，为促进根系生育创造良好条件。茶树树冠管理的目的主要是培养树冠，调节养料和水分的输送分配，促进新梢生长使其密而壮、多而重，以达到高产优质的目的。本教材还叙述了低产茶园的改造及改造后的管理技术。所有管理技术是有机联系、相互作用的，在具体运用时，应注意技术上的配套，要有重点、有主次，并因茶树立地条件、树龄、茶类要求而有区别对待。

　　第四，教材以附录的形式列举了有关有机茶生产的中华人民共和国农业行业标准，希望能够通过各种栽培技术措施，生产出符合无公害、绿色、有机食品要求的茶叶。

　　茶树栽培技术是茶叶生产与加工技术专业和茶艺与茶文化专业的骨干核心课程，也是一门理论和实践紧密结合的职业核心能力培养课程。课程教学的目的是通过系统的学习与实践，了解茶树的植物学和生理学特性，掌握茶树栽培技术基本理论和实践技能，包括茶树形态特征辨识、扦插、修剪、采摘、施肥、保护等技术环节。通过不断的生产实践教学，不仅能独立完成茶树栽培整个生产工作过程，还可以独立进行新茶园建立和低产茶园改造等技术工作，为从事茶树栽培工作打下坚实的理论和实践基础。同时随着对茶树的生长发育规律、生态条件以及优质高效丰产栽培技术的学习与认识，进一步拓宽专业基础课的领域，为开设茶叶加工技术、茶叶审评与检验等课程打下基础。

三、课程的教学方法

在课程教学中，要遵循职业教育规律，理论教学以必需、够用为度，实践教学以培养职业能力为核心，因此要特别强调以就业为导向，产教融合，校企合作，突出教学内容的目的性、针对性、适用性。

一是在课程设计上注重综合职业能力的培养。本课程要以高等职业院校人才培养的理念为依据，产教融合，加强校企合作，紧紧围绕茶园管理与茶叶生产企业岗位的实际需求，以职业能力培养为重点，分析本地区茶叶企业岗位的能力要求，针对实际生产中的茶树栽培过程开展课程的开发与设计，使真实的栽培工作任务及其过程在整个教学内容、教学环节中得到体现，从而制订满足岗位能力要求的课程标准。立足地方，实施"工学结合"的人才培养模式，通过产学合作把理论学习与生产实际有机地结合起来，学习的内容是生产过程，通过生产过程实现学习目标。通过企业参与人才的培养，赋予其"学生"和"茶园工"双重身份，专业学习具有课堂与茶园两个教学场所，形成专业学习和岗位工作交替进行的培养模式，以提高学生职业能力。

二是在教学内容的组织安排上与茶园管理工职业岗位能力相对接。茶树栽培技术是一门实践教学标准与职业岗位能力标准相吻合的课程，在教学中要体现岗位技能要求，培养实践操作能力。把茶园企业员工应当具备的职业知识、职业能力、职业道德融入课程教学内容中，根据茶园企业岗位能力的需要构建茶树栽培技术的教学体系，科学、合理地设计每个教学环节，充分体现课程教学的职业性、实践性和开放性。本课程重点传授茶树栽培实用技术，教学内容紧密结合地方茶业生产实际来合理安排，突出茶园土壤管理技术、病虫害防治技术、修剪技术、育苗技术、采摘技术等，为解决实际生产中的问题提供科学的理论依据。

三是在教学方法上理论与实践相结合。以培养高技能人才为先导，以培养动手能力和创新能力为目的，教师为主导，学生为主体，改变以课堂和教师为中心的传统教学组织形式，使学习过程即工作过程，将学生角色转化为茶树栽培工作者，工作过程即学习过程，教师转换为工作过程的指导者。构建理论教学、单项实训教学、生产实训、综合实训的技能教学体系，充分利用校内教学资源和校外实训基地，搭建课堂与茶园两个教学平台，教学内容与工作任务合一，教学情境与工作场景合一，让学生边学边练，在学中做，在做中学，融"教、学、做"为一体。在掌握扎实理论的基础上，通过教学和生产性综合实训，独立完成生产中各环节的工作任务，从而实现培养茶树栽培生产实用技能人才的目标。

学习本门课程时，不仅要学好本门课程的内容，还必须与基本理论和专业基础课相互融合在一起。在学习的同时，还要查阅大量的课外学习资料，不断吸取新成果、新经验，提高发现问题和解决问题的能力。要重视与社会生产实际相结合，多观察、多实践，因地制宜，切实掌握好对当地茶叶生产有用的栽培技术。

项目一　茶树栽培简史与茶叶生产概况

知识目标

1. 了解茶树栽培的简史。
2. 了解我国主要产茶省份茶叶生产概况。
3. 知道茶树起源于我国西南茶区。
4. 了解世界主要产茶国茶叶发展概况。
5. 熟练掌握我国四大茶区的基本特点。
6. 掌握我国主要产茶省份的基本情况。

知识准备

任务一　茶树的原产地与传播

中国是茶树的原产地，又是世界上最早发现、栽培茶树并利用茶叶的国家。中国茶树栽培的发展历史与世界茶树栽培历史密切相关，经过不断传播和交流，中国的茶籽、茶苗、栽培技术等直接或间接地传入世界主要产茶国，并逐渐发展而形成现今的世界茶区布局。

茶树的原产地是近百年来国际植物学界争论的理论问题之一，17 世纪以前，这个问题并不存在争议，普遍认为茶树原产于中国，然而，1824 年驻印英军勃鲁士（Bruce）在印度阿萨姆省发现了野生茶树，并于 1838 年发表了有关茶树原产地的小册子，称印度是茶树的原产地。此后，许多学者对茶树原产地开展了广泛而深入的研究，提出了关于茶树原产地的多种观点。20 世纪以来，尤其是 20 世纪后半叶，各种研究结果都充分证明中国西南部是茶树的原产地，并以此为中心向外传播。

一、茶树的原产地

在植物学分类系统中，茶树属于被子植物门（Angiospermae），双子叶植物纲（Dicotyledoneae），山茶目（Theales），山茶科（Theaceae），山茶属（*Camellia*）。

瑞典科学家林奈（Carl von Linné）在 1753 年出版的《植物种志》中，将茶树的学名定为 *Thea sinensis* L.。以后，茶树曾有 20 多个学名，但公认的是 *Camellia sinensis* (L.) O. Kuntze。

茶树的起源与原产地是两个既有联系又有区别的学术问题。茶树的起源目前还没有确切的依据和定论，有研究认为，茶树是由第三纪宽叶木兰（*Magnolia liliflora Desr*）和中华木兰（*M. mioclnica*）进化而来的。在漫长的古地质和气候等的变迁过程中，茶树形成其特有的形态特征、生长发育和遗传规律。

大量的历史资料和近代调查研究成果，不仅能确认中国是茶树的原产地，而且已经明确中国的西南地区，包括云南、贵州、四川是茶树的起源中心。

（一）中国的西南部山茶属植物最多

茶树所属的山茶科山茶属植物起源于上白垩纪至新生代第三纪，距今大约有 7 000 万年，它们分布在劳亚古北大陆的热带植物区系，当时我国的西南地区位于劳亚古北大陆的南缘。目前，全世界山茶科植物有 23 个属计 380 余种，而在我国就有 15 个属 260 余种，大部分分布在我国西南部的云南、广西、贵州和四川等省份。根据我国科学工作者的考察和研究，常见的与茶树同属的植物有红山茶（*C. Japounica* Linn.）、油茶（*C. olifera* Abel.）、红花油茶（*C. chekiangoleosa* Hu ex Chang）等，茶树与这些植物在植株形态、分枝习性、芽叶特征、花器构造等方面很相似，并在同一植物自然分布区相互混生。乌鲁夫在他的《历史植物地理学》中指出："许多属的起源中心在某一个地区集中，指出了这一植物区系的发源中心。"由于山茶科山茶属植物在我国西南地区的高度集中，表明我国的西南地区就是山茶科山茶属植物的发源中心，当是茶的发源地。

（二）中国西南部野生茶树最多

野生茶树是在一定的自然条件下自然繁衍生存下来的一个类群。我国是野生大茶树发现最早最多的国家。唐代陆羽（733—804 年）在所著《茶经》中称："茶者，南方之嘉木也。一尺、二尺乃至数十尺；其巴山峡川有两人合抱者，伐而掇之。"宋代沈括（1031—1095 年）的《梦溪笔谈》也称"建茶皆乔木"，明代云南《大理府志》载"点苍山（下关）……产茶树高一丈。"可见，我国早在 1 200 多年前就已发现野生大茶树。另外，我国云南临沧市凤庆县发现目前世界上发现的最古老最粗壮的栽培型古茶树，树高 10.2m，树幅 11m×11.3m，树龄在 3 200～3 500 年，被誉为"世界茶王之母"。据统计，我国西南部发现的野生茶树占全国 10 个省份 200 余处的 70% 以上，其中树干直径在 1m 以上的特大型野生大茶树几乎全部分布在云南；此外，云南省镇沅、澜沧、双江等地均发现连片野生茶树群落，其类型之多、数量之大、面积之广，均为世界罕见，这是原产地植物最显著的植物地理学特征。

（三）中国西南部茶树种内变异最多

茶树原为同源植物，由于第三世纪后的地壳剧烈运动，出现了喜马拉雅山和横断山脉的上升，在冰川和洪积的影响下，我国西南地区的地形发生了重大的改变，这一地区的地形、地势被切割、断裂、上升或凹陷，高差明显，既有起伏的群山，又有纵横交错的河谷，地形变化多端，形成了立体气候，原属劳亚古北大陆的热带气候变成多种类型的气候块，从而使茶树发生同源隔离分居状况。在低纬度和海拔高低相差悬殊的情况下，使平面与垂直气候分布差异很大，原来生长在这里的茶树，慢慢地分散在热带、亚热带和温带气候之中。

处于热带高温、多雨、炎热区域的乔木型茶树，适者生存，逐渐形成了温润、强日照的性状；处于温带气候中的茶树，一部分死亡，一部分改变某些特性，如叶片变小、变厚，树型矮化，从而适应较寒冷和较干旱的气候环境，形成了耐寒、耐旱、耐阴的小乔木或灌木型中小叶茶树；而位于上述两带之间茶树，则养成了喜温、喜湿的性状。最初的茶树原种逐渐向两极延伸、分化，最终出现了茶树的种内变异，发展成了热带型和亚热带型的大叶种和中叶种茶树，以及温带型的中叶种和小叶种茶树。中国西南部茶树有乔木、小乔木、灌木型，有大叶、中叶、小叶种。因此，种内变异之多，资源之丰富，是世界上任何其他地方不能相比的。

（四）中国西南部最早利用茶，有最丰富的茶文化内容

1975 年云南省博物馆提供了宾川羊树村原始社会遗址出土的一块红土泥块中果实印痕标本，经专家鉴定是茶树果实（李璠，1994），并认为中国古代甲骨文中就有了茶字。唐代陆羽《茶经》云："茶之为饮，发乎神农氏，闻于鲁周公。"并提到中国西南部巴山峡川有两人合抱的野生大茶树。北宋乐史《太平寰宇记》也有"泸川有茶树，夷人常携瓢攀登茶树采茶"的记载。此后，史书关于大茶树的描述更是不计其数。

据文字记载和考证，在战国时期，巴蜀就已形成一定规模的茶区。顾炎武曾经指出，"自秦人取蜀而后，始有茗饮之事"，认为中国的饮茶，最初是秦统一巴蜀之后，在巴蜀发展为业的。西汉成帝时王褒在所著《僮约》（前 159 年）一文中就有记载"烹茶尽具"和"武阳买茶"（武阳为今四川省彭山区），表明当时那里已经饮茶成风，而且有了专门用具，茶叶已经商品化，出现了茶叶市场。这说明 2 000 多年前四川已经是种茶、饮茶的中心了。

茶的利用史和茶文化的发展从另一层面佐证了茶树起源于我国西南部。

二、茶树的传播

李璠认为，茶树从原产地——云南向各个方向扩展，由于地理气候不同以及经过人工和自然的选择，形成了不同的茶树类型。由西藏山系和云贵高原发源下来的诸河流沿岸山林中蕴藏着许多野生茶树，各条江河中下游分别流入印度、越南和缅甸等国家，这些国家的大叶种茶树和云南大叶茶的向西、向南传播是有极深的历史渊源的。印度生长的野生茶树，据考证就是阿萨姆茶，是云南大叶茶的栽培类型；而越南和缅甸所称的掸部种，与我国广泛分布在云南、广西的栽培类型白毛茶一致。

根据对茶树酯酶同工酶的研究结果，初步认为茶树是从原产地呈扇状向外传播扩

散的。一条是从地势高的云南向地势低的东南方向扩散，后沿海北上；另一条是向西北方向扩散。在传播过程中，从海拔高向海拔低的地方传播要早于向西北方向扩散（鲁成银，1992）。根据茶树资源的萜烯指数（TI）推测，茶树在我国有 4 条主要传播途径：第一条从云南经广西、广东、福建到浙江，即沿海路传播；第二条从云南先经四川，再进入陕西；第三条从云南沿长江，自四川、湖北传至安徽和江苏；第四条从云南经四川到贵州、湖南进入江西和浙江。

世界上其他产茶国的茶树均直接或间接地源于中国。据日本文献记载，唐代永贞年（805 年）最澄禅师从中国带回茶树的种子，种植于近江（今日本滋贺县），这是日本种茶之始。印度第一次栽培茶树始于 1780 年东印度公司从广东、福建带回茶树种子，种植于不丹和加尔各答植物园中，1850 年又再次运去大量茶子。1812 年，中国茶子及茶树栽种、制作技术传至巴西，这是南美种茶之始。1841 年，因咖啡遭受虫灾，锡兰（今斯里兰卡）开始引种中国茶树。1883 年俄国从湖北运去茶苗和种子，种植于黑海沿岸的外高加索地区，这也是现今俄罗斯和格鲁吉亚的主要茶区。20 世纪 60 年代以来，我国又先后将鸠坑种、祁门种等输入几内亚、马里、阿尔及利亚、巴基斯坦、摩洛哥等国家，并多次派出茶叶专家指导种茶、制茶。

任务二　中国茶树栽培简史

茶树的栽培与茶的发现、利用密切相关，其历史悠久，可追溯到远古时代，而最早有关茶的发现、利用、栽培等活动，往往只能凭借一些文化遗迹和历史资料进行推论。综合目前的研究成果，茶树栽培历史可以划分为以下几个发展时间。

一、茶树栽培的起始时期

秦（前 220 年）以前，是发现、利用茶和栽培茶树的起始时期。在漫长的原始社会中，由于没有文字，当时的史情无法记载，只能靠人们代代相传下去，有些则被后人补记，并且从局部地区渐渐流传开来。有的则是通过一些神话和传说，让人们去研究和了解当时人类的活动。唐朝陆羽在《茶经》指出："茶之为饮，发乎神农氏。"由于许多人将炎帝传说成是神农，发现茶的时代便成为公元前 2737—前 2697 年，距今已有 4 000 余年历史。《神农本草经》载："神农尝百草，日遇七十二毒，得荼而解之。"这里的荼即为茶，即在公元前的神农时代就发现了茶。神农时代是"只知其母，不知其父"的母系氏族社会，由此推断，即在原始社会母系氏族以采集、狩猎活动时期，茶树便被发现、采集与利用，这样算，茶的发现利用距今已有六七千年甚至上万年的历史。

伴随着原始、粗放农业的发展，人们开始对野生茶树进行驯化、人工栽培以满足需要。东晋常璩所著《华阳国志》（公元 347 年）记载："武王既克殷，以其宗姬于巴，爵之以子，上植五谷，牲具六畜，桑、蚕、麻、丝、鱼、盐、铜、铁、丹、漆、茶、蜜……皆纳贡之。"说明早在 3 000 多年前的周武王伐纣时期（前 1066 年），巴蜀一带就已用所产的茶叶作为贡品。更重要的是该书还提到"园有芳蒻、香茗"，这清楚地表明在周代以前，巴蜀一带已有人工栽培的茶园。

我国最古老的诗歌集《诗经》是最早出现"荼"字的古籍，其中有"谁谓荼苦，其甘如荠"的诗句，这与唐代陆羽《茶经》"啜苦咽甘，茶也"意思差不多。这表明当时人们在利用茶的过程中，已对茶的特性有一定的认识，并在诗歌中反映出来。

二、茶树栽培的扩大时期

秦汉到南北朝时期（前221—589年），是茶树栽培在巴蜀地区发展，并向长江中下游扩展的阶段。秦统一中国后，茶叶随巴蜀与各地经济、文化交流和人员往来而逐渐传播开来，茶树栽培技术也开始向当时的政治、经济和文化中心的陕西、河南传播，使陕西南部和河南南部都成为最古老的北方茶区。其后，茶树栽培又逐渐向长江中下游扩展，传至南方各省份。

《四川通志》载："名山县之西十五里有蒙山……即种仙茶之处。汉时甘露祖师姓吴名理真者手植，至今不长不灭，共七小株……"汉时甘露是指汉宣帝"甘露"年号（前53—前50年），说明西汉时已在蒙山人工种植茶树。至今蒙山顶上上清峰仍有遗址。

《尔雅》是我国最早的一部辞书，书中的《释木篇》有："槚，苦荼"记载。东晋郭璞注："树小如栀子，冬生，叶可煮作羹饮。"东汉许慎的《说文解字》也说："荼，苦荼也。"把茶列于辞典并加以注释，表明当时茶与人们生活已有较密切的关系。

西汉时期，记载茶的文献逐渐增多，茶的利用日趋广范，茶树栽培区域也渐而扩大。茶陵是西汉时设的一个县，以其地出茶而名，《汉书·地理志》记载："茶陵者，所谓陵谷生荼茗焉。"茶陵邻近江西、广东边界，表明西汉时期茶的生产已经传到了湘、粤、赣毗邻地区。随着农业、手工业和商品经济的发展，茶叶需求量增加，茶树栽培也不断扩展。东汉《桐君录》载"西阳、武昌、晋陵皆出好茗"，西阳为今湖北黄冈，晋陵即今江苏常州，表明长江中下游一带的茶叶也开始著名。东晋杜育在《荈赋》更是对茶树种植进行了专门的描述："灵山惟岳，奇产所钟。厥生荈草，弥谷被岗。承丰壤之滋润，受甘霖之霄降。"写茶树在良好的生长环境、土壤条件下，经雨露滋润而生长繁茂。

佛教从汉代开始传入，到南北朝时大为盛行。饮茶因能静心驱睡，受到坐禅诵经的佛教徒的青睐。同时，两晋、南北朝时，道教兴起，道家更视茶为修炼养生之"仙药"。茶树也随着佛教、道教的传播而在各地广泛种植，进而推动了茶叶的发展。如当时在南方的一些名山寺院，如江西庐山，浙江天台山、径山、雁荡山，四川青城山、峨眉山，安徽九华山、黄山等地，都陆续种植茶树。据《临海县志》引用抱朴子《园茗》记载："盖竹山有仙翁茶园，旧传葛玄植茗于此。"书中介绍葛玄于赤乌年（238—239年）先后创建了浙江天台山上首批道观，并在天台山主峰华顶和临海盖竹山开辟了"葛仙茶圃"，至今，华顶峰归云洞前尚存茶园遗迹。《图经》《地理志》《华佗食经》等古书记载，两晋及南北朝时期，茶叶的产地除四川外，在长江中下游地带，湖北的江陵、黄冈、武昌，湖南的常德、沅陵，河南的汝南，浙江的吴兴，江苏的宜兴、淮安，安徽的合肥等地，也均已广泛种植茶树。

三、茶树栽培的兴盛时期

隋唐至清（581—1911 年）是我国历史上茶叶生产的兴盛时期。

隋统一全国并修凿了沟通南北的运河，对促进唐代的经济、文化以及茶业的发展起到了积极作用。封演在《封氏闻见记》（8 世纪末）中记载："古人亦饮茶耳，但不如今人溺之甚，穷日尽夜，殆成风俗。始自中地，流于塞外。"这说明唐代中期，茶从南方传播到中原，又由中原传播到了边疆，已经成为举国之饮。经济的发展，茶叶消费的兴盛，极大地促进了茶叶生产的发展，茶树栽培的规模和范围不断扩展。唐贞元年间（785—804 年）浙江盛产紫笋茶的顾渚山，出现了官办的"贡茶院"，有制茶工人千余人，采茶役工达两三万人。在不少地方还出现了官办的"山场"，如寿州一个官营茶园，需派兵三千来保卫。江南茶叶生产，集一时之盛。当时史料记载，安徽祁门周围，千里之内，各地种茶，山无遗土，业于茶者七八。大茶园的纷纷出现，标志着植茶的已形成专业经营。公元 780 年，世界第一部茶叶专著——陆羽《茶经》问世，该书共分三卷十节，是中唐以前有关茶叶知识和实践的总结。由《茶经》和唐代其他文献记载来看，当时人们对茶树生长特性、适宜的生态条件、宜茶栽培的土壤、茶树品种等茶树栽培技术已经积累了宝贵的经验。这时期的茶树栽培区域已遍及现在的川、渝、陕、豫、鄂、湘、皖、滇、桂、贵、闽、赣、浙、苏等省份，几乎达到了与我国近代茶区相当的局面。唐朝中期后，如《膳夫经手录》所载："今关西、山东，闾阎村落皆吃之，累日不食犹得，不得一日无茶。"中原和西北少数民族地区，都嗜茶成俗，于是南方茶的生产，随之空前蓬勃发展了起来。尤其是与北方交通便利的江南、淮南茶区，茶的生产更是得到了格外发展。

到宋朝，饮茶风俗已相当普及，"茶会""茶宴""斗茶"盛行，宋代产茶州府达101 个，辖县约 500 个，茶区推进到北纬 36°，关于茶树对外界环境条件的要求、种茶区域、茶树品种、植茶技术等方面的记载更加详细、丰富，茶树栽培技术有了很大提高。宋徽宗赵佶还亲自撰写了茶书《大观茶论》，其中有"植茶之地，崖必阳，圃必阴""今圃家皆植木以资茶之阴"。《建安府志》载："开畲茶园恶草，每遇夏日最烈时，用众锄治，杀去草根，以粪茶根……若私家开畲，即夏末初秋各用工一次。"这些论述，都清楚地说明宋朝人们对茶树与环境的关系比唐朝时期有了更深刻的认识，并且注重茶园管理的精耕细作。同时，宋代许多产茶地还重视茶树品种的研究和选择，竞相选择芽重和芽长的茶树良种来种植。如《东溪试茶录》中"一曰白叶茶，民间大重，出于近岁，园培时有之，地不以山川远近，发不以社之先后，芽叶如纸，民间以为茶瑞。……次有柑叶茶，树高丈余，径头七八寸，茶厚而圆，状类柑橘之叶。其芽发即肥乳，长二寸许，为食茶之上品……"就对茶树品种性状进行了详细的描述和比较。

在此期间，茶树开始向国外传播。公元 804 年，日本僧人最澄来我国浙江学佛，回国时（805 年）携回茶籽，种植于近江国（今滋贺县）比睿山麓（今为大津市坂本）日吉神社旁。据韩国古籍《三国史记》卷十《新罗本记》的记载，新罗兴德王三年（828 年），遣唐使大廉由中国带回茶籽，种于地理山（今智异山）。宋朝时，日本"茶祖"荣西禅师第二次来我国浙江学佛，于 1191 年归国时，把茶籽带回日本并种植在肥前国（今日本九州）平户岛，以后传播开来成为现在著名的宇治茶、伊势茶、静冈茶、狭山茶的产地。

元代茶区在宋代基础上又有新的拓展，主要分布在长江流域、淮南及广东、广西一带，全国茶叶产量约 10 万 t。

明代茶叶生产的地域分布，较之前代又有所扩展。除北直隶、山东、山西布政司生态环境不宜植茶外，南直隶及其他 11 个布政司均有生产，而且在秦岭、淮河以南广阔的茶区内，许多不曾产茶的地方开始引种茶叶，且形成名茶；有的地方则是传统生产又有新的发展，出现了全面发展、名品纷呈的繁荣局面。明初郑和下西洋的过程中，将茶籽带到了台湾，从此台湾岛上开始有了茶叶生产。至明代中叶以后普洱茶异军突起，"较他茶为独盛"。至于传统产茶地区的新发展就更多，最突出的要数闽茶。明代《茶考》记载："嘉靖中……环九曲之内，上下数百家，皆以种茶为业，岁所产数十万斛（唐朝之前，1 斛＝60 千克。宋朝开始，改为 1 斛＝30 千克）。水浮陆转，鬻之四方，而武夷之名甲于海内矣。"明末谈迁亦说："今但知武夷而不知北苑矣。"又如湖茶，明代中期开始崛起，行于天下，在西北茶市上与川茶争雄，终于成为边销茶中的大宗。还有汉中茶，在明代中后期，由于茶市贸易的刺激和流民的涌入，"聚集栽培""开垦日繁，栽种日盛""新开茶园，日新月异，漫无稽考""民获其利"。当时"一家茶园，有三五日程历不遍者，有百余户佃种不周者"，产量日益扩大，为明代西北茶马互市提供了茶叶资源供应。

清代（1644—1911 年）茶叶产区更加扩大，尤其是茶叶出口激增，使茶树栽培迅速发展。据估计，当时茶园面积已达到 40 万～46.7 万 hm^2，为历史的最高纪录，1886 年茶叶总产量达到 22.5 万 t，出口量 13.41 万 t，并形成了以茶类为中心的栽培区域。据有关文献记载，当时云南茶园面积已具有相当规模，成为重要的名茶产区，"名重于天下，此滇之所以为产而资利赖也。出普洱所属六茶山……周八百里，入山作茶者数十万人"。

在茶树栽培管理上，明清较唐宋时期有明显的飞跃。据万国鼎统计，从唐代到清代共有茶书 98 种，而明清就有 66 种之多。众多的茶书从另一个侧面反映了植茶技术的成果，尤其是在茶树繁殖、茶树种植、茶园间作、覆盖以及修剪等方面创立的许多新技术和方法，谱写了茶树栽培史的光辉篇章。如在明代，茶树繁殖除用茶籽直播外，有的地方还采用育苗移栽法，并且有茶树无性繁殖的报道。罗廪《茶解》提出在茶园可间作桂、梅、兰、松、竹、菊花等清香之品，人工营造新的植物群落，构建复合茶园，使茶园生态环境改善，茶叶品质提高并能抑制杂草生长。清代也提出在茶园覆盖干草以抑制杂草滋生，对茶树进行修剪以促其更新复壮。

四、茶树栽培的衰落时期

清末至中华人民共和国成立（1911—1949 年），为华茶衰落时期。清光绪末年后，国内连年战争，中国沦落为半封建半殖民地。封建地主、洋行买办和官僚资本相互勾结，残酷地压迫和剥削茶农。政府苛政重税，茶农辛劳利微，茶园荒芜，茶叶品质下降，竞销实力日衰。此时，国外植茶业兴起，印度、斯里兰卡等国家引入我国先进的栽培技术，并相继利用机械大量生产红碎茶竞相出口，致使世界茶价下降，我国的茶业受到很大的影响。

这一时期，国内先后在南京创办了"江南植茶公所"，在湖北羊楼洞、安徽祁门、浙江上虞、湖南高桥、福建福安等地兴办了茶叶示范场或改良机构。提出"中国茶业复兴计划"，实施茶树栽培改良新法，创办茶学刊物，出版《种茶法》等专著，宣传茶叶科技知识，等等。后又在福建武夷山建立了财政部贸易委员会茶叶研究所，进行内容广泛的茶叶生产试验研究与技术推广。但因政局动乱，社会封闭落后，仍扭转不了当时全国茶叶产销急剧滑坡的形势，到 1949 年全国（包括台湾）茶园面积仅存 15.5 万 hm²，产茶 4.1 万 t，茶叶出口 2.17 万 t，跌入中国茶叶史上最低谷。

五、茶树栽培的恢复与再发展时期

1949 年中华人民共和国诞生，党和政府针对当时中国茶叶生产衰落不堪的状况采取了各种有效的政策和措施，大力扶持和发展茶叶生产，组织垦复荒芜茶园，开辟新茶园，扩大茶树种植区域，推广良种，实行科学种茶，建立和健全茶叶教学机构和科研机构，茶树栽培迅速恢复并获得飞速发展。

1950—1979 年为我国茶树栽培恢复与发展时期。恢复和新建了试验机构，茶叶科技开始复苏与发展，组织茶农垦复荒芜茶园 13 万 hm²，因地制宜地综合治理低产衰老茶园 20 万 hm²，在丘陵山坡地开辟集中成片的水平梯级茶园或等高条栽密植茶园 53 万 hm²。同时陆续兴办了 300 多个大型国营茶场，建起了几百个商品茶生产基地，建立了茶叶出口生产体系，从而改变了世纪之初茶区零星、分散、衰老的面貌，促进了全国茶叶生产的不断发展。山东、西藏和新疆试种茶树获得成功，茶叶产地由原来的 14 个省份、500 余个县（市），扩大到遍布 20 个省份、近 1 000 个县（市）。1979 年全国茶园种植面积已达 105 万 hm²，茶叶产量 27.72 万 t，出口茶叶达 10.68 万 t，分别是 1949 年的 6.8、5.4、4.9 倍。使我国茶叶生产开始进入一个新的发展阶段。

1980 年以来为我国茶业振兴时期。随着我国改革开放及市场经济的发展，茶叶生产和科技都得到快速发展。首先在茶区推行家庭联产承包责任制，极大地调动了茶农的积极性，改变了计划经济体制下茶叶供不应求的局面，开始走产业化经营之路。这阶段，我国茶园面积稳定在 110 万 hm²，由于茶园结构改善和新技术应用，提高了茶园单产，并改善了茶叶品质，从而使茶叶总产量和产值得以增加。按采摘面积计算，由 1980 年每 351kg/hm² 提高到 2019 年的 911kg/hm²，增加了近 2 倍，说明茶园种植质量和生产水平的提高；茶叶加工也逐步实现了全程机械化，茶叶商品范围扩大，名优茶产销两旺，丰富了茶叶品种，繁荣了茶叶市场经济。1997 年，全国名优茶产量达 10.7 万 t，产值 41.2 亿元，分别占全国总产量和产值的 17.5% 和 48.4%。

随着产销量的增加，中国茶的世界地位逐步提高。目前，我国茶园面积之大、茶叶品类之多及茶树资源之丰富，均列世界产茶国之首。2019年我国茶园种植面积306.52万 hm²，居世界第一位；茶叶产量279.34万 t，居世界第一位；茶叶出口量36.47万 t，居世界第二位。

这一时期，我国选育了一批茶树良种，建立了种质资源库。从20世纪50年代开始，全国开展了茶树品种资源调查和新品种的选育与推广。分别于1984年、1987年、1994年、1998年、2002年、2004年、2006年、2010年、2011年和2014年通过了10批国家级认（审、鉴）定茶树良种134个，育成品种104个，省级认（审、鉴）定品种近200个，植物新品种权40多个，取得登记品种47个。至20世纪80年代中期，保存在全国各地的茶树良种种质资源已达3 500多份。茶树育种为实现茶树无性系良种化奠定了物质基础。组织培养技术的成功和各种测试技术的应用，也大大提高和拓展了育种手段。

创新技术的推广和运用，深刻地改变了中国茶园面貌，丰富了茶树栽培研究成果。通过大力推广和运用低产茶园改造、茶树良种、深耕肥土、合理密植、修剪培育、灌溉施肥、耕作除草、防治病虫、茶园作业机械和合理采摘等技术措施，使茶园管理科学规范。进入20世纪80年代以后，茶园面积基本稳定，茶树栽培的重点放在改善茶园结构、提高茶园单产、促进茶园效益上，注重选用早生种，采用覆盖栽培和采摘前期手采名优茶、中后期机采大宗茶等技术，各地出现大批"一优二高"的茶园，为配合名优茶的生产，茶树的设施栽培技术得到迅猛发展。近些年来，绿色高效安全茶叶生产技术、茶园减肥减药"双减"技术和有机茶生产技术等也在全国各地茶园广泛运用。

茶树栽培教学、研究和学术交流也得到蓬勃发展。1950年复旦大学和武汉大学农学院相继招收茶叶专修科学生，开设茶树栽培等课程。1952年全国大专院校进行院系调整，浙江农学院、安徽农学院等相继成立茶叶（业）系，此后，湖南农学院、西南农学院、华南农学院、福建农学院也先后设立茶叶专业。全国还在浙江、江西、贵州、湖北、四川等产茶省中等专业学校开设茶叶专业，形成我国茶学教育体系。与此同时，安徽、四川、云南、福建、湖南、湖北、贵州、浙江等地还成立了许多"茶叶改良场"和"茶叶试验场（站）"，主要从事茶树栽培和茶叶加工。1957年在杭州建立中国农业科学院茶叶研究所，这标志着中国茶树栽培进入到有组织、有计划的发展阶段。随后，各省的试验场（站）纷纷改建为研究所，重点开展茶树栽培研究，形成中国茶树栽培科技新体系。2009年开始，国家及各省份纷纷建立茶叶产业技术体系，围绕产业发展需求，集聚优质资源，进行共性技术和关键技术研究，急速推进了茶树栽培科学研究的发展进程。另外，由于教学和科研单位的恢复和发展，极大地促进了茶树栽培学术交流活动的开展，各地相继建立了省级茶叶学会，形成群众性的学术团体体系，有力地促进了茶树栽培科学研究向前推进。随着研究的深入，出版了一批茶树栽培的专著和实用技术读物。从20世纪50年代以来，出版的茶树栽培专著和教材有《茶树栽培学》《茶树育种学》《茶树生理》等30余种；出版《茶树高产优质栽培新技术》《茶树良种》《茶园土壤管理与施肥》《有机茶生产与管理技术问答》等实用技术读物近百种，为培养人才、普及茶树栽培的知识做出了贡献。

任务三　中国茶叶生产概况

中国茶树栽培历史悠久，是世界上最古老的茶叶生产国。茶树适生地区辽阔，自然条件优越，随着茶的利用不断增多和深入，茶树的种植区域也不断扩大。

一、中国茶叶生产区域

目前，中国的种茶区域南起北纬18°的海南省三亚市，北抵北纬38°附近的山东蓬莱，西自东经94°的西藏自治区察隅，东至东经122°的台湾阿里山。这片茶树分布区域，共包括浙江、云南、四川、贵州、广东、广西、海南、湖南、湖北、福建、江西、安徽、河南、江苏、陕西、山东、重庆、甘肃以及西藏等省（自治区、直辖市），植茶区域主要集中在北纬32°以南、东经102°以东的浙江、福建、湖南、湖北、安徽、四川、云南、台湾等地。全国共有1 000多个县产茶，有的省如浙江、福建等，几乎县县产茶。

由于地理纬度、海陆分布和地形条件的影响，中国茶区内的自然环境差异很大，整个茶区地跨6个气候带，即中热带、边缘热带、南亚热带、中亚热带、北亚热带和暖日温带，各地在土壤、水热、植被等方面存在明显差异。主要产茶区分布在亚热带区域，其中中亚热带和南亚热带比较集中。从地形条件来看，有平原、盆地、丘陵、山地和高原等各种类型，海拔高低悬殊。在垂直分布上，茶树最高种植在海拔2 600m的高地上，而最低仅距海平面几米的低丘。一般都在海拔800m以下，尤其以海拔200～300m的低山丘陵栽培较多。全国茶区地势东南低，西南高。不同地区生长的不同类型和不同品种的茶树，决定着茶叶的品质及其适制性和适应性，形成了一定的茶类结构。

由于纬度、海拔、地形和方位等不同，各地气候、土壤、地势条件都有很大差别。就气候而言最冷月（1月）平均气温，江北茶区的信阳在1℃左右，江南茶区的杭州在4～8℃，华南的广州在10℃以上，西南的重庆在6～8℃；最热月（7月）除云贵高原外，大都在27～28℃。年平均降水量，北部茶区较少，在1 000mm以下，长江流域茶区在1 000～1 500mm，华南茶区达到1 500～2 000mm，长江流域4月雨量开始增加，5—6月为梅雨期，雨量多，7—8月雨量相对较少，9月雨量又较多。气温和雨量自北向南相伴增高；土壤自北而南呈黄棕壤、黄褐土、红壤、黑土、砖红壤分布，且多为酸性红黄壤。生态环境条件不仅对茶树生育有明显的影响，而且要求的栽培技术也有所不同。

2019年，中国大陆共有茶园306.52万hm²，茶叶总产达279.34万t，茶叶出口量35.52万t，产量和出口量分别占世界第一和世界第二。1980年以来中国大陆茶叶生产情况表见表1-1。

表 1-1　1980—2019 年中国大陆茶园面积、总产量和单产统计

年份	总面积/（万 hm²）	总产量/（万 t）	亩*产量/kg
1980	104.10	30.37	19.46
1981	104.08	34.26	21.96
1982	106.08	39.73	24.98
1983	109.69	40.06	24.36
1984	110.47	41.42	25.01
1985	107.74	43.23	26.76
1986	102.40	46.05	30.00
1987	104.40	50.80	32.46
1988	105.60	54.54	34.45
1989	106.50	53.50	33.51
1990	106.10	54.01	33.95
1991	106.00	54.16	34.08
1992	108.40	55.98	34.45
1993	117.10	59.99	34.17
1994	113.50	58.85	34.58
1995	111.50	58.86	35.21
1996	110.30	59.34	35.88
1997	107.60	61.34	38.02
1998	105.70	66.50	41.96
1999	113.00	67.59	39.90
2000	108.89	68.33	41.85
2001	114.07	70.17	41.03
2002	113.42	74.54	43.83
2003	120.73	76.81	42.44
2004	126.23	83.52	44.13
2005	135.19	93.49	46.12
2006	143.13	102.81	47.91
2007	161.30	116.50	48.17
2008	171.94	125.80	48.80
2009	184.85	135.90	49.04
2010	197.02	147.50	49.94
2011	220.70	155.29	46.91
2012	238.57	176.00	49.19
2013	257.93	189.00	48.85
2014	274.19	215.84	52.48
2015	287.70	224.90	52.11
2016	296.94	244.00	54.78
2017	305.48	267.86	58.45
2018	293.04	261.30	59.45
2019	306.52	279.34	60.75

（数据来源：国家统计局 2019 中国统计年鉴，农业农村部种植业管理司）

　　2019 年全国茶园面积最大的省份是云南省，其次是贵州省，茶园面积分别为 46.66 万 hm² 和 46.58 万 hm²；而茶叶产量最多的省份是福建省，干毛茶总产量达

---

* 　亩为非国际计量单位，1 亩≈667m²。——编者注

41.20 万 t。中国大陆各地茶叶生产情况见表 1-2。

表 1-2　中国大陆各地茶园面积、产量、单产统计（2019 年）

地区	总面积/（万 hm²）	总产量/（万 t）	亩产量/kg
云南	46.66	40.00	57.15
贵州	46.58	28.60	40.93
四川	38.33	30.09	52.33
湖北	33.00	33.54	67.76
福建	21.85	41.20	125.68
浙江	20.40	18.11	59.18
安徽	18.69	13.71	48.91
河南	11.63	7.53	43.15
湖南	17.75	22.31	83.78
陕西	14.36	9.17	42.57
江西	10.99	7.34	44.51
广西	7.71	8.83	76.38
重庆	4.69	4.12	58.61
广东	6.67	10.35	103.39
江苏	3.39	1.54	30.31
山东	2.37	2.66	74.72
甘肃	1.21	0.14	76.92
海南	0.24	0.092	25.55

（数据来源：农业农村部种植业管理司）

二、中国茶区的划分及其生产特点

茶区是自然、经济条件基本一致，茶树品种、栽培、茶叶加工特点以及今后茶叶生产发展任务相似，按一定的行政隶属关系较完整地组合而成的区域。中国茶树栽培历史悠久，在长期不同的发展过程中，茶叶生产区域内的生态环境、茶类生产、栽培技术、茶叶的产量、品质以及经济效益都经历了不同的变化，因此各时期茶区的划分也有差异。

（一）茶区的划分意义及其演变

划分农业区域是为了更好地开发利用自然资源，合理调整生产布局，因地制宜规划和指导农业生产提供科学依据。科学地划分茶区，是顺利、合理发展茶叶生产，实现茶叶生产现代化的一项重要的基础工作，也是一项很有意义的宏观科学研究。几千年来的中国茶叶生产，在其历史发展的不同阶段，划分茶区的依据、方法、提法等也不尽相同。

中国茶区最早的文字表达始于唐朝陆羽《茶经》。在《茶经》中，陆羽根据他对茶叶生产区的调查考察、资料收集以及实践经验等，结合当时的自然地理条件进行综合归纳，把当时植茶的 43 个州、郡划分为山南茶区、淮南茶区、浙西茶区、剑南茶区、浙东茶区、黔东茶区、江西茶区和岭南茶区等 8 大茶区。在很长时间内，对陆羽划分的茶区几乎没有异议，直到我国的茶叶生产经过几次起伏后，产区扩大，茶类增多，技术进步，才有不同的茶区分布理论。宋、元、明各代，茶树栽培区域又有进一步扩大，特别是宋代发展较快。至南宋时，全国已有 66 个州 242 个县产茶。元代茶区在宋代的基础上也有扩大。清代，由于国内饮茶风气的迅速传播和对外贸易的开展，使茶树种植区域又有新的发展，并在全国范围内形成以茶类为中心的 6 个栽培区域。

20 世纪 30 年代，吴觉农、胡浩川在 1935 年所著的《中国茶业复兴计划》一书中，根据茶区自然条件、茶农经济情况、茶叶品质好坏、茶区分布面积大小及茶叶产品的主要销路等，系统地将全国划分为外销茶、内销茶两大类 13 个茶叶产区，其中外销茶 8 个区，包括红茶 5 个区（即祁红、宁红、湖红、温红、宜红茶区）、绿茶 2 个区（屯绿、平绿）和乌龙茶 1 个区（福建乌龙）；内销茶 5 个区（即六安、龙井、普洱、川茶、两广）。这一划分是根据当时各种条件综合提出的，对近代茶叶生产具有一定的指导意义。陈椽 1948 年在《茶树栽培学》中根据茶区的行政区域、地势、气候、土壤、交通及历史习惯等因素提出，将中国茶区划分为浙皖赣茶区、闽台广茶区、两湖茶区和云川康茶区。庄晚芳 1956 年在《茶作学》一书中，又提出将全国产茶区划分为 4 大茶区：华中北茶区，包括皖北、豫、陕南等产茶区；华中南茶区，包括苏、皖南、浙、赣、鄂、湘等产茶区；四川盆地及云贵高原茶区，包括云、贵、川等产茶区；华南茶区，包括闽、粤、桂、台和湘南等产茶区。

中国茶叶编辑委员会 1960 年根据茶树分布、生长情况，土壤和气候特点，并结合各原产茶区的茶叶生产状况等因素，将我国茶叶产地划分为北部茶区、中部茶区、南部茶区和西南部茶区。中国农业科学院茶叶研究所 1981 年按照各产茶区的自然区划，分为淮北茶区、江北茶区、江南茶区、岭南茶区和西南茶区。1979 年 6 月至 1982 年 12 月，中国农业科学院茶叶研究所根据国家对农业区域进行宏观研究的要求，开展了中国茶叶区域的研究工作，根据不同的自然条件，研究茶树的生态适应性、茶类适制性，划分适宜生产区域，并根据国内外市场需要和发展趋势，以及各地社会经济条件，研究提出了合理的生产布局和建立商品基地的依据。在对中国各茶区作大量调研的基础上，整理分析了大量数据，将我国茶区划分为华南茶区、西南茶区、江南茶区、江北茶区等 4 大茶区。

（二）中国茶区的生产特点

我国茶区辽阔，分布在几个生态气候带内，生态环境对茶树的生育有明显的影响。茶区的划分是按茶树生物学特性，在适宜茶叶生产要求的地域空间范围内，综合地划分为若干自然、经济和社会条件大致相似、茶叶生产技术大致相同的茶树栽培区域单元。茶叶区划的确立，有助于因地制宜采用相应栽培技术和茶树品种，发挥区域生态、经济、技术优势。基于这种指导思想，依据各地多年的研究和实践，较统一的认识是将全国划分为三级茶区。一级茶区系全国划分，国家根据区域进行宏观指导；二级茶区由各产茶省（自治区、直辖市）自行划分，利于区域内生产调控和领导；三级茶区由各地（市）划分，具体指挥茶叶生产。

目前，依据我国茶区地域差异、产茶历史、品种分布、茶类结构、生产特点，全国国家一级茶区分为四大茶区，即华南茶区、西南茶区、江南茶区、江北茶区。各个茶区具有其自然概况和生产特点。

1. 华南茶区　华南茶区属于茶树生态适宜性区划的最适宜区，位于福建大樟溪、雁石溪、梅江、连江、浔江、红水河、南盘江、无量山、保山、盈江以南，包括福建中南部、广东中南部、广西和云南南部以及台湾和海南。华南茶区是我国气温最高的一个茶区。

华南茶区水热资源丰富，在有森林覆盖下的茶园，土层相当深厚，土壤有机质含量高。全区土壤大多为赤红壤，部分为黄壤。不少地区由于植被破坏，土壤暴露和雨水侵溶，使土壤理化性状不断趋于恶化，酸度增高。整个茶区高温多雨，水热资源丰富。年平均温度在 20℃ 以上，极端最低温度不低于 −3℃，≥10℃ 积温达 6 500℃ 以上，无霜期 300d 以上，大部分地区四季常青。全年降水量可达 1 500mm，降水量最多的地方年降水可达 2 600mm。全年降水量分布不匀，冬季降水量偏低，易形成旱季。干燥指数大部分小于 1，但海南省等少数地区干燥指数大于 1。

华南茶区茶树资源极其丰富，茶树品种主要为乔木型或小乔木型茶树，灌木型茶树也有分布。主要生产的有红茶、普洱茶、黑茶、黄茶、绿茶和乌龙茶等，所产大叶种红碎茶，茶汤浓度较大。

2. 西南茶区　西南茶区属于茶树生态适宜性区划的适宜区，位于中国西南部米仑山、大巴山以南，红水河、南盘江、盈江以北，神农架、巫山、方斗山、武陵山以西，大渡河以东的地区，包括贵州、四川、重庆、云南中北部和西藏东南部等地。西南茶区是中国最古老的茶区。

西南茶区地形复杂，地势起伏大。大部分地区为盆地、高原，土壤类型多。在云南中北部以赤红壤、山地红壤和棕壤为主，四川、贵州及西藏东南部则以黄壤为主，有少量棕壤，尤其川北土壤变化大。pH 5.5～6.5，土壤质地黏重，有机质含量一般较低。茶区内同纬度地区海拔高低悬殊，气候差别很大，大部分地区均属亚热带季风气候，水热条件总体较好，冬不寒冷，夏不炎热。茶区年均气温在 14～18℃，四川盆地年平均温度为 17℃ 以上，云贵高原年平均气温为 14～15℃。冬季一般最低温度为 −3℃，个别地区如四川万源极端最低温度曾到 −8℃。≥10℃ 积温为 5 500℃ 以上，全年大部分地区无霜期在 220d 以上，年降水量大多在 1 000mm 以上，有的地区如四川峨眉，年降水量可达 1 700mm。冬季降水量不到全年的 10%，易形成干旱。干燥指数小于 1，部分地区小于 0.75。茶区雾日多，四川全年雾日在 100d 以上，日照较少，相对湿度大。

西南茶区茶树资源较多，栽培茶树的品种类型有灌木型、小乔木型和乔木型茶树，主要生产红茶、绿茶、黑茶和花茶等。

3. 江南茶区 江南茶区属于茶树生态适宜性区划的适宜区，在长江以南，大樟溪、雁石溪、梅江、连江以北，包括广东和广西的北部，福建中北部，安徽、江苏、湖南、江西、浙江和湖北省南部，是我国茶叶的主产区，年产量大约占全国总产量的2/3。

江南茶区大多处于低丘低山地区，也有海拔在1 000m的高山，如浙江的天目山、福建的武夷山、江西的庐山、安徽的黄山等，茶区土壤主要为红壤，部分为黄壤或棕壤，少数为冲积壤，pH 5.0～5.5。有自然植被覆盖下的茶园土壤，以及一些高山茶园土壤，土层深厚，腐殖质层在20～30cm，而缺乏植被覆盖的土壤层，特别是低丘红壤，"晴天一把刀，雨天一团糟"，土壤发育差，结构也差，土层浅薄，有机质含量低。这些地区气候温和，四季分明，年平均气温在15.5℃，极端最低气温不低于-8℃，≥10℃积温为4 800℃以上，无霜期230～280d，常有晚霜。降水量比较充足，一般在1 000～1 400mm，全年降水量以春季最多。部分茶区夏日高温，会发生伏旱或秋旱。

江南茶区产茶历史悠久，资源丰富，历史名茶甚多，如西湖龙井、君山银针、洞庭碧螺春、黄山毛峰、庐山云雾等，享誉国内外。该茶区种植的茶树大多为灌木型中叶种和小叶种，以及少部分小乔木型中叶种和大叶种。主要生产绿茶、红茶、乌龙茶、白茶、黑茶、花茶。

4. 江北茶区 江北茶区属于茶树生态适宜性区划的次适宜区，南起长江，北至秦岭、淮河，西起大巴山，东至山东半岛，包括甘肃、陕西和河南南部，湖北、安徽和江苏北部以及山东东南部等地，是我国最北的茶区。

江北茶区地形复杂，茶区多为黄棕壤，部分茶区为山地棕壤，这类土壤常出现黏盘层，不少茶区酸碱度略偏高。与其他茶区相比，江北茶区气温低，积温少，茶树新梢生育期短，大多数地区年平均气温在15.5℃以下，≥10℃的积温在4 500～5 200℃，无霜期200d以上，极端最低气温在-10℃，个别地区可达-15℃。茶区降水量偏少，一般年降水量在1 000mm左右，个别地方更少，往往有冬、春干旱。全区干燥指数0.75～1.00，空气相对湿度约75%。

江北茶区茶树大多为灌木型中叶种和小叶种。有不少地方，因昼夜温度差异大，茶树自然品质形成好，适制绿茶，香高味浓。

三、中国主要产茶省份的生产概况

我国各省茶叶生产情况不同，栽培特点也不一致。在各产茶地区中，云南、四川、湖北、福建、浙江、贵州、安徽、湖南、台湾等的茶园面积和茶叶产量分别占我国茶园总面积和茶叶总产量的88.1%、83.5%，是茶叶主产区。现将这些省份的生产情况介绍如下。

（一）云南省

云南是茶树的原产地之一，据考证，早在3 000多年前云南境内的富源等地山中就产茶（《华阳国志·南中志》），据傣文记载，云南在1 700多年前已有茶树栽培。

现在云南的许多地方发现的 1 000~2 000 年的野生茶树以及景迈近千公顷千年古茶园佐证了悠久的产茶历史。云南茶叶在唐宋时已兴盛，宋代时普洱就是著名的茶马市场；明清时期继续扩展，1763 年云南就有了茶叶出口。据海关统计数据，1910 年云南茶叶出口为 15.02t，1936 年出口 77.82t，达旧中国云南茶叶出口历史最高水平。现在，云南 129 个县（县级市、区）中，有 120 个种植茶叶，涉及茶叶种植、加工、流通、服务业的人口约占全省人口的 1/4。2019 年，全省茶园面积约 46.66 万 hm^2，产量 40.00 万 t（表1-3）。

表 1-3　云南省茶园面积、总产量和单产统计

年份	总面积/（万 hm^2）	总产量/（万 t）	亩产量/kg
1949	1.07	0.25	15.58
1960	4.19	1.20	19.09
1970	5.46	1.46	17.70
1980	9.30	1.78	12.76
1990	16.04	4.48	18.62
2000	16.74	7.94	31.62
2005	21.85	11.59	35.36
2008	33.57	17.20	34.16
2010	36.77	20.70	37.53
2012	38.67	27.35	47.15
2017	41.30	38.76	62.56
2018	44.45	39.81	59.70
2019	46.66	40.00	57.15

（数据来源：农业农村部种植业管理司）

云南茶区属高海拔低纬度，气候环境特殊，加上地形复杂，形成区域性差异大、垂直变化十分明显的"立体气候"。茶园分布在海拔 1 200~2 000m，年平均气温在 12~23℃，年温差小、日温差大，活动积温 4 500~7 500℃。雨量充沛、旱雨季分明，年降水量一般在 1 000mm 以上，降水量北少南多，分布不均。无霜期在 230~330d。

云南省有丰富多彩的茶树品种资源，在勐库建有国家级茶树种质资源圃，收集保存资源 1 199 份。云南西部、南部基本种植大叶种，中部和东北部主要种植小乔木和灌木型品种。茶树全年生长期长，一般采摘期每年可达 8~9 个月。云南省生产的茶类主要有红茶（称为滇红）、绿茶、普洱茶和花茶等，尤其是红茶和普洱茶在市场上享有盛誉。

（二）贵州省

贵州是茶树的原产地之一，古茶树和人工栽培古茶树群广有分布，有世界唯一的

茶籽化石。早在唐代《茶经》中就有"茶之出黔中……往往得之，其味极佳"的记载。全省有 84 个市县区种植生产茶叶，2019 年全省茶园面积约 46.58 万 hm²，干毛茶总产量 28.6 万 t（表 1-4）。

表 1-4　贵州省茶园面积、总产量和单产统计

年份	总面积/（万 hm²）	总产量/（万 t）	亩产量/kg
2000	4.48	1.80	26.79
2002	4.73	1.74	24.52
2004	5.23	1.90	24.22
2006	6.36	2.50	26.21
2008	10.52	3.50	22.18
2010	16.72	5.20	20.73
2012	25.15	7.44	19.72
2017	47.84	32.72	45.60
2018	45.62	19.93	29.12
2019	46.58	28.60	40.93

（数据来源：农业农村部种植业管理司）

　　贵州省属亚热带湿润季风气候，全省大部分地区气候温和，冬无严寒，夏无酷暑，四季分明，是国内茶叶生产地中唯一兼具低纬度、高海拔、寡日照等特点的省份。年平均气温在 14～16℃，平均年降水量大部分地区在 1 100～1 300mm，光照条件较差，降雨日数较多，相对湿度较大。全省大部分地区年日照时数在 1 200～1 600h。

　　贵州独特的气候条件非常适宜茶树的生长。全省现有各种类型茶树种质资源 600多种，是我国保存茶树种质资源最丰富省份之一。主要生产绿茶、红茶、砖茶和花茶等，其中都匀毛尖、湄潭翠芽、凤冈锌硒茶等名茶都有较高声誉。

（三）四川省

　　四川是茶树原产地之一，人工种茶已有 3 000 多年历史。西周初期就开始人工栽培茶树，西汉时已有茶叶市场。宋代时四川茶叶创历史水平，宋元祐元年（1086 年）即达到"蜀茶岁约三千万斤*"的规模。四川茶叶历来以数量大、品种多、分布广、品质好、声誉高而著称，自古就有"蜀土茶称圣"的美誉。四川蒙顶山也被中外学者称为世界茶文化圣山。现全省有 12 个市州、120 多个县（区）产茶。2019 年，全省茶园总面积达 38.33 万 hm²，干毛茶总产量为 30.09 万 t（表 1-5）。

---

　　*　斤为非许用国际计量单位，1 斤＝500g。——编者注

表 1-5   四川省茶园面积、总产量和单产统计

年份	总面积/（万 hm²）	总产量/（万 t）	亩产量/kg
1950	1.40	0.59	28.09
1960	2.53	1.10	28.99
1970	3.33	1.27	25.43
1980	11.40	2.91	17.02
1990	10.67	5.81	36.30
2000	8.28	5.45	43.88
2005	15.20	9.79	42.94
2008	17.77	13.90	52.15
2010	21.89	16.90	51.47
2012	25.05	18.90	50.30
2017	33.33	28.00	56.00
2018	36.34	29.50	54.12
2019	38.33	30.09	52.33

（数据来源：农业农村部种植业管理司）

四川地处温带和亚热带，气候温和，雨量充沛，由于受地理纬度和地貌的影响，气候的地带性和垂直方向变化十分明显，东部和西部的差异很大。多酸性土，是茶叶发展的天然优质地区。根据水、热和光照条件的差异，大致可分为三大气候区：四川盆地中亚热带湿润气候区、四川西南部山地亚热带半湿润气候区、四川西北部高山高原高寒气候区。茶树种植面积主要分布在前两个气候区。

适宜种植的茶树类型为中小叶种，同时也有一些大叶种茶树存在。茶树品种有外省引进的鸠坑种、云南大叶种、福鼎大白茶等良种和独具特色的四川中小叶群体种、崇州枇杷茶、古蔺牛皮茶、北川苔茶、南江大叶茶、罗村群体种等特异性状的茶树种质资源。主产红茶、花茶、绿茶、康砖、金尖、方包、茯砖和沱茶，所产竹叶青、龙都香茗、叙府龙芽等茶叶产品已成为国内知名品牌。

（四）湖北省

湖北是茶圣陆羽的故乡，早在晋代前就有茶树栽培。19 世纪中叶就成为我国茶叶出口的重要产地之一，1850 年前后，从汉口出口的红茶每年曾达到 750t，俄国人还在鄂南的羊楼洞自行设厂制茶。1936 年，茶园面积 2.07 万 hm²，产茶 2.10 万 t。中华人民共和国成立前夕，茶园面积仅为 0.87 万 hm²，产茶 0.15 万 t 左右。到 2019 年，全省茶园面积达到 33.00 万 hm²，产量 33.54 万 t（表 1-6）。

湖北省位于长江中游、洞庭湖之北。地势西高东低，地形以山地丘陵为主。区内湖泊河流众多，素有"千湖之省"的美誉。属亚热带湿润季风气候，特点是夏热多雨，冬寒干燥。全省年平均气温 15～17℃，年降水量 800～1 700mm，无霜期 207～

307d，具有茶树生长的适宜条件。

表 1-6　湖北省茶园面积、总产量和单产统计

年份	总面积/（万 hm²）	总产量/（万 t）	亩产量/kg
1949	0.87	00.15	11.49
1960	1.33	0.73	36.59
1970	4.00	0.95	15.83
1980	7.94	1.74	12.34
1990	8.07	4.37	36.10
2000	12.10	6.37	35.10
2005	13.84	8.50	40.94
2008	18.44	13.00	46.99
2010	21.46	16.60	51.57
2012	26.01	20.69	53.03
2012	26.00	19.61	50.28
2017	35.33	26.70	50.38
2018	29.93	31.45	70.05
2019	33.00	33.54	67.76

（数据来源：农业农村部种植业管理司）

适宜种植的茶树类型主要是中小叶种，茶树品种除地方群体、恩施大叶种、宜昌大叶种、崇阳大叶种、宜红早等，还引进福鼎大白茶等良种。生产的茶类主要有绿茶、红茶（称宜红）、黑茶和花茶，近几年也开始生产乌龙茶。其中采花毛尖、恩施玉露、英山云雾、武当道茶等已经成为知名品牌。

（五）福建省

福建省也是一个古老的茶区，唐代已有茶叶生产，在宋代时就有专门为皇室生产茶叶的御茶园。1610 年荷兰商人首次从厦门购去茶叶，1644 年英国人开始在厦门设立买茶的商业机构，18 世纪中叶（1750—1760 年）英国东印度公司从中国购入茶叶 1.68 万 t，其中武夷茶占 63.3%。许多国家茶的发音都是由福建厦门茶的语音演变而来。福建省 1949 年仅有茶园面积 1.80 万 hm²，产茶 0.35 万 t，到 2019 年，全省除海岛平潭外，县县产茶，茶园总面积达到 21.85 万 hm²，干毛茶总产量 41.20 万 t（表 1-7）。福建省连续几年茶叶产量、良种普及率、单产、特种茶产量、销售总额、市场占有率等全国排名第一。

福建属亚热带湿润季风区，气候温暖湿润，年平均气温在 15～22℃，年活动积温 4 500～7 700℃，年平均降水量 1 000～1 900mm。

福建茶树品种资源丰富，茶树品种有 1 000 多个，以中叶种为主，也有部分大叶种茶树，如福鼎大白茶、铁观音、政和大白茶、水仙等优良品种，都有广泛种植。生产的茶类较多，有青茶（乌龙茶）、红茶、绿茶、白茶和花茶等，福建的青茶按品质特征可分为闽北乌龙和闽南乌龙两个产区，所产的红茶称为"闽红"。白茶为福建所特有，其主要白茶产品有白毫银针、白牡丹、贡眉、寿眉等。福建各类茶中名茶众多，如乌龙茶中的安溪铁观音、武夷岩茶、大红袍，红茶中的正山小种，白茶中的白毫银针、白牡丹等，风格各异，销路广，声誉高。

表 1-7　福建省茶园面积、总产量和单产统计

年份	总面积/（万 hm²）	总产量/（万 t）	亩产量/kg
1949	1.80	0.35	12.96
1960	4.04	0.87	13.36
1970	5.11	1.08	14.09
1980	10.99	2.58	15.65
1990	11.67	5.82	33.25
2000	12.92	12.60	65.01
2005	15.52	18.48	79.38
2010	20.12	27.30	90.46
2012	21.33	31.90	99.70
2017	25.33	44.00	115.80
2018	20.72	40.16	129.21
2019	21.85	41.20	125.68

（数据来源：农业农村部种植业管理司）

（六）浙江省

浙江植茶历史已有 1 700 多年，唐代宗广德年间（763—764 年），长兴进贡顾渚紫笋茶最多一年就可达到 9.2t，《茶经》就是唐代陆羽在浙江湖州写成。18 世纪初开始对外贸易，1869—1879 年，全国每年约有 1 万 t 绿茶销往美国，其中半数以上是浙江所产平水珠茶。1949 年全省茶园面积为 2.12 万 hm²，产量仅有 0.66 万 t，20 世纪 90 年代以来，采取稳定面积、提高单产、发展名优茶、增加收益的途径，到 2019 年，全省有 72 个县（市、区）产茶，茶园总面积达 20.40 万 hm²，总产量为 18.11 万 t（表 1-8）。

表 1-8　浙江省茶园面积、总产量和单产统计

年份	总面积/（万 hm²）	总产量/（万 t）	亩产量/kg
1949	2.12	0.66	20.75
1960	6.13	2.80	30.45

（续）

年份	总面积/（万 hm²）	总产量/（万 t）	亩产量/kg
1970	9.63	2.49	17.24
1980	16.93	7.54	29.69
1990	16.25	11.70	48.00
2000	12.89	11.64	60.20
2005	15.47	14.44	62.23
2010	17.79	16.30	61.08
2012	18.47	17.50	63.16
2017	19.97	17.90	59.76
2018	19.92	18.60	62.25
2019	20.40	18.11	59.18

（数据来源：农业农村部种植业管理司）

　　浙江位于我国东部沿海，地处典型的亚热带季风气候区。气候特点是：四季分明，气温适中，光照较多，雨量丰沛，空气湿润，雨热季节变化同步，同时气象灾害也较多。浙江的年平均气温在 15.6～17.4℃，年活动积温 5 000～5 500℃，全省年平均降水量在 1 300～1 900mm。

　　浙江是中小叶种茶树的适宜区，主产绿茶，也生产红茶和花茶。最近十几年大力发展以扁茶型为主的名优茶，产值居全国之首。西湖龙井、安吉白茶、径山茶等在国内外享有盛誉。浙江省在茶业科研、教育、文化等方面也有很强的优势，中国农业科学院茶叶研究所、中华全国供销合作总社杭州茶叶研究院、农业农村部茶叶质量检测中心、浙江大学茶学系和中国茶叶博物馆均设在浙江杭州。

（七）安徽省

　　早在秦汉时期，茶树种植就由四川经陕西、河南传到安徽西部，晋元帝时宣城就出产大量名茶，有"进贡茶一千斤、贡茗三百斤"的记载，到唐代安徽茶树栽培已颇具规模，茶叶远销鲁、豫、陕等地。1915 年安徽茶叶产量高达 2.49 万 t，1949 年茶园面积 2.43 万 hm²，产量为 0.71 万 t，到 2019 年，全省有 58 个县（市、区）种植生产茶叶，茶园总面积达 18.69 万 hm²，总产量为 13.71 万 t（表1-9）。

表 1-9　安徽省茶园面积、总产量和单产统计

年份	总面积/（万 hm²）	总产量/（万 t）	亩产量/kg
1949	2.43	0.71	19.48

（续）

年份	总面积/（万 hm²）	总产量/（万 t）	亩产量/kg
1960	3.70	2.56	46.13
1970	3.93	2.16	36.64
1980	9.98	3.20	21.38
1990	11.53	5.28	30.53
2000	10.84	4.54	27.92
2005	11.76	5.96	33.79
2010	13.35	8.30	41.45
2012	14.00	9.30	44.29
2017	18.00	13.43	49.74
2018	16.97	13.49	53.00
2019	18.69	13.71	48.91

（数据来源：农业农村部种植业管理司）

　　安徽省地处暖温带过渡地区，安徽北部属于暖温带半湿润季风气候，南部属于亚热带湿润季风气候，气候温暖湿润，四季分明。全年平均气温在 14～17℃，年活动积温为 4 600～5 300℃，无霜期为 200～250d，年降水量在 750～1 700mm。茶树生长平稳，但有些地区的秋旱和冬季冻害比较明显。全省宜茶条件是山区比丘陵好，南部比北部好，西部比东部好。依地势、气候、土壤和茶树生产特点，分为黄山茶区、大别山茶区、江南丘陵茶区和江淮茶区等 4 个茶区。

　　安徽主要生产红茶、绿茶、黄茶及一些地方名茶。其红茶主要产于祁门地区，称为祁门红茶（简称祁红），是世界三大高香红茶之一，还有屯绿、黄山毛峰、六安瓜片、太平猴魁等名茶，都驰名中外。

（八）湖南省

　　湖南省栽茶历史悠久，汉代设立的茶陵是中国最先有茶字命名的县。《荆州土地志》有南北朝时期"武陵七县通出茶"的记载。唐代，湖南的湘、资、沅、澧四水流域均已产茶。到宋代湖南产茶已超过 0.5 万 t。1914 年湖南茶园面积为 8.88 万 hm²，产量 8.06 万 t，是历史上的兴盛时期。1949 年茶园面积只有 3.20 万 hm²，产量 0.98 万 t。到 2019 年，全省茶园总面积达到 17.75 万 hm²，总产量为 22.31 万 t（表 1-10）。

表 1-10　湖南省茶园面积、总产量和单产统计

年份	总面积/（万 hm²）	总产量/（万 t）	亩产量/kg
1949	3.20	0.98	20.42
1960	5.12	2.54	33.07
1970	7.22	2.15	19.85
1980	15.78	6.08	25.69
1990	9.59	7.39	51.37
2000	7.41	5.73	51.55

(续)

年份	总面积/（万 hm²）	总产量/（万 t）	亩产量/kg
2005	8.01	7.20	59.93
2010	9.70	11.80	81.10
2012	10.35	10.83	69.76
2017	14.59	19.75	90.24
2018	16.89	21.36	84.31
2019	17.75	22.31	83.78

（数据来源：农业农村部种植业管理司）

湖南属中亚热带气候区，适合中小叶种茶树生长。茶区年平均气温 16～18℃，年活动积温 5 000～5 800℃，无霜期 261～313d，年平均降水量 1 200～1 700mm。

这里主要生产绿茶、黑茶、红茶和黄茶。湖南产的绿茶称为"湘绿"，产区主要集中在长沙、湘阴、湘潭等地。湖南黑茶生产早期主要集中在安化地区，目前已扩大到桃江、沅江、汉寿、宁乡、益阳和临湘等地。湖南黑茶主要销往新疆、青海、甘肃、宁夏等地。湖南产的红茶称为"湘红"，主要集中在安化、新化、平江、石门、桃源、涟源等地生产。

（九）台湾

台湾位于东经 119°18′03″～124°34′30″，北纬 21°45′25″～25°56′30″，处于热带和亚热带两个气候带，具有海洋性气候特征。这里全年平均气温在 20～25℃，在中国所有茶区中是最高的。年降水量 2 000～3 000mm，也是中国最多。台湾气候温和宜人，长夏无冬，同时它的夏季平均气温为 27～28℃，所以特别适宜种植所有类型的茶树。台湾有台北市、新北市、宜兰茶区、桃园茶区、新竹茶区、南投茶区等 15 个主要茶区，2019 年茶园面积约 2.16 万 hm²，产茶 5.67 万 t。南投茶区占据整个台湾整体茶区面积的 66%，位居第一。从茶叶生产上来看，乌龙茶作为当地的第一名茶，占据了茶类生产量的 75%，其次是红茶占 15%，绿茶和花茶较少。各种茶类均有销售，其中当地消费以乌龙茶为主。台湾的茶叶消费每人每年平均饮用量从 1980 年的 0.34kg 增加到 2019 年的 1.66kg 左右，消费量上升迅速，人均消费茶叶居国内前列，内销市场潜力较大。

台湾也是一个茶叶经济和茶文化发达的地区。台湾的茶园面积在全国各省中并不大，但其茶业经济比较发达，特别是它的茶延伸产业（如茶饮料、茶具、茶文化等）都比较领先。

任务四　世界茶区分布及主要产茶国的生产概况

世界茶区分布面广，产茶国有 60 个（表 1-11），主要产区在亚洲。各国所处地理位置、气候条件不同，栽培的茶树品种、生产特点和生产茶类也有差异。

表 1-11　世界茶叶生产地

（姚国坤，2005. 茶文化概论）

洲别	产茶地数	国家或地区
亚洲	20	中国、印度、斯里兰卡、孟加拉国、印度尼西亚、日本、土耳其、伊朗、马来西亚、越南、老挝、柬埔寨、泰国、缅甸、巴基斯坦、尼泊尔、菲律宾、韩国、朝鲜、阿富汗
非洲	20	肯尼亚、马拉维、乌干达、莫桑比克、坦桑尼亚、刚果、毛里求斯、卢旺达、喀麦隆、布隆迪、扎伊尔、南非、埃塞俄比亚、马里、几内亚、摩洛哥、阿尔及利亚、津巴布韦、埃及、留尼汪岛
美洲	12	阿根廷、巴西、秘鲁、墨西哥、玻利维亚、哥伦比亚、厄瓜多尔、巴拉圭、圭亚那、牙买加、危地马拉、美国
大洋洲	3	巴布亚新几内亚、斐济、澳大利亚
欧洲	5	格鲁吉亚、阿塞拜疆、俄罗斯、葡萄牙、乌克兰

一、世界茶区生产概况

目前世界茶树分布区域界限，北从北纬 49°的乌克兰外喀尔巴阡地区，最南的为南纬 33°的南非纳塔尔，其中以北纬 6°～32°茶树种植最为集中，产量也最大。茶树在世界地理上的分布，主要在亚热带和热带地区，垂直分布从低于海平面到海拔 2 300 m（印度尼西亚爪哇岛）范围内。五大洲都产茶，按 2018 年资料，亚洲茶叶产量占世界总产量的 86.7%，非洲占 11.4%，其他各洲占 1.9%（表 1-12）。全世界现有产茶国家和地区 61 个，其中亚洲有 20 个，非洲有 21 个，美洲有 12 个，大洋洲 3 个，欧洲 5 个。

表 1-12　世界茶园面积、总产量和单产统计

年份	总面积/（万 hm²）	总产量/（万 t）	亩产量/kg
1940	94.1	51.23	36.29
1950	78.2	61.60	52.51
1960	120.0	95.20	52.89
1970	133.3	124.4	62.22
1980	233.7	184.8	52.72
1990	250.3	251.51	66.99
2000	238.4	292.90	81.91
2009	355.0	393.29	73.86
2011	384.0	457.1	79.36
2012	399.0	469.3	78.41
2013	418.0	500.2	79.77
2014	437.0	520.9	79.47
2015	452.0	528.5	77.95
2016	472.0	557.4	78.73

（续）

年份	总面积/（万 hm²）	总产量/（万 t）	亩产量/kg
2017	489.0	569.8	77.68
2018	488.0	589.7	80.56

（数据来源：农业农村部种植业管理司）

从世界茶区分布来看，茶树对环境虽有特殊要求，但它对环境的适应能力很强，可在年平均温度相差较大的地区栽培，也可在降水量悬殊较大的区域里种植。由于茶树原产于亚热带地区喜爱温和湿润的气候，且世界上大部分茶区处于亚热带和热带的区域，因此在不同气候条件下，茶树生育情况也有差异。南纬16°到北纬20°的茶区，茶树可以全年生长和采摘，北纬20°以上的茶区，茶树在年周期中有明显生长休止期。通常全年中1月与7月气温相差小于10℃下的茶区，茶树全年可生长，1—7月气温相差在10～15℃范围内的茶区为长季节性，而温差在15～25℃范围内的茶区为短季节性（表1-13）。

表 1-13　世界茶区主要地点气温情况与茶树生长
（骆耀平，2008. 茶树栽培学，第四版）

纬度	地点	月平均气温/℃ 1月	7月	1月与7月温差/℃	茶树生长情况
北纬42°	格鲁吉亚	6.4	23.5	17.1	短季节性
北纬35°	日本名古屋	4.0	23.0	18.1	短季节性
北纬30°	中国汉口	4.4	28.6	24.2	短季节性
北纬27°	南印度托克莱	15.4	28.0	12.6	长季节性
北纬22°	中国广州	15.4	28.6	13.2	长季节性
北纬14°	越南土伦	17.9	19.3	1.4	全年性
北纬10°	南印度马拉巴	14.3	16.8	1.5	全年性
北纬7°	斯里兰卡科伦坡	18.1	18.1	0	全年性
北纬4°	印度圣丹	21.0	22.0	1.0	全年性
南纬6°	印度尼西亚茂物	23.0	24.7	1.7	全年性
南纬16°	东非尼亚萨兰	23.6	16.8	6.8	全年性

二、世界主要产茶国的生产特点

自2000年以来，全球茶叶总产量逐年递增，20年间增长1倍。2018年，全球茶叶生产总量589.7万t（表1-14），其中，中国茶叶产量世界第一，总产茶261.6万t，占全球茶叶总产量的44.36%；印度133.9万t，茶叶产量居世界第二，占全球茶叶总产量的22.71%。产茶量列第3～10位的国家分别是肯尼亚（49.3万t）、斯里兰卡（30.4万t）、土耳其（25.2万t）、越南（16.8万t）、印度尼西亚（13.1万t）、孟加拉国（8.2万t）、日本（8.2万t）和阿根廷（8.0万t）。上述10国茶叶产量之和占2018年全球茶叶总产量的93.98%。

表 1-14　世界主要产茶国历年茶叶总产量

单位：万 t

年份	中国	印度	肯尼亚	斯里兰卡	越南
1961	9.71	35.44	1.26	20.65	0.75
1965	12.13	36.64	1.98	22.82	1.06
1970	16.35	41.85	4.12	21.22	1.47
1975	23.71	48.71	5.67	21.39	1.80
1980	21.85	56.96	8.99	19.14	2.10
1985	45.55	65.62	14.71	21.41	2.82
1990	56.24	68.81	19.70	23.32	3.22
1995	60.94	75.39	24.45	24.59	4.02
2000	70.37	82.60	23.63	30.58	6.99
2005	95.37	89.30	32.85	31.72	13.25
2010	147.50	96.60	39.90	33.10	15.70
2011	162.32	98.83	37.79	32.86	17.80
2017	260.90	132.20	43.99	30.71	17.50
2018	261.60	133.90	49.30	30.40	16.80

（数据来源：国际茶叶委员会，中商产业研究院数据库）

（一）印度

印度 2018 年产茶 133.90 万 t，是世界第二大产茶国。全国有 22 个邦产茶，分北印度与南印度二大茶区，北印度主要产茶区是阿萨姆邦和西孟加拉邦，产量约占全国的 75%，其中尤以阿萨姆邦占多数；南印度主要产茶区是喀拉拉、泰米尔纳德邦。南部茶区比东北部茶区暖和，全年无霜，茶树可全年采摘。1780 年英国东印度公司商人从中国输入茶籽到印度试种，但因技术原因没有成功。1834 年又派遣 Mackintosh 公司的 G. T. Gordon 到中国学习，并从武夷山购买茶籽，招募制茶工人。从此，中国的种茶和制茶技术传到印度。1850 年以后，印度的茶叶生产迅速发展，到 1900 年前后，全国茶区格局大体形成。1911 年在阿萨姆的托克莱设立茶叶试验站，随后又建立了南印度联合种植者协会所属的茶叶研究所。

印度茶树种植品种 80% 为阿萨姆大叶种，20% 左右为引自中国的中小叶种，基本采用无性系繁殖，大面积推广选育的 VP_6 和 VP_9 等优良品种，茶园比较集中成片。栽培时注重提高单产，优化产品结构，积极发展优质茶、增值茶。印度主产红茶，占 95% 以上，尤以 CTC 红茶最为著名，约占 75%，传统红茶占 25% 左右，绿茶生产量极少。由于国内需求的不断增长等因素，印度茶叶在世界市场中的占有率已从 1950 年占 46.4% 下降到 2010 年的 11.1%。

（二）肯尼亚

肯尼亚不仅是非洲最大的产茶国，也是世界上主要产茶国和出口国。1903 年从印度引种种植茶树，1920年开始以商业为目的大规模发展，直到1928年才有商品茶面市。1963年该国独立后，肯尼亚政府在茶叶生产和销售等方面采取了一系列政策，特别是成立了茶叶发展局，积极扶持以本国小茶叶为主的茶叶生产，肯尼亚茶叶发展迅猛。肯尼亚全部生产红茶，CTC红碎茶约占90%，并且以"浓、强、鲜"的优异品质特点而享誉世界。1974年以前，伦敦国际市场上印度和斯里兰卡茶价居于领先地位，1974年以后，肯尼亚红碎茶平均价格超过上述两个产茶国。2018年肯尼亚产茶49.30万t，所产茶叶几乎全部出口，茶叶产量、出口量分别居世界第三和第一。

肯尼亚的茶叶生产集中在5个省，且都分布在赤道附近东非大裂谷两侧的高原丘陵地带，茶树多为阿萨姆大叶种，无性系良种率85%以上，主产茶区为凯里乔、尼耶里等海拔1 500m以上的高地。肯尼亚茶叶生产有优越的自然条件，茶区降水量为1 200~1 700mm，4—5月为大雨季，11—12月为小雨季，茶叶采摘高峰在大小雨季内，茶叶生产全年进行。该国政府也采取了有效的茶产业政策，重视茶叶科学研究和茶叶生产技术的普及推广，实行产、供、销一条龙经营，使茶叶生产得到迅速发展。目前肯尼亚是世界上单产最高的国家之一，栽培上重视配方施肥，严格采摘标准，加强病虫害的防治，几乎不施用农药，茶叶生产安全有保障，茶叶加工上重视新技术和新机械，保证茶叶的品质。

（三）斯里兰卡

斯里兰卡1824年首次由荷兰人从中国输入茶籽试种，1839年又从印度阿萨姆引种种植。1870—1875年因咖啡叶锈病而使咖啡园相继毁灭，英国人入侵后便把咖啡园改植成茶树，并雇佣印度移民垦殖新茶园。1930年前后，斯里兰卡茶叶生产迅速发展，并成为世界茶叶生产与出口的主要国家之一。2018年产茶30.40万t，出口茶叶27.82万t，茶叶产量和出口量分别居世界第四和第三。斯里兰卡有6个省11个区产茶，主要产茶区是康提、纳佛拉、爱里、巴杜拉和拉脱那浦拉，茶园面积和产量均占全国茶园面积和生产量的75%以上。全国茶区按照海拔高度将茶园分为高地（1 200m以上）、中地（600~1 200m）和低地（600m以下）三个类型。高地茶园所产茶叶称为高地茶，品质最佳，产量约占全国总产量的35%，中地茶品质稍次，约占全国总产量的25%，低地茶品质最次，约占全国总产量的40%。全国茶叶生产以国营为主，国营茶园面积占全国茶园面积的57%，产量占总产量的77%左右。

斯里兰卡茶树栽培注重优化茶园管理，提高茶园整体素质，大力推广良种，严格规定采摘标准。制茶设备性能好，效率高。茶叶加工坚持传统工艺，保持纯粹"锡兰红茶"风格。CTC红茶、袋泡茶和小包装茶也有很大发展，现已达到55%的比重。茶叶加工初精结合，产销一体化，体现快制、快运、快销的特点，经精制的成品茶在10d内即可在科伦坡参加拍卖。

（四）越南

越南的自然条件非常有利于茶树生长，其茶园有76%是分布在海拔50~2 000m

的区域中，年降水量在 1 560～2 540mm。茶树通常在每年的 3 月中旬开始萌芽，12 月采摘结束，采摘期长达 10 个月。越南有 35 个省市生产茶叶，大部分集中在中央高原附近的中部和中北部山区，茶区根据茶叶生产地的农业生态条件可分为 5 大区域：西北部茶区、东北部茶区、中北部茶区、北部中央茶区和西部高原茶区。

越南种茶历史悠久，但是越南最早有关茶叶生产方面的资料记载在 1955 年，当时越南全国茶区约有 5 400hm²，生产的茶叶 60% 左右出口到法国及其海外属地。越南南北分裂后，南越成为红茶的主要生产和出口地区，主要销往英国。1975 年越南南北统一后，茶叶种植面积迅速增加，达到 3.9 万 hm²。20 世纪 90 年代又成功地打开德、美等发达国家的市场。1996—2000 年，越南茶叶出口以年均 49.6% 的速度增长。到 2018 年，产茶 16.80 万 t，出口达到 13.40 万 t，一跃成为世界上第六大茶叶生产国和第五大茶叶出口国。越南主要以生产红茶和绿茶为主，二者比例为 6∶4，红茶主要用于出口，绿茶主要内销，部分出口。

（五）土耳其

土耳其从 1888 年开始尝试茶树种植。1888 年和 1893 年两次从中国引种种植于 Marmara 地区，都栽培失败。1924 年，土耳其政府从格鲁吉亚引进茶籽种植于黑海东部地区，建立茶叶试验园，开始了茶叶生产历史。20 世纪五六十年代，土耳其茶产业得到迅速发展，1965 年国内茶叶产量可以自给自足，政府决定停止从其他国家进口茶叶。2018 年，土耳其产茶约 25.2 万 t，主要生产红茶，其茶叶主要内销，外销每年不超过 5 000 万 t，土耳其是世界第五大产茶国和第四大消费国。

土耳其绝大多数茶园都是有性系茶园，近几年也开始推广无性系品种。主要茶区分布在黑海东南部的里泽（占 65%）、Artvin（占 21%）和 Trabzon（占 11%）等地，其中，茶叶在土耳其东部的黑海地区是一种重要的经济作物，超过 20 万户家庭（120 万人口）种植茶树，97% 的茶园都是 1hm² 以内小规模家庭式管理，茶区年平均降水量达 2 357mm。一般 5 月、7 月和 10 月收获 3～4 次，主产红茶，近两年也有少量茶农开始试制绿茶。土耳其的茶叶生产技术推广体系是由政府建立并维持，大多数工作都由政府组织来承担，茶园栽培管理措施得当，单产水平较高。

（六）印度尼西亚

1684 年由日本引种在爪哇试种失败后，又于 1731 年从中国运入大量茶籽，分别在爪哇和苏门答腊等地栽培。印度尼西亚地处热带，土壤肥沃，全年几乎无寒暑之分，雨量充沛，终年可采收茶叶。茶树大多种植在海拔 300～1 800m 的山上，以 1 000m 左右居多。茶区主要分布在爪哇和苏门答腊两个岛上，爪哇岛产茶量约占全国产茶总量的 80%。印度尼西亚主要生产红茶，以传统工艺为主，也生产少量 CTC 红茶。

在 20 世纪初，印度尼西亚的茶业基础已相当稳固，由政府投资在茶叶研究所成立了专门从事技术推广的部门。20 世纪 80 年代以来，世界银行对印度尼西亚的茶叶发展提供贷款，也促进其茶叶发展。到 2004 年，全国茶园面积 15.2 万 hm²，产茶 16.48 万 t，出口茶叶 9.86 万 t，当年茶叶生产和出口量分别居世界第六位、第五位。但近年来，印度尼西亚茶园面积不断缩减导致产量下降，2018 年茶园面积 11.5 万 hm²，茶叶产量 13.1 万 t，出口量 4.9 万 t，目前是世界第六大茶园面积国、第七大茶叶产量国和第八大茶叶出口国。

（七）日本

日本是世界上引种中国茶树最早的国家。公元 805 年，日本僧人最澄到中国学佛回国时携带茶籽在滋贺县试种；806 年僧人空海也从中国带回茶籽种植于奈良县，由此逐步传播到日本中部和南部各地。现全国 47 个都、府、县，除北海道、岩手和山形县 3 个低纬度地区外，44 个府（县）几乎都产茶。主要产区在静冈、鹿儿岛、三重、埼玉、宫崎、京都、福冈等县府，其中静冈县的茶园面积约为全国茶园总面积的 40％，茶叶产量占全国总产的 50％，是最主要产茶区。日本主要生产蒸青绿茶，有玉露、碾茶、玉绿、抹茶、番茶、煎茶、焙制茶、玄米茶等产品。1995 年日本有茶园面积 5.37 万 hm²，茶叶产量 8.48 万 t；2018 年产茶 8.2 万 t，为世界第九大产茶国。

日本茶园 80％以上为良种茶园，但茶树品种比较单一，数北种占 85％。全国 90％的茶园属于农户所有，生产技术主要由茶叶指导者协会提供服务和协调。日本重视茶叶科研，在静冈设有全国的茶叶试验场，并在每个产茶县都专门设立茶叶试验场，既从事茶叶科学研究，又负责生产技术的推广。茶园管理科学，园貌整齐划一，病虫害统一防治，单产高，效益好。日本茶叶生产现代化程度高，基本上达到茶园管理、茶叶采摘、茶叶初精制加工和包装、贮藏全过程实现机械化和自动化。日本在茶叶产品的开发利用方面也卓有成效，茶饮料、茶药品、茶食品和含茶的工业用品发展很快。

🍃 知识拓展

我国云南发现树龄 3 200 年古茶树

在我国云南省临沧市凤庆县存有一棵古茶树，经多位国内外专家实地考察，古茶树达 3 200 岁，居世界第一。这棵被誉为"世界茶王之母"的古茶树基围 6m，高近 10m，四个成年人手牵手才能把它围抱，在它周围还有古茶树 14 000 多株。专家介绍，20 世纪 80 年代初，北京市农业展览馆馆长王广志曾采用同位素方法，推断这棵古茶树树龄在 3 200 年以上。2004 年初，日本茶叶专家大森正司和中国农业科学院茶叶研究所林智博士对其做了测定，得出树龄在 3 213～3 500 年。2007 年，经多位国内外茶专家联合考证，得出这棵古茶树有明显的人工栽培的迹象，是世界现存最粗、最大、最古老的栽培型的古茶树。

思 考 题

1. 茶树起源于我国西南地区的依据是什么？
2. 我国茶树栽培主要经历了哪几个时期？
3. 我国茶区划分为哪四大茶区？各有哪些特点？
4. 我国主要产茶省份包括哪些？世界主要产茶国包括哪些？

项目二　茶树生物学基础

知识目标

1. 了解茶树根、茎、叶、花、果实、种子等器官的构成及特性。
2. 了解茶树一生的发育规律，以及各发育周期的特点。
3. 了解茶树一年中，各个生育时期的生长特点，包括茶树的分枝、新梢的生长、叶片的发育、根系的发育。

能力目标

1. 能准确识别茶树各器官。
2. 掌握各器官基本的生物学特性。
3. 能明确区分各发育阶段茶树生育特点以及栽培管理过程中的注意事项。
4. 理解茶树地上部分与地下部分生长发育的交替规律。

知识准备

任务一　茶树的植物学特性

按照山茶科山茶属植物起源于上白垩纪至新生代第三纪的劳亚古大陆的热带和亚热带地区的学说，茶树至今已有 6 000 万～7 000 万年的历史。在经历了古地质气候等的变迁中，茶树形成了其生长发育规律和遗传特性。认识这些规律和特性，就能在栽培茶树时正确地运用各项技术，达到优质、高产、高效的目的。了解植物的基本构造，明确植物是有多个器官组成的生物体，不同器官的功能不同，但各器官又是相互联系的。

茶树的植物分类学地位是：植物界（Regnum Vegetable），种子植物门（Spermatophyta），双子叶植物纲（Dicotyledoneae），山茶目（Theales）、山茶科（Theaceae），山茶属（*Camellia*），茶种（*Camellia sinensis*）。茶树的学名最早由瑞典植物学家林奈定名为 *Thea sinensis*。1950 年中国著名植物学家钱崇澍根据国际命名法，确定 *Camellia sinensis*（L.）O. Kuntze 为茶树学名。

茶树植株是由根、茎、叶、花、果实和种子等器官构成的整体。根、茎、叶为营养器官，主要功能是担负营养和水分的吸收、运输、合成和贮藏，以及气体的交换等的任务；花、果、种子属生殖器官，主要担负繁衍后代的任务。茶树的各个器官是有机的统一整体，彼此之间有密切的联系，相互依存，相互协调。

一、茶树的根系

（一）根的外部形态

茶树的根系由主根、侧根、吸收根和根毛构成，按根的产生部位可分为定根和不定根。主根和各级侧根称为定根，由茶树茎、叶、老根或根颈处发生的根称为不定根，扦插插穗上形成的根则属于此类。

主根是由胚根发育向下生长形成的中轴根，有很强的向地性，向土壤深层生长可达 1～2m，甚至更深；当胚根伸长至 5～10cm 时就会发生一级侧根，一级侧根生长发育到一定阶段后可发生二级侧根，以此类推，从而形成庞大的根系，有性繁殖的茶树才有主根。主根和侧根呈红棕色，寿命长，起固定、贮藏和输导作用。侧根的前端生长出乳白色的吸收根，其表面密生根毛。吸收根主要负责吸收水分和无机盐，也能吸收少量的二氧化碳，其寿命短，处于不断衰亡更新中，少数未死亡的吸收根可发育形成侧根。由于主根生长速度不均衡，以及各土层营养条件的差异，侧根发生有一定的节律，因此侧根在主根上是按螺旋线排列的，使茶树根系出现层状结构。茶树根系在土壤中的分布依树龄、品种、繁育方式、种植方式与密度、生态条件以及栽培管理措施等方面不同而不同（图 2-1）。

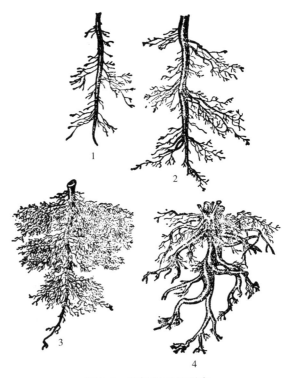

图 2-1　茶树根系的形态
1. 一年生根系　2. 二年生根系　3. 壮年期根系　4. 衰老期根系

茶树的主根生长至一定年龄后，其生育速度开始慢于侧根，侧根向水平方向发展，其分布与耕作制度密切相关，若行间经常耕作，特别是深耕时，根系水平分布范围与树冠幅度大致相仿。吸收根一般分布在地表下 5～45cm 土层内，但集中分布处在地表下 20～30cm 的土层内。由于茶树根系具有向肥性、向湿性、忌渍性，以及向土壤阻力小的方向生长的特性，故有时根系幅度和深度不一定与树冠幅度和高度相对应。

茶树的根系分布状况与生长动态是制订茶园耕作、施肥、灌溉等管理措施的主要依据。所谓"根深叶茂"，充分说明培植良好根系的重要性。

（二）根的内部结构

茶树的根尖与一般植物根尖相似，可分为根冠、分生区、伸长区和根毛区 4 个区。在根的先端为生长点，此处细胞为一群分裂旺盛的细胞，能不断分裂，产生新的细胞。新细胞边长大、边分化，形成根的各种组织，故称为分生组织。在生长点的外面，有一群比较大的细胞，形似帽子，称为根冠，对幼嫩的生长点起保护作用。在生长点的上方部位称为伸长区，这部分细胞中的液泡迅速增大，细胞伸长很快。伸长区的上方部位称为根毛区（又称成熟区），其特点是外面密生根毛，根毛是由表皮细胞延伸而成，是根吸收水分和养分的部位（图 2-2）。

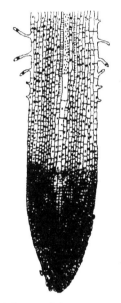

图 2-2 茶树根的结构

茶树的根与土壤中的真菌共生，形成菌根，形成菌根的真菌主要为丛枝菌根。目前在红壤茶园中已发现外生、内外生和内生 3 种类型的菌根菌。外生菌根菌只在皮层细胞之间延伸，而内外生菌根菌的菌丝，除在皮层细胞之间延伸外，有的已进入细胞内部。内生菌根菌的菌丝通过皮层细胞之间进入细胞内部，有的还进入内皮层细胞。

二、茶树的茎

茎是茶树上联系叶、花、果实的轴状结构，如主干上着生叶的成熟茎称为枝，着生叶的未成熟茎称为新梢。主干和枝条构成树冠的骨架。茶树的茎起着支撑、输导、贮藏的作用。

由于分枝部位不同，茶树可分为乔木、小乔木和灌木 3 种类型（图 2-3）。乔木型茶树植株高大，主干明显；小乔木型茶树植株较高大，基部主干明显；灌木型茶树植株较矮小，无明显主干。在生产上我国大部分茶区栽培的是灌木型和小乔木型茶树。

由于分枝角度不同，茶树树冠又可分为直立状、半开展状和开展状（又称为披张状）3 种（图 2-4）。

茶树枝条按其着生位置和作用的不同可分为主干和侧枝，根据侧枝的粗细和作用不同又可分为骨干枝和细枝（亦称为生产枝）。主干指根颈至第一级侧枝的部位，

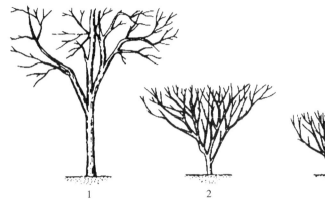

图 2-3　茶树类型
1. 乔木型　2. 小乔木型　3. 灌木型

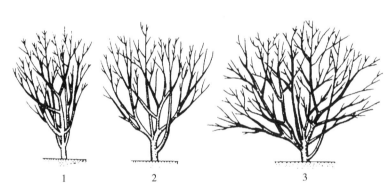

图 2-4　茶树树冠类型
1. 直立状　2. 半开展状　3. 开展状

是由胚轴发育而成，是区分茶树类型的主要依据。侧枝是主干枝上分生的枝条，依分枝级数而命名，从主干上分生出的侧枝称为一级侧枝，从一级侧枝上分生出的侧枝称为二级侧枝，以此类推。侧枝是衡量茶树分枝密度的重要标志。骨干枝主要由一、二级分枝组成，其粗度是影响茶树骨架健壮的重要指标之一。细枝是树冠面上生长营养芽的枝条，对形成新梢的数量和质量有明显的影响，进而影响茶树鲜叶的产量与质量。

茶树幼茎柔软，表皮青绿色，着生茸毛。随着幼茎的逐渐木质化，表皮颜色由青绿色变为浅黄色，再变成红棕色，一年生枝的茎上出现皮孔，形成裂纹，俗称麻梗，完全木质化时称为枝条。2～3年生枝条呈浅褐色，之后枝条颜色按浅褐色—褐色—褐棕色—暗灰色—灰白色的规律发生变化。

三、茶树的芽

茶芽是枝叶的雏形，可分为叶芽（又称为营养芽）和花芽两种。叶芽发育为枝条，花芽发育为花。叶芽依其着生部位不同分为定芽和不定芽。定芽又分为顶芽和腋芽。生长在枝条顶端的芽称为顶芽，生长在叶腋的芽称为腋芽。一般情况下顶芽芽体大于腋芽，而且生长活动能力强。当新梢成熟后或因水分、养分不足时，顶芽停止生长而形成驻芽。驻芽和尚未活动的芽统称为休眠芽。处于正常生长活动的芽称为生长芽。在茶树茎及根颈处非叶腋部位长出的芽称为不定芽，不定芽又称为潜伏芽。

茶芽按形成季节可分冬芽与夏芽。冬芽较肥壮，秋、冬形成，春、夏发育；夏芽细小，春、夏形成，夏、秋发育。冬芽外部包有鳞片，表面富含蜡质并着生茸毛，能减少水分散失，并有一定的御寒作用。

四、茶树的叶

茶树的叶由叶芽发育而来，是茶叶生产的原材料。茶树叶片分鳞片、鱼叶和真叶3种。鳞片无叶柄，质地较硬，呈黄绿或棕褐色，表面有茸毛与蜡质，随着茶芽萌展，鳞片逐渐脱落。鱼叶是发育不完全的叶片，因形似鱼鳞而得名，其色较淡，叶柄宽而扁平，叶缘一般无锯齿，或前端略有锯齿，侧脉不明显，叶形多呈倒卵形，叶尖圆钝。每轮新梢基部一般都有鱼叶，但夏、秋梢基部也有无鱼叶的。真叶是发育完全的叶片，形态一般为椭圆形或长椭圆形，少数为卵形或披针形。叶色有淡绿色、绿色、浓绿色、黄绿色、紫绿色，与适制性有关。叶尖是茶树分类依据之一，分急尖、渐尖、钝尖、圆头等。叶面有平滑、隆起与微隆起之分。隆起的叶片，叶肉生长旺盛，是优良品种的特征之一。叶缘有锯齿，呈鹰嘴状，随着叶片老化，锯齿上腺细胞脱落，并留有褐色疤痕，这也是茶树叶片特征之一。

叶面光泽性有强、弱之分，光泽性强的属优良特征。叶缘形状有的平展，有的呈波浪状。嫩叶背面着生茸毛，是品质优良的标志。叶片着生状态有直立、下垂之分。叶质有厚、薄和柔软、硬脆之分，厚叶达 0.45mm，薄叶仅 0.16mm，一般为

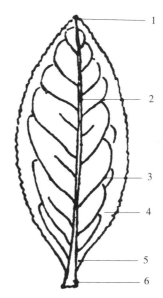

图 2-5　茶树的叶片
1. 叶尖　2. 主脉　3. 侧脉
4. 叶缘　5. 叶基　6. 叶柄

0.3～0.4mm，一般大叶种茶树叶大而柔软，而小叶种则厚而硬脆。叶片硬脆，制茶品质不良，但有较强的抗逆能力。

茶叶主脉明显，主脉分出细脉，连成网状，故称网状脉。侧脉呈≥45°角伸展至叶缘约2/3的部位，向上弯曲与上方侧脉相连接。不同茶树品种的侧脉对数不同，一般为7～9对，少的5～7对，多的10～15对。

叶片大小以已经成熟的叶片的叶面积来区分，凡叶面积大于 $60cm^2$ 的属特大叶，$40～60cm^2$ 的属大叶，$20～40cm^2$ 的属中叶，小于 $20cm^2$ 的为小叶。叶面积的计算公式为：

叶面积（cm²）＝叶长（cm）×叶宽（cm）×0.7（系数）

五、茶树的花

花芽与叶芽同时着生于叶腋间，着生数 1～5 个，甚至更多，花轴短而粗，属于假总状花序，有单生、对生和丛生等。茶花为两性花，由花柄、花萼、花冠、雄蕊和雌蕊 5 个部分组成（图 2-6）。

花萼位于花的最外层，由 5～7 个萼片组成，萼片近圆形，绿色或绿褐色，起保护作用，受精后，萼片向内闭合，保护子房直到果实成熟也不脱落。

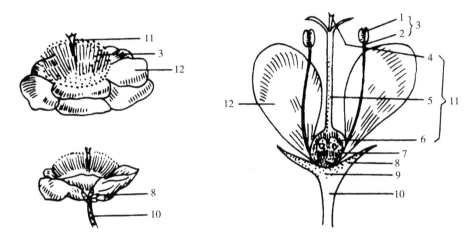

图 2-6　茶树的花

1. 花药　2. 花丝　3. 雄蕊　4. 柱头　5. 花柱　6. 子房　7. 胚珠　8. 花萼

9. 花托　10. 花柄　11. 雌蕊　12. 花瓣

（骆耀平，2015. 茶树栽培学）

花冠白色，也有少数花冠呈粉红色。花冠由 5～9 片发育不一致的花瓣组成，分 2 层排列，花冠上部分离，下部联合并与雄蕊外面一轮合生在一起。花谢时，花冠与雄蕊一起脱落。花冠大小依品种而异，大花直径 40～50cm，中花直径 30～40cm，小花直径 25cm 左右。

雄蕊数目很多，一般每朵花有 200～300 枚。每个雄蕊由花丝和花药构成。花药有 4 个花粉囊，内含无数花粉粒。

雌蕊由子房、花柱和柱头 3 部分组成。柱头开花时能分泌黏液，使花粉粒易于黏着，而且有利于花粉萌发。柱头分裂数目和分裂深浅可作为茶树分类的依据之一。花柱是花粉管进入子房的通道。雌蕊基部膨大部分为子房，内分 3～5 室，每室 4 个胚珠，大多数子房上着生茸毛，也有少数无毛的，子房上是否有毛也是茶树分类的重要依据之一。

六、茶树的果实与种子

茶果为蒴果，成熟时果壳开裂，种子落地。果皮未成熟时为绿色，成熟后变为棕绿色或绿褐色。果皮光滑，厚度不一，薄的成熟早，厚的成熟迟。茶果形状和大小与茶果内种子粒数有关，一般 1 粒果为球形，2 粒果为肾形，3 粒果呈三角形，4 粒果呈正方形，5 粒果似梅花形。

茶籽大多数为棕褐色或黑褐色，形状有近球形、半球形和肾形 3 种，以近球形居多，半球形次之，肾形茶籽只在西南少数品种中发现，如贵州赤水大茶和四川枇杷茶等。球形与半球形茶籽种皮较薄，而且较光滑；肾形茶籽种皮较厚，粗糙而有花纹。前者发芽率较高，后者发芽率较低。茶籽大小依品种而异，大粒茶籽直径 15mm 左右，中粒直径 12mm 左右，小粒直径 10mm 左右。茶籽质量的差异也较大，大粒 2g 左右，中粒 1g 左右，小粒 0.5g 左右。

茶籽由种皮和种胚两部分构成。种皮又分外种皮与内种皮。外种皮坚硬，由外珠被发育而成，由 6～7 层石细胞组成，石细胞的壁很厚，一层一层向内增加。内种皮与外种皮相连，由内珠被发育而成，是由数层长方形细胞和一些输导组织形成的网状脉。种子干燥时，内种皮可脱离外种皮，紧贴于种胚，并随着种胚的缩小而形成许多皱纹。种子内的输导组织主要是一些螺纹导管。内种皮之下有一层由拟脂质形成的薄膜，此膜可能与种子休眠有关。因为种子发芽时，膜上的脂类物质均被分解，采用 25～28℃温水处理可以加速脂类物质的分解过程，使种子提前发芽。

种胚由胚根、胚茎、胚芽和子叶 4 部分组成。子叶部分最大，占据整个种子内腔，其余 3 部分夹于两片子叶的基部，由两个子叶柄相连接。

任务二　茶树总发育周期

茶树的生长发育有它自己的规律，这种规律是按照茶树有机体生理机能特性而发生发展的。同时，它又受到环境条件的影响，从而在发生时间或质量上有所变化。但是环境条件并不能改变茶树生育的基本规律，因为这种规律是由茶树生物学特性所决定的。茶树是多年生木本植物，既有一生的总发育周期，又有一年中生长和休止的年发育周期。茶树的总发育周期是在年发育周期的基础上发展的，年发育周期受总发育周期的制约，按照总发育的规律发展（图 2-7）。

茶树总发育周期是指茶树一生的生长发育进程。茶树从受精的卵细胞（合子）开始，就成为一个独立的、有生命的有机体。合子经过一年左右的时间，在母树上生长发育而成为一粒成熟的茶籽。茶籽播种后发芽，出土形成一株茶苗。无性繁殖的茶树则表现为扦插苗成活，形成一株茶苗。茶苗不断地从环境中获取营养元素和能量，逐渐生长发育长成一株根深叶茂的茶树，经过开花、结实，繁殖成新的后代。茶树自身也在人为和自然条件下，逐渐趋于衰老，最终死亡。这一生育全过程称为茶树的总发育周期。

茶树在自然生活下的一生年龄称为生物学年龄。按照茶树的生育特点和生产实际应用，我们常把茶树划分为 4 个生物学年龄时期，即幼苗期、幼年期、成年期、衰老期。

在生产上，茶树个体的产生，除了茶籽萌发生长外，还可以通过营养体繁殖新的

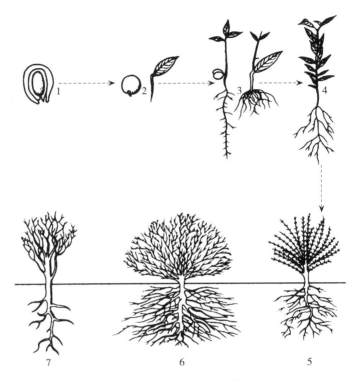

图 2-7　茶树总生育过程
1. 合子　2. 茶籽及插穗　3. 幼苗期　4. 幼年期　5、6. 成年期　7. 衰老期
（潘根生，1986. 茶树栽培生理）

个体，营养体是母体的一部分，新个体的生育没有种子及其萌发过程，是细胞组织分化生根，并发芽生育形成独立新梢的过程，因此，它除了幼苗期前期与种子繁殖个体有差异外，也同样有 4 个生物学年龄时期，但每个时期均较种子繁殖个体短，各期的生物学特性和采取的主要农业技术措施也基本相同。掌握周期中不同生育阶段的特性对生产中制订有针对性的管理技术措施具有重要意义。

一、幼苗期

高等植物的个体发育，应当是从受精卵开始的，但是在生产上计算植物的生物学年龄时期通常是从种子萌发或扦插苗成活开始的。茶树幼苗期就是指从茶籽萌发到茶苗出土，第一次生长休止时为止（图 2-8），或从营养体再生到形成完整独立的植株为止。这段时期，经过 4～8 个月的时间。

茶籽播种后吸水膨胀，茶籽内（主要是子叶）的贮藏物质趋向水解，供给胚生长发育所需要的营养物质。种壳胀破后，胚根首先伸长并向下伸展，当胚根生长至 10～15cm 时，胚芽逐渐生长，最后破土而出。但此时胚根始终比胚芽长，到胚芽出土时，胚根为胚芽的 2～3 倍。这段时期，由于胚芽尚未出土，它生长发育所需要的养分主要来源于贮藏的物质。因此，它对外界环境的主要要求是满足水分、温度和空气 3 个条件。

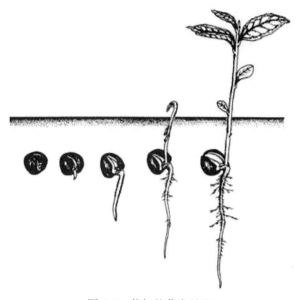

图 2-8　茶籽的萌发过程

　　茶苗出土后，鳞片首先展开，然后鱼叶展开，最后才展开真叶。当真叶展开3～5片时，茎顶端的顶芽形成了驻芽，第一次生长休止。这一阶段，茶苗出土后，叶片很快形成了叶绿素，根系又从土壤中吸收营养元素，这样茶苗自身就可以进行同化作用，制造生长发育所需要的有机物质，从而由单纯地依靠子叶供给营养的异养阶段过渡到双重营养形式阶段。子叶的异养和根系吸收矿质元素、水分，叶片进行光合作用制造营养物质的自养的双重营养形式，最后完全被同化作用制造营养物质所取代，进入自养营养阶段。由于这种营养形式，茶苗生育的物质基础有了保证，地上部分的生长速度加快，但总的来说，地下部分的根系生长仍然优于地上部分，向土壤深处伸展，从而可以吸收较深土层中的水分和营养物质。所以这一时期除了对水分、温度和空气有一定要求外，还要求土壤有丰富的养分供根系吸收。

　　扦插苗在生根以前主要依靠吸收茎、叶中贮藏的物质营养，此时水分的及时供应非常重要，发根后从土壤中吸收养分，水、肥供应成为影响茶树生育的主要因子。

　　幼苗期茶树容易受到恶劣环境条件的影响，特别是高温和干旱，茶苗最易受害，因为这时的茶苗较耐阴，对光照的要求不高，叶片的角质层薄，水分容易被蒸腾，而根系伸展不深，一般只有20cm左右，由于直根系没有分布广阔的侧根，吸收面积不大，如遇旱害，很难抗御，所以在栽培管理上要适时适量地保持土壤有一定含水量。

二、幼年期

　　从第一次生长休止到茶树正式投产这一时期称为幼年期，为3～4年。时间的长短与栽培管理水平、自然条件有着很密切的关系，完成这一时期后，茶树有 3~5 足龄。有的茶树七八年仍然不能正式投产，主要是管理或其他条件不善，引起茶树生长衰弱。

幼年期是茶树生育十分旺盛的时期，在自然生长的条件下，茶树地上部分生长旺盛，表现为单轴分枝，顶芽不断地向上生长，而侧枝很少。当第一次生长休止后，在主轴上可能生长侧枝，但这些侧枝的生长速度缓慢，所以在茶树 3 龄之前常表现出有明显的主干，但在人为修剪的条件下，这种现象则不显著。

幼年期茶树的根系，实生苗开始阶段为直根系，主根明显并向土层深处伸展，侧根很少，以后侧根逐渐发达，向深处和四周扩展，此时仍可以看出较明显的主根。此外，一般在 3 龄前后，茶树开始开花结实，但数量不多，结实率也低。

由于幼年期茶树的可塑性大，这一时期在栽培措施上，必须抓好定型修剪，来抑制其主干向上生长，以促进侧枝生长，培养粗壮的骨干枝，形成浓密的分枝树型。同时，要求土壤深厚、疏松，使根系分布深广。这一时期是培养树冠采摘面的重要时期，绝对不能乱采，以免影响茶树的生育机能。同时由于茶树的各种器官都比较幼嫩，特别是 1~2 龄的时候，对各种自然灾害（如干旱、冷冻、病虫）的抗性都较弱，要注意保护。

三、成　年　期

成年期是指茶树正式投产到第一次进行更新改造时为止（亦称为青、壮年时期）。这一生物学年龄时期较长，为 20~30 年。成年期是茶树生育最旺盛的时期，产量和品质都处于高峰阶段。成年期的前期随着树龄增长，茶树分枝越分越多，树冠越来越密，到八九年时，自然生长的茶树，已有 7~8 级分枝，而修剪的茶树，可达 11~12 级分枝。此时的茶树方式，在同一株茶树上同时存在着单轴分枝和合轴分枝两种方式，年龄较大的枝条已经转变为合轴分枝方式，而年龄较幼的枝条仍然保持着单轴分枝的方式。茂密的树冠和开展的树姿，形成较大的覆盖度，充分利用周围环境中物质的能力不断扩大，为高产创造了有利的条件。同时，地下部分的根系也随着树龄增长而不断地分化，形成了具有发达侧根的分支根系，而且以根部为中心，向四周扩展的离心生长十分明显。一株十年生的茶树根系所占体积为地上部分树冠的 1~15 倍，所以产量也是随着年龄增长而增长。

到了成年期的中期，由于不断地采摘和修剪，树冠面上的小侧枝越分越细，并逐渐受到营养条件的限制而衰老，尤其是树冠内部的小侧枝表现更明显。此时的茶树仍然有旺盛的生育能力，茶树树冠的四周可以萌发新的枝条，其萌芽的能力逐渐衰退，顶部的枯死小细枝增多，而且有许多带有结节的"鸡爪枝"，这种结节妨碍物质的运输，促使下部较粗壮的枝条上重新萌发出新的枝条，使侧枝更新，有的就会从根颈部萌发出徒长枝（或称为地拱枝）。这些徒长枝具有幼年茶树的生育特性，节间长，叶片较大，枝条又恢复单轴分枝方式，以这些徒长枝为基础形成了新的树冠，代替了衰老的树冠，这被称为茶树的自然更新现象。

在茶园管理中可采用深修剪的方法，人为地促进枝条的更新。成年期中期营养生长和生殖生长都达到了旺盛时期，生长都需要消耗大量的养分，因此养分供求矛盾突出，必须人为控制和调节。成年期后期，茶树在外观上表现为树冠面上细弱枯枝多，萌芽率低，对夹叶增多，骨干枝呈棕褐色甚至灰白色，吸收根的分布范围也随之缩小，但生殖生长旺盛，开花结实明显增多，而营养生长减弱，产量、品质逐年下降，此时就有必要进行树冠中下部的更新改造。

综上所述，成年期栽培管理的任务就是要尽量延长这一时期所持续的年限，以便最大限度地获得高产稳产、优质的茶叶。同时，要加强肥培管理，使茶树保持旺盛的树势，可采用轻修剪和深修剪交替进行的方法，更新树冠，整理树冠面，清除树冠内的病虫枝、枯枝和细弱枝。在投产初期，注意培养树冠，使之迅速扩大采摘面，也是前期的重要管理任务之一。

四、衰老期

衰老期指茶树从第一次更新开始到整个植株死亡为止。这一时期的长短因管理水平、环境条件、品种的不同而不同，一般可达数十年。茶树的一生可达 100 年以上，而经济生产年限一般只有 40～60 年。

茶树经过更新以后，重新恢复了树势，形成了新的树冠，从而得到复壮。经过若干年采摘和修剪以后，又再度逐渐趋向衰老，必须进行第二次更新。如此往复循环，不断更新，茶树复壮能力也逐渐减弱，更新后生长出来的枝条也渐细弱，而且每次更新间隔的时间，也越来越短，最后茶树完全丧失更新能力而全株死亡。茶树根系也随着地上部的更新而得到复壮，但当树冠重新衰老后，外围根系逐渐死亡，呈向心性生长，形成近主根部位有少量的吸收根，这种状况虽然随着每次地上部的更新而得到改善，但总的趋势是与地上部分一样，逐渐向更衰老的方向发展，经过较长时间的反复，最后完全失去再生能力而死亡。

衰老期应当加强管理，以延缓每次更新间隔的时间，使茶树发挥出最大的增产潜力，延长经济生产年限。茶树已十分衰老，经过数次台刈更新后，产量仍不能提高的，应及时挖除改种。

任务三　茶树年发育周期

茶树的年发育周期是指茶树在一年中的生长、发育进程。茶树在一年中由于受到自身的生育特性和外界环境条件的双重影响，而表现出在不同的季节具有不同的生育特点，如芽的萌发、休止，叶片展开、成熟，根的生长和死亡，开花、结实等。所以，年发育周期主要是茶树的各个器官在外形和内部组织结构以及内含物质成分等的生理、生化及生态变化。下面就各个器官的年生育情况分别予以阐述。

一、茶树新梢的生长发育

茶树树冠是由粗细、长短不同的分枝及茂密的叶片组成的。枝条原始体就是茶芽，芽伸展首先展开叶片，节间伸长而形成新梢，新梢增粗，长度不断增长，木质化程度不断提高而成为枝条，枝条具有顶芽、腋芽、叶片、节间。发育成熟的顶芽或腋芽又能发育成新梢。幼嫩的新梢是栽培茶树的收获对象及制茶原料。因此，了解茶树枝梢的生育过程和规律，对于人们栽培管理茶树，制订合理的采摘和修剪技术措施，使之既能增产又能培养好树冠具有重要意义。

（一）茶树的分枝

茶树分枝方式是从幼年期的单轴分枝，逐步过渡到合轴分枝的，这种过渡是在成年时期逐步完成的，而且当从根颈部产生新的徒长枝时，这两种分枝方式在茶树上可以同时表现出来。这种分枝方式的改变是合理的进化适应，因为顶芽的生长阻碍了侧芽的发育，合轴分枝却改变了这种情况，使侧芽得到发育生长。新梢和叶片数量的增加，使茶树的光合作用面积增大，是茶树丰产优质的基础。

自然生长的茶树与栽培茶树的分枝级数是不同的。自然生长茶树达到 2 龄时，高度可达 40~50cm，有 1~2 级分枝；3 龄时有 2~3 级分枝；一般每年约增加 1 级，达到 8 龄时，有 7~8 级分枝。在正常情况下，自然生长的茶树分枝达 4~5 级时，便趋向开花结果，到一定年龄时，分枝级数便不再增加，而栽培茶树 8 龄时可以有 10~12 级分枝。所以，自然生长的茶树分枝不符合栽培的要求。栽培茶树是希望强壮骨干枝，增加分枝级数，从而形成分枝茂密、树冠采摘面大的树型。

茶树枝条的下端与上端是不同的，下端就其时间年龄来说是老的，上端年龄较幼，但就其生理年龄来说，下端却较上端年幼，上端的细胞组织是由下端逐渐分生的，因而下端细胞相对而言更原始一些，上端细胞在生长点分生细胞的发育过程中，同化了外界环境条件和物质而充实。所以，在生产中往往发现扦插苗的插穗，如果剪自徒长枝，则开花较晚，如果是从树冠上部剪取的枝条，扦插苗开花较早，说明了枝条上下端的异质性。越接近枝条基部的阶段生理年龄越幼，生命力也越强。改造衰老茶树采用重修剪或台刈的方法就是利用这个原理，使之从基部重新长出生理年龄幼小的枝条更新树冠。

茶树在幼年时期，部分枝条逐渐发育成为粗壮的骨干枝，这些骨干枝为形成宽大的树冠面打下基础。成年期由于分枝越来越密，在不断的采摘和修剪下，顶部枝条十分细弱，尤其是树冠顶部，一些细弱的分枝养分状况、通风透光条件都较差，逐渐枯死，而在较粗壮的侧枝上，又会产生新的小侧枝，代替死亡的小侧枝，树冠不断向外扩展。在自然生长的条件下，出现这种现象较栽培条件下迟，因为自然条件下生长的枝条向上生长，分枝密度小，产生新枝条的能力减弱，老的小侧枝逐渐死亡，树冠越来越稀疏，造成了地上部与地下部的不平衡，而根系仍然有较强的吸收能力，从而刺激了骨干枝中部的潜伏芽萌发，形成了侧枝的更新，当骨干枝衰老时会逐渐失去再生侧枝的能力。

小侧枝枯死后枝干渐渐光秃，从而刺激了根颈部的潜伏芽萌发生长，这就是徒长枝。这种徒长枝具有生命力强、生长迅速、叶片大、节间长等幼年茶树枝梢的特征。徒长枝重新形成新的骨干枝，并在这些骨干枝上分生侧枝，从而逐渐形成新的树冠，这就是树冠的自然更新。栽培型茶树由于不断地修剪更新，往往在树龄较小时就会产生徒长枝。

在自然生长的情况下，枝条一年可以有春、夏、秋、冬4次生长。但在采摘的条件下却不明显。

（二）茶树新梢的生长

新梢是人们栽培茶树收获的对象。采茶就是从新梢上采下幼嫩的叶片和芽（常称为芽叶），进而加工成各种茶叶，所以了解新梢的生长发育规律是制订合理农业技术措施的重要依据。

冬季茶树树冠上有大量的呈休眠状态的营养芽，芽的外面覆盖着鳞片越冬。翌年春季当气温上升至10℃左右时，营养芽便开始活动，此时芽的内部进行着复杂的生理生化变化，为细胞的分生和伸长创造了条件。

芽处于休眠状态时，细胞自由水减少，原生质呈凝胶状态，脂肪物质增多，许多生理活动进行缓慢。芽开始萌动时呼吸作用显著加强，水分含量迅速增加，从而促进各种器官贮藏的物质如淀粉、蛋白质、脂类等水解，提供呼吸基质，并为细胞的分裂和扩大准备营养物质。这种状况随着温度的升高、水分含量的不断增加而加强。芽的膨胀使体积增大，达到一定程度时，鳞片便逐渐展开。第一片展开的是质硬脆、呈褐色的鳞片，常在新梢生长过程中脱落，只能看到着叶处的痕迹。以后展开的鳞片有的可能脱落，也有的发育成叶形狭长、叶色黄绿、发育极不完全的叶子而留在新梢基部继续生长。待鱼叶展开后才展开第一片真叶，以后陆续展开第2～7片真叶。真叶刚刚与芽分离时，叶上表面向内翻卷，其后叶面向外缘如叶背卷曲，最后逐渐展开。展叶数的多少，决定因素是叶原基分化时产生的叶原基数目，同时受环境条件、水分、养分状况的制约。例如，在气温适宜、水分、养分供应充足时，展开的叶片数多一些；反之，天气炎热、干旱或养分不足时，展开的叶片数就少一些。真叶全部展开后，顶芽生长休止，形成驻芽。驻芽休止一段时间后，又继续展叶，向上生长。

在我国大部分茶区，自然生长茶树一年有3次新梢生长和休止，即越冬萌发→第一次生长、休止→第二次生长、休止→第三次生长→冬眠。第一次生长的新梢称为春梢，第二次生长的新梢称为夏梢，第三次生长的新梢称为秋梢。春、夏梢之间常有鱼叶。另外，并非所有的枝梢都是3次生长3次休止的，如树冠内部的一些细弱的小侧枝，一般只有两次生长，有的甚至在第一次生长后即转为生殖生长、孕蕾开花，当年的顶芽就不再生长。个别生育力旺盛的强壮枝条，一年还可以生长3～4次。这种生长休止、再生长再休止称为自然生长茶树的生长周期性，它与气候和其他环境条件无关，与采摘也无关，但是这种生长的节律对茶树来说具有生理学上的意义，在生产上更具有很实际的作用。

我国大部分茶区全年可以发生4～5轮新梢，少数地区或栽培管理良好的，可以发育6轮新梢。在生产中采取措施增加全年新梢发生的轮次，特别是增加采摘轮次，缩短轮次间的间隔时间是获得高产的重要环节。凡是新梢具有继续生长和展叶能力的都称为正常的未成熟新梢。当新梢生长过程中顶芽不再展叶和生长休止时，芽成为驻芽，称为正常的成熟新梢；而有些新梢萌发后只展开2～3片新叶，顶芽就成为驻芽，而且顶端的两片叶片节间很短，似对生状态，称为对夹叶或称摊片，是不正常的成熟新梢（图2-9）。

|未成熟|成熟|对夹二叶|对夹三叶|

图2-9　茶树的新梢

（骆耀平，2015. 茶树栽培学）

　　新梢上的叶片大小，是随着新梢生长逐渐增大的，接着又逐渐变小，在同一新梢上真叶是两端小中间大。当新梢顶芽休止时，近鱼叶的真叶和近芽端的真叶小，中间的叶片长而宽，这和叶片展开时，中间的叶片处于新梢生育活动最旺盛的阶段有关，此时养分供应也最充足，所以从叶片内含物含量分析也是处于中间的叶片代谢产物丰富，鱼叶和鳞片的变化则较小。

　　新梢上的节间长短与叶片大小分布有相同的规律，即中间长、两头短。不同品种新梢的节间长短差异很大。新梢节间长短在生产上有很大意义，节间长的比节间短的新梢产量高。

　　根据分析，高产优质的茶树品种有如下特点：叶大且长宽比也大，展叶数多，着叶向上斜生，生长迅速，节间长，新梢生育轮次多。

（三）茶树叶片的生育

　　叶片是茶树进行光合作用与合成有机物质的重要器官，也是人们采收的对象。它含有许多无机、有机及各种微量成分，这些成分的含量都因叶位不同而有差异，形成了千差万别的品质特点，说明叶位、叶龄不同其生理机能是不同的。

　　光合作用主要是在叶片中进行的。叶片的老嫩、叶色、叶绿素含量，甚至叶片的温度、气孔的多少和每个气孔的大小等都影响光合作用的强度。叶片在生育初期光合能力较低，呼吸消耗较大，生长所需养料和能量由邻近的老叶和根部供给。随着叶片的生长发育，光合能力迅速增强，呼吸消耗相对减少，光合产物除供自身需要处渐有累积，并开始向其他新生器官运送。当气温为20～35℃时，光合作用较强，叶温继续升高超过35℃时，净光合作用急剧下降，到39～42℃时就没有净光合产物积累了。

　　另外，叶片即使在最寒冷的冬天也有光合能力，但同一枝梢上不同部位留养的叶片，光合作用效率不同，以第一片叶最强，第2～5片叶呈渐弱趋势，留养的鱼叶能提供几乎与真叶成叶相等的光合作用产物。

　　由此可见，叶片在它的发育过程中，随着内部结构的变化，其生理机能也逐步加强。初展时的叶片，呼吸强度大，同化能力低，生长所需的养分和能量来自邻近的老叶和根、茎部供给。但随着叶片的成长，各种细胞、组织分化更趋完善，其同化能力有明显提高。

　　一般来说，叶片展开后 30d 左右不再生长，称为成熟叶。叶片的寿命是与叶片的着生部位、品种、环境条件相关联的。茶树虽然是常绿植物，但是它的叶片也是经过一定时间后要脱落的，只不过叶片的形成时间不同，落叶有前有后。多数叶片寿命不到 1 年时间就会脱落，1 年以上的叶片只占 23%～40%，个别品种甚至只有 5% 左右，均无生长 2 年的叶片。另外，叶片着生部位也与寿命有关，着生在春梢上的叶片寿命比着生在夏、秋梢上的长 1～2 个月。

　　除了正常落叶以外，不良气候影响、土层浅薄以及管理水平低、病虫危害等，都会引起不正常的落叶，有时甚至会全部落光，尤其在北部茶区，常常发生这种情况，这对产量的影响是很大的。

二、茶树根系的发育

　　茶树的地上部与地下部是相互促进、相互制约的整体。地下部根系生长的好坏，直接影响到地上部枝叶的生长。我国有句古语讲"根深叶茂"，就是说只有根系发达才能有茂盛的枝叶。根系的生育活动、分布规律是制订正确的农业措施的重要根据。

　　茶树根系对地上部分起到支持和固定的作用，更重要的是从土壤中吸收水分和养分，供地上部分同化和生长。根系吸收的养分主要是矿质盐类，以及部分有机物质，但不能吸收不溶于水的高分子的蛋白质、脂类、多糖等有机化合物。根系可从土壤空气和土壤碳酸盐溶液中吸取二氧化碳，输送到叶片中参与光合作用。根系也是贮藏有机物质的场所。同时，根系具有合成某些有机物质的能力，茶叶中茶氨酸大部分是在根系中合成的。

　　贮存于根部的茶氨酸和精氨酸，取决于肥料施用量与地上部养分需要量的差值。因此，施肥量大，根部养分的贮存量也随之增加，反之则贮存量减少。根部养分贮量的多少又支配着输送到新梢的养分量。在茶树进入休眠期之前，施用的铵态氮肥被茶树吸收利用转化成茶氨酸、精氨酸、谷氨酰胺贮于茶根中，翌年春茶萌发时输送到新梢中。根系贮存的糖类对春茶新梢生育也有着重要的作用。当春季环境条件适宜时，根系贮存的淀粉一类高分子糖类水解，除了自身用于生长活动消耗，还不断地输送到萌发的茶芽中。

　　茶树根系在年发育周期内的生育活动与地上部的生育活动有着密切的关系。萌芽前根的细胞激动素含量最高，萌芽后逐渐减少，每一株苗的根中细胞激动素平均含量也以萌芽期最高，以后逐渐降低。根系和地上部分的生长和休止期有互相交替现象。当地上部分生长停止时，地下部分生长最活跃；地上部分生长活跃时，地下部分生长就缓慢或者停止。这种交替生长现象的产生，是由于根系生长在糖类丰富的情况下进行的。在新梢发育生长期间，叶片通过光合作用合成的糖类仅能供地上部分的消耗，对根的输送就少，当新梢生育停止后，多余的糖类可供给发根，从而出现发芽和发根的交替现象。

根系的死亡更新主要在冬季的 12 月至翌年 2 月茶树休眠期内进行。茶树的吸收根每年都要不断地死亡，同时，也不断地新生，这种担负着茶树主要吸收任务的根系不断更新，使其保持旺盛的吸收能力。

茶树根系因茶树品种、年龄时期、环境条件和农业支术措施不同，其在土壤中的形态和分布状况也不同，根系的总量，尤其是吸收根的量也有很大差异。茶树品种不同，在相同的土壤中生长，其根系分布的深度和幅度也有很大差异。

成年期茶树根系由直根系类型逐渐转变为分支根系类型，由于侧根级数的不断增加，向四周呈放射状扩展，使行间根系互相交错。而且侧根逐渐加粗与主根没有明显区别，此时生长在质地疏松的土壤中，主根可以深达 2m 以下，侧根分布范围约为树冠的 1.5 倍。

衰老茶树根系呈向心性生长。因为这时根系的更新能力已经较弱，离根颈越远的根如吸收根、细根及小的侧根，由于养分供应状态，根系活性较弱，则逐渐死亡，又得不到新的根系补充，逐渐只剩下一些较粗的侧根，只能在靠近根颈部周围的主轴中心部位重新发生新的细根或侧根。这种生长能力也随着树龄的增长而减弱，以致最后仅在离主轴很小的范围内有几支粗大的侧根分生出呈簇状着生的一些细根和吸收根，而且在根颈部着生的细根较多，说明这是分生能力很强的部位，人们常常利用这一部位进行根系的更新。此时的根幅已小于树幅。

衰老茶树进行树冠改造更新，不仅可以促进地上部生长出新的枝干，同时也可以促进地下部根系的更新复壮，重新形成较强的分支根系，这种更新能力是随树龄、管理水平和肥力情况等而变化的。

综上，可以发现根系发育有以下规律：

①不同年龄的茶树，吸收根集中分布的深度不同。

②从幼年到成年阶段茶树吸收根集中分布的部位，由根颈部附近逐渐向行间发展，衰老茶树则逐渐向内缩减，台刈以后吸收根又再向外、向下发展。

③吸收根主要分布在土壤表层下 1～30cm 处，在 0～50cm 土层内，吸收根的质量超过吸收根总质量的 50%。根量是随树龄增长而增加的，根系的发育、分布随品种、土壤、管理水平、栽培方式等改变。

④土壤的类型不同，根系分布也不同。在河谷冲积土上生长的茶树根系可达 2m 以上，而在有潜育层的土壤上有的还不超过 50cm，可见改良土壤的重要性。

⑤土壤的 pH 大小也影响根系的分布。生长在中性或微碱性土壤上的茶树根系发育不良，长势细弱，甚至在幼苗期根系就会萎缩而死亡；而在酸性土壤上生长的根系则较发达。

⑥茶树自身性状差异和繁殖方式也对根系生育有很大的影响。

⑦茶树种植方式亦会影响根系的生育。在同一条幅的茶树株距间根系生长不良，而行间根系伸展则好，双条栽的茶树根系几乎只有一面较发达，其余几面根系发展受到抑制。影响根量的因素主要是种植的丛距，其次是条数，丛距小，条数增加，根量减少。

影响茶树根系生育情况的外部因子主要是温度、养分和水分。生产中正确调整这 3 个因子的状况，尤其是抓好养分的供应，有利于茶叶的优质高产。

三、茶树的开花结实

茶树开花结实是为繁殖后代的生殖生长。茶树的一生是经过多次开花结实过程的，一般生育正常的茶树从第3～5年开始开花结实，直到植株死亡。茶树开花结实的习性因品种、环境条件不同而有差异。有的茶树品种，如政和大白茶、福建水仙、佛手等是只开花不结实，或者是结实率极低，一般称为不稳性（不育性），这些都属于无性繁殖品系。但茶树多数品种都是可以开花结实的。在环境条件优越的情况下，幼年茶树营养生长旺盛，开花结实迟。在不良环境条件下生育的幼年茶树，如干旱、寒冻、土层浅薄、管理水平低等，常会引起茶树早衰而提早开花结实。

花芽从6月开始分化，以后各月都能不断发生，一般可以延续到11月，甚至到翌年春季，越是向后推迟，开花结实率越低。夏季和初秋形成的花芽开花和结实率较高。茶树的开花期，在我国大部分茶区是从9月中下旬开始，有的在10月上旬，从花芽的分化到开花，需100～110d。9月至10月下旬为始花期，10月中旬至11月中旬为盛花期，11月下旬至12月为终花期。个别茶区如云南的始花期在9—12月，盛花期在12月至翌年1月。开花的迟早因品种和环境条件而异，小叶种开花早，大叶种开花迟；当年冷空气来临早，开花也提早。

外界不良环境条件会影响茶树开花结实。阴雨天气时花粉的传播受限制，或不能发芽。

气温低也影响花粉粒发芽。另外，养分供应状况也会影响授粉和落花落果。自然落果需要消耗养分，为了减少花果数，使养分集中于新梢生育，可采用乙烯利进行疏花，其方法是在盛花期的10月下旬至11月中旬，将乙烯利配成600～800μL/L的溶液，喷洒在茶树上，疏花效果可达70%～90%。

技能实训

茶树的分枝习性观察

一、实训目的

了解不同品种茶树枝条的分枝特点；了解修剪（特别是定型修剪）、采摘对茶树分枝的影响；明确如何培养和创造合理的茶树树冠结构。

二、内容说明

（一）茶树分枝形成及其特点

1. 单轴分枝 顶芽生长势强，主干向上生长，侧枝生长缓慢，比主干细小。幼年期茶树及徒长枝属于这种分枝方式。

2. 合轴分枝 主干顶端的生长点生长缓慢，甚至停止生长，而侧芽则发育旺盛，形成了不断分枝的密集形式。

3. 鸡爪枝分枝　合轴分枝的一种特殊形式。茶树经长期采摘，茶树顶端分枝细小，细节很多，节间很短，形似鸡爪。

(二) 自然生长下不同年龄的茶树分枝形式

不同年龄的茶树具有不同的分枝层次。一般自然生长的茶树每年积累一层，到 8 年左右基本固定。茶树枝条的粗细、长短、数目等随年龄而增长；颜色的变化过程是青色→红色→棕色→灰褐色；皮孔随年龄增长而增大，形似裂纹。

(三) 修剪、采摘与分枝

茶树分枝的长度、粗度、密度、角度等随修剪采摘及管理水平不同而存在较大差别。一般未经修剪的茶树分枝稀疏，树冠零乱，采摘面小；经修剪的茶树分枝多而粗壮，枝条粗度随高度而逐渐变细，树冠宽大，分枝多而密，采摘面大。

(四) 茶树品种与分枝

茶树品种与分枝关系密切，一般乔木型茶树有明显的主干，分枝部位较高；而灌木型茶树则无明显的主干，分枝部位较低。不同品种的分枝角度、节间长短、枝条色泽等都有明显差异。

三、材料及实训用品

1. 材料　自然生长的不同品种茶树，包括经过修剪的和未经过修剪的。
2. 实训用具　卷尺、量角器、测微尺等。

四、步骤及方法

（1）在各类茶园中依次观察分枝方式，比较自然生长和修剪、采摘后的茶树在分枝方式、粗度、长度、角度等方面的差异。
（2）观察自然生长茶树与人工修剪的茶树，比较各自分枝部位、数目、角度等分枝习性的差异，并将结果填入表 2-1 中。

表 2-1　茶树分枝习性观察记载

茶树类型	茶树品种	树高	树幅	叶层厚度	分枝高度	分枝角度	单位面积分枝数	分枝级数
自然生长								

（续）

茶树类型	茶树品种	树高	树幅	叶层厚度	分枝高度	分枝角度	单位面积分枝数	分枝级数
人工修剪								

知识拓展

茶 树 的 演 化

茶树的演化又称茶树的进化，是指茶树形态特征、生理特性、代谢类型、利用功能等在地理环境变迁和人类活动影响下所发生的连续的、不可逆转的变化。

茶树起源时间大约在渐新世。地质演变导致了喜马拉雅山的上升运动和西南台地的横断山脉的上升，从而使第四纪后茶树原产地处在云贵高原的主体部分。由于地势升高以及冰川和洪积的出现，形成了断裂的山间谷地，使本属同一气候区的地方出现了垂直气候带，即热带、亚热带和温带，茶树亦被迫出现同源分居。在不同的地理环境和气候条件下，经过漫长的历史过程，不同气候带的茶树的形态结构、生理特性、物质代谢等都逐渐改变，以适应新的环境。如位于热带雨林中的茶树，形成了喜高温高湿、耐酸耐阴的乔木或小乔木大叶型形态；位于温带气候条件下的茶树，则形成了耐寒耐旱的特性，并朝灌木矮丛小叶方向变化；处于亚热带的茶树，形态特征和生理特性介于以上两者之间。上述变化在人类活动的参与下（引种、选择、杂交等）加剧进行，终致形成千差万别的生态型，这也是云南等地现今同时存在乔木、小乔木大叶和灌木中小叶茶树的原因。

茶树演化主要表现在：树型由乔木型变为小乔木型和灌木型，树干由中轴变为合轴，叶片由大叶到小叶，花冠由大到小，花瓣由丛瓣到单瓣，果由多室到单室，果壳由厚到薄，种皮由粗糙到光滑，花粉壁纹饰由细网状到粗网状，叶肉硬化细胞由多到少（无），等等。这一过程包含着野生型、中间型和栽培型 3 种类型，同时产生了千差万别的基因型。茶树性状演化是不可逆转的，如灌木中小叶茶树即使生长在热带湿热条件下也不会出现乔木大叶茶树的特征特性。

茶树又分为野生型茶树和栽培型茶树。在系统发育过程中，野生型茶树具有原始的特征特性：乔木、小乔木树型；嫩枝少毛或无毛；长期生长在特定的相对稳定的生态条件下，且多与栎斗科、木兰科、樟科、桑科、桦木科、山茶科等常绿宽叶林混生；由于保守性强，人工繁殖、迁徙成功率较低；但抗性强，较少罹生病虫害；形态分类上多属于大厂茶（*Camellia tachangensis*）、大理茶（*C. taliensis*）、厚轴茶（*C. crassicolumna*）等，代表树种有云南的师宗大茶树、巴达大茶树、金厂大茶树；等等。栽培型茶树亦称进化型茶树，主要特征特性为：灌木、小乔木树型，树姿开张或半开张，嫩枝有毛或无毛。栽培型茶树是在长期的自然选择和人工栽培条件下形成的，变异十分复杂，它们的形态特征、品质、适应性和抗性差别都很大，但就主体特征看，在形态分类上多属于茶（*C. sinensis*）、普洱茶（*C. sinensis* var. *assamica*）和白毛茶（*C. sinensis* var. *pubillimba*），代表树种有浙江鸠坑种、云南勐库大叶茶、广东乐昌白毛茶等。

从野生型和栽培型茶树的形态特征差异以及它们之间的渐进过程和分布广度推测，现今的栽培种主要是由大理茶（*C. taliensis*）等演变而来的。从形态特征的相似性和生长区域的相同性来看，普洱茶（*C. sinensis* var. *assamica*）与大理茶（*C. taliensis*）的亲缘关系比茶（*C. sinensis*）更亲近，也即先有普洱茶再有茶，茶应是普洱茶的变种。按照植物进化规律，在原始型与栽培型之间还有过渡型茶树。

思考题

1. 茶树器官包括哪些？
2. 茶树的学名是什么？
3. 简述茶树的总发育周期及各时期特点。
4. 简述茶树的年发育周期及各时期特点。
5. 茶树根系发育有何规律？
6. 茶树枝梢生育有哪些规律？

项目三　茶树生长环境

任务一　气候条件

茶树原产于我国西南地区的云贵川高原的原始森林，其气候特点是：温度平稳、空气湿度大，光照柔和。由于茶树长期生长在这样一个原始森林中，导致茶树形成了与其他植物不同的生物学特性。茶树对气候总的要求是：温暖、湿润、有散射光。

一、温度与茶树生育

温度是茶树生命活动、生长活动不可缺少的一个条件，即茶树的生理、生化反应都离不开温度。温度对茶树生育的影响主要表现在空气温度（气温）、土壤温度（地温）及积温几个方面。

（一）气温对茶树生育的影响

气温主要影响茶树地上部的生长，地温主要影响茶树根系的生长。但气温与地温是相互关联的。就气温而言，从热带到温带茶树都能广泛地适应。对茶树生长发育来说，有3个基点温度，即茶树生长的最低点温度、最适点温度和最高点温度。

1. 茶树生长的最低点温度　茶树生长的最低点温度通常包含两层意思。一是指生物学最低点温度即茶树萌芽生长的最低温度，也称为茶树生长的起点温度；二是指生命最低点温度也称为低限温度，低于低限温度，茶树都会不同程度地受到冻害。

多数茶树品种日平均气温需要稳定在 10℃ 以上，茶芽才开始萌动。但也有少数品种或者由于其生态环境的不同存在差异，茶树能忍耐的低限温度，因品种、树龄、栽培管理水平、生长季节而异，如当气温降到 −2℃ 时，茶花大部分脱落而死亡；气温下降到 1～2℃ 时萌发的茶芽也会枯焦，而茶树的枝梢忍耐低温的能力较强，乔木型大叶种能忍耐短暂的 −5℃ 左右；灌木型中、小叶种忍受低温的能力更强一些，有的可达 −10℃。不同品种茶树的抗寒能力固然不同，但同一品种在不同生态条件下表现也不一样，如政和大白茶在福建能忍耐 −7℃ 低温，而生长在皖南茶区却能忍受 −10～8℃ 的低温。一般说来，低于茶树所忍耐的低限温度时，就会产生冻害。茶树发生冻害的程度，除与温度高低直接有关外，与低温持续时间、风速、冻结时间也有密切关系。一般来说，在一定的低温条件下，低温和土壤冻结时间长，加上干燥的西北风或早春气候转暖后突然降温等，都会使冻害程度加重。

2. 茶树生长的最高点温度　温度过低固然会使茶树遭受冻害，温度过高也会引起茶树的热害。一般而言，茶树能耐最高温度为 35～40℃，生存临界温度是 45℃。在自然条件下，日平均温度高于 30℃，新梢生长就会缓慢或停止。当日平均气温到 35℃ 以上时，生长便会受到抑制，日极端最高温度到 40℃，在降水量又较少的情况下，有的茶树叶片出现灼伤焦变和嫩梢萎蔫，这种现象称为茶树热害。通常是新梢和嫩叶比老化的枝条更容易受到这种逆境的危害。

3. 茶树生长的最适点温度　茶树生育最适温度是指茶树生育最旺盛、最活跃时的温度。春季茶芽萌发以后，当气温继续升高到 14～16℃ 时，茶芽逐渐展开成嫩叶。茶树生长最适温度为 20～30℃，若在此范围之内，则茶梢加速生长，每天平均可伸长 1～2cm。我国大部分茶区自清明（4 月上旬）至霜降（10 月下旬）日平均气温都为 20～30℃，正是茶树生长最适温时期，也是茶叶的采收季节。

茶树生育的好坏不仅受 3 个基点温度的影响，同时还与昼夜温差有关。春季通常是白天的温度高于夜晚，新梢生长量也是白天大于夜晚；夏、秋季的情况恰恰相反，此时日夜气温均能满足茶树生育的要求，而水分成为影响生育的主导因子，所以夜晚的生长量往往大于白天的生长量。高山茶区和北方茶区，由于昼夜温差大，新梢生育较缓慢，但同化产物积累多，持嫩性强，故其茶叶品质优良。

（二）地温对茶树生育的影响

地温是指土壤温度，它与茶树生育关系十分密切。据段建真在 1993 年调查，各土层地温与新梢生长均呈极显著正相关（表 3-1），即在一定地温范围内，随地温的升高而新梢生长速度加快，高于或低于此范围，则生长缓慢或停止。研究表明，地温为 14～20℃ 时，茶树新梢生育速度最快，其次是 21～28℃，低于 13℃ 或高于 28℃ 生长都较缓慢。不同土层地温影响略有差异，5cm 土层受热辐射影响，日夜温差较大，25cm 土层地温相对稳定。

表 3-1　日平均地温与茶树新梢生长情况

(段建真，1993. 茶业通报)

项目		轮次	日平均地温/℃			
			9～13	14～20	21～28	＞28
新梢日平均生长量/cm	5cm 土层	1	0.2～0.4	0.9～2.1	0.3～0.6	0.0～0.1
		2	—	0.3～1.5	0.2～0.6	0.0～0.1
		3		0.9～2.1	0.8～1.0	0.0～0.2
		4	—	0.5～1.5	0.5～0.8	0.0～0.1
	25cm 土层	1	0.3～0.4	0.9～2.1	0.3～0.9	0.0～0.1
		2	—	0.4～0.8	0.3～0.9	0.0～0.1
		3		0.3～0.4	0.7～1.0	0.0～0.1
		4	—	0.4～1.2	0.5～0.8	0.0～0.1

生产上为了有利于茶树生育，可以采取某些栽培措施调节地温。如早春在茶园内中耕，能有效提高地温；夏、秋季在行间铺草，可以有效降低地温；冬季增施有机肥也能明显提高土壤温度；茶园四周种植防护林也能有效改善地温、气温和空气湿度状况。

（三）积温对茶树生育的影响

积温是指累积温度的总和。它包含有温度的强度和持续时间两方面的内容。积温分为活动积温和有效积温两种。活动积温指植物在某一生育时期或整个年生长期中高于生物学最低温度的温度总和。有效积温指植物某一生育期或整个生长周期中有效温度之总和。有效温度是活动积温与生物学最低温度之差。

积温与茶树生长发育关系密切。我国各茶区≥10℃的活动积温在 5 000℃左右。全年活动积温的多少，与全年茶叶的采摘时间及茶叶产量有密切关系。一般认为，在其他因子（如水分、养料）满足和夏季温度不过高的情况下，如果全年≥10℃的活动积温越多，则采摘时间越长，茶叶产量越高。

有效积温能比较确切地反应茶树的生育状况和速度。茶树在某一生长期中所要求的有效积温是比较稳定的，接近一个常数。据研究，从茶芽萌动到 1 芽 3 叶需要10℃以上的有效积温为 110～124℃；一般绿茶产区茶芽萌动到春茶开园需要有效积温为 104～180℃，平均 130℃。由于有效积温能比较确切地反应茶树生长期间对热量的需求，因此，结合物候观测和当地气象部门的中长期预报可以进行采摘期的预测。

二、水分与茶树生育

水分是茶树的重要组成部分，构成树体的水占 55%～60%，芽叶含水量高达70%～80%。在茶叶采摘过程中，芽叶不断被采收，又要不断地生长新梢，所以茶树需要的水分比一般树木多得多。水分是茶树生命活动的必要条件，营养物质的吸收、运输以及光合作用、呼吸作用的进行，细胞一系列的生化变化，都必须有水分的参与。

水分不足和过多都会影响茶树的生育。水分不足时，茶叶不易生长或延迟发芽，降低发芽率。有时虽能发芽，但抽生的新梢矮小，很快形成对夹叶。严重干旱会引起茶树体内一系列破坏性的生理变化，首先是新梢的顶端生长停止，接着这些成熟叶萎蔫下垂，严重时焦枯脱落，甚至整个植株枯萎死亡。

在我国茶区，降雨是茶树获取水分的主要途径，空气湿度和土壤含水量直接影响茶树体内水分、养分含量及茶树正常的生理生化反应。

（一）降水与茶树生育

一般认为，适宜茶树栽培的年降水量在 1 500mm 左右，茶树生长期间的月降水量达 100mm 以上。如果连续几个月降水量小于 50mm，而且又未采取灌溉措施，茶叶单产必将大幅下降。从现有世界种茶地区的降雨条件来看，年降水量差异很大，年降水量高的茶区达 4 860mm，低的只有 600mm。我国茶区年平均降水量也不均衡，年降水量少的山东半岛只有 600mm，高的四川峨眉山达 7 600mm，但多数茶区年降水量为 1 200～1 800mm，生长季节的月降水量达 100～200mm，基本能满足茶树正常生长发育的需要。

（二）空气湿度与茶树生育

空气湿度能影响茶树的蒸腾作用，也影响茶树的光合作用和呼吸作用。当空气湿度低于 60% 时，茶树的呼吸速率大于光合速率，茶树的蒸腾作用显著增加，在这种情况下，如果长时间无雨或不进行灌溉，就会发生干旱，影响茶树正常的生长发育，对产量和品质都有不良影响。当空气湿度达到 70% 时，茶树光合作用、呼吸作用速率均较高，净同化率低；当空气湿度达 80%～90% 时，茶树光合速率大于呼吸速率，茶树净同化率高，表现为新梢叶片大，节间长，新梢持嫩性强，叶质柔软，内含物丰富，因此茶叶品质好；当空气湿度高于 90% 时，空气中的水汽含量接近饱和状态，这对茶树新梢生长固然有利，但容易导致茶园病害的发生。

（三）土壤含水量与茶树生育

茶园土壤含水量直接影响着茶树根系的生长，进而影响着茶树地上部的生长。一般土壤含水量 70%～90% 有利于茶树根系的正常生长，也有利于茶树的增产增质；土壤含水量低于 60%，茶园处于水分亏缺状态，茶树生长受抑制；而土壤含水量高于 90%，茶园水分处于过饱和状态，茶树根系也不能正常生长。

三、光照与茶树生育

光照是茶树生活的首要条件。茶树由根部吸收水分和无机养料，并从空气中吸收二氧化碳，依靠绿色叶子在阳光的照射下，才能进行光合作用。通过光合作用制造蛋白质、糖类等有机物质，供茶树生长发育利用。光合作用制造有机物的整个过程是依靠光照作为能量的源泉，没有光照，光合反应就不能进行。茶树对光照有严格的要求，包括光照度、光照时间和光质等几个方面。

由于茶树原产地的生态环境是经常处于漫射条件之下，因此较弱光照条件下茶树也能达到较高的光合作用效应，说明茶树具有耐阴的特性。光照度在一定范围内时，光合作用强度随光照度增加而增加；当光照度超过一定范围时，茶树光合作用强度就不再增强或反而有下降的趋势，这时的光照度为茶树的光饱和点；如果光照过弱，光合强度过低，就会出现光合强度和呼吸强度处于平衡状态，此时茶树既不从外界吸收二氧化碳，也不释放二氧化碳，这时的光照度就是茶树光合作用的光补偿点。茶树的光补偿点一般在 1 000lx 以下，过低的光照度，光合作用强度就会出现负值，长期处于不良光照条件下，茶树就无法维持其生长。

光照度不仅与茶树光合作用和茶树的产量有密切的关系，而且对茶叶的品质有一定的影响。在适当减弱光照时，芽叶中的氮化物明显提高，而糖类（可溶性糖和茶多酚等）相对减少，特别是在重要的含氮氨基酸的组成中，作为茶叶特征物质的茶氨酸及与茶叶品质有密切关系的谷氨酸、天门冬氨酸、丝氨酸等，在遮光条件下含量有明显的增长趋势。我国的许多名茶，如庐山云雾、黄山毛峰、狮峰龙井等往往生长在高山云雾之中，内质佳、香气高。在一些日照强烈的地方，茶园梯坎和主要道路两旁适当种上遮阳树是十分必要的，这样可以减少直射光，不仅改善了茶叶品质而且也美化了环境。

光照时间的长短对茶树生长发育的影响也很大，如果在花芽分化之前对茶树进行遮光，茶树可提早开花，反之延长光照则可推迟茶花开放时间。光照时间的长短与茶树生长、休眠也有一定关系，如果冬季连续 6 周每日光照短到 11h，即使温度、水分、营养等都能满足，茶树也会进入相对的休眠时期，如果人工延长光照达 13h，就可以打破某些茶树品种的冬季休眠。

太阳光是由不同波长的光谱所组成的，包括紫外线、红外线和可见光 3 部分。波长短于 360nm 的为紫外线（平常看不见），长于 760nm 的为红外线，介于 360nm 和 760nm 之间的为可见光。可见光由红、橙、黄、绿、青、蓝、紫等七色光组成。可见光是茶树进行光合作用制造有机物的主要光源。在可见光中，茶树吸收最多的是红橙光，其次是蓝紫光。红橙光波长偏长，对碳代谢、糖类具有很高的形成活性，是物质积累的基础。蓝紫光为短波光，对氮代谢、蛋白质的形成意义重大，与一些含氮的品质成分如氨基酸、维生素和很多香气成分的形成有直接关系。因此生长于高山密林或云雾之中的茶树，往往可获得较优良的品质。

任务二　土壤条件

从茶树的生长发育来说，温度、水分、光照、空气和养分等 5 个环境因子缺一不可。其中，除了光照以外，水分和养分中的极大部分是由土壤供给的，温度和空气中的一部分也是由土壤提供的；同时，土壤又是茶树常年扎根立足之地。因此，土壤质地的好坏、土层的厚薄、土壤酸碱度的大小、养分含量的多少等都会对茶树生长产生深刻的影响。

一、土壤质地

土壤质地大致有 3 种类别：沙土类、壤土类及黏土类。不同质地的土壤特性有所不同。沙土组成以沙粒为主，粒间孔隙大，通气透水性良好，无黏结性、黏着性和可塑性（黏结性指土壤在干燥或含水少时，土壤黏结成块的性质；黏着性指土粒黏附以外物如农具等上的性质），但保水、保肥能力差，土温变幅大，养分含量少；沙壤土比沙土保水保肥能力强些，但养分、水分含量仍不足，必须注意及时灌水和施肥，而且要少量多次；轻壤土在一定程度上保持了沙土的优点，保水保肥能力明显加强；中壤土透水变慢，透气减弱，黏结性、黏着性和可塑性增强；重壤土和黏土比中壤土更难耕作，通气透水能力更差。茶树生长对土壤质地的适应范围较广，从壤土类的沙质壤土到黏土类的壤质黏土都能种茶，但以壤土最为理想。

二、土壤厚度

茶树要求土层深厚，有效土层应达 1m 以上。表土层又称为耕作层，直接受耕作、施肥和茶树枯枝落叶的影响而形成。在这层土壤中布满了茶树的吸收根，与茶树生长关系十分密切。表土层的厚度要求为 20～30cm。亚表土层又称为亚耕作层，在表土层下。这层土层在种茶之前，经过土地深翻施基肥和种植后的耕作施肥等农事活动，使原来较紧实的心土层变为疏松轻度熟化的亚表土层，厚度应为 30～40cm，其上部吸收根分布较多，也是茶树主要的容根层。心土层位于亚表土层之下，是原来土壤的淀积层，受人为的影响较小，此层土中茶树吸收根较少，却是骨干根下扎的地方，要求土层厚度达 50cm 以上。底土层在心土层之下，是岩石风化壳或母质层。

因为茶树是多年生深根作物，根系分布可伸展到土表的 2m 以下，所以，要求在 50cm 之内无硬结层或黏盘层，并且有渗透性和保水性的底土层。实践证明，土层深浅对茶树生长势的影响很大，调查资料表明，在同一块茶地上，由于母岩的分布造成了土层的深浅，在土层深 140cm 处，茶树高度达 102cm，树幅达 106cm；在土层深 30cm 处，树高和树幅均只有 52cm。土层厚度与茶树产量也关系十分密切（表 3-2）。

表 3-2　茶叶产量与有效土层的关系

（汪莘野，1984. 茶叶通讯）

有效土层厚度/cm	茶叶产量指标
38～40	1.00
54～57	1.29
60～82	1.68
85～120	2.05

三、土壤酸碱度

茶树是喜酸性土壤的植物。从各地的土壤测定情况来看，pH 都在 4.0～6.5，最适宜茶树生长的 pH 为 4.5～5.5。

茶树适宜在酸性土壤上生长的原因认为有以下 5 个方面。①茶树的遗传性决定了其对土壤的酸碱性有一定要求。茶树原产于我国的云贵高原，那里的土壤是酸性的，茶树长期在酸性土壤上生长，产生对这种环境的适应性，形成比较稳定的遗传性。②茶根汁液的缓冲能力在 pH 5.0 时最高，以后逐渐降低，至 pH 5.7 以上缓冲能力就非常小了。这也是由于茶树长期生长在有机磷含量极低的红壤中，造成了根中含磷量极低，适应了红壤的环境。③与茶树共生的菌根需要在酸性土壤中才能生长，与茶树根系共生互利。④茶树是富铝植物，茶树的含铝量高达数百至 1 000mg/kg。而只有在酸性条件下，土壤中活性铝的含量才能满足茶树生长对铝的需求。⑤茶树是嫌钙植物。茶树在碱性土壤或石灰性土壤中不能生长或生长不良，当土壤中含钙量超过 0.05% 时，对茶叶品质有不良影响；超过 0.2% 时，对茶树生长有害；超过 0.5% 时，茶树生长受严重影响。

了解当地土壤是否能适应种茶，可用指示剂、酸度计等方法进行详细测定，也可以通过实地调查酸性指示植物的方法进行判断，凡是地貌上有杜鹃花、铁芒箕、马尾松、油茶、杉木、杨梅、毛竹等植物生长的土壤都是酸性土壤，适宜于茶树生长。

四、土壤养分

有机质含量是茶园土壤熟化度和肥力的指标之一。从我国现有生产水平出发，有机质含量为 2.0%～3.5% 的可为一等土壤；有机质含量为 1.5%～2.0% 的为二等土壤；有机质含量在 1.5% 以下的为三等土壤。高产优质的茶园土壤有机质含量要求达到 2.0% 以上。日本的土壤改良指标是 3.0% 以上。土壤有机质是土壤微生物生活和茶树合成多种营养元素的物质基础。如全氮含量就与有机质含量有密切的正相关。孙继海等（1979）对 97 个茶园土壤样本进行测试统计结果如表 3-3 所示。

茶园土壤中除了有机质外，还会有大量的矿质元素如钾、钠、钙、镁、铁、磷、铝、锰、锌、钼等，这些元素大多呈束缚态存在于土壤矿物和有机质中，经过风化作用和有机质的分解而矿物化，缓慢地变成茶树可利用态，或呈溶解态被吸附于土壤胶体或团粒上。这些元素含量少，直接或间接地影响茶树生育和茶叶品质。

表 3-3　不同土壤有机质含量与全氮含量的关系

样本数	12	11	32	30	12
有机质/%	<1.0	1～1.49	1.5～1.99	2.0～2.49	>2.5
全氮含量/%	0.063 6	0.082 4	0.108 1	0.139 0	0.158 4

任务三　生物因子

生态环境中物质循环受到生物的影响，生物影响茶园的水、肥、气、热状况，直接或间接地影响茶叶产量和品质。茶园生物包括地上生物和土壤生物两部分。

一、地上部生物对茶树生育的影响

茶园地上部生物对茶树影响较大的主要为昆虫和微生物。茶园中昆虫数量多、类群广，对茶树的直接损害影响着茶的树高产优质。陈宗懋研究指出，全世界记载的茶树害虫有 1 041 种，其中，印度 396 种，斯里兰卡 203 种，印度尼西亚 247 种，日本 216 种，我国 433 种。除害虫外，还有一些益虫，如常见的天敌昆虫瓢虫、草蛉、蜻蜓、食蚜蝇、食虫蝇等。地上微生物有真菌、细菌、类细菌、地衣、苔藓等类群，这些微生物中，病原对茶树高产优质有极大威胁。世界记载的危害茶树的病原（包括线虫）约 507 种，其中印度 193 种，斯里兰卡 102 种，印度尼西亚 64 种，日本 114 种，我国 136 种。

在地上部生物中，有许多是有益于茶树生育的生物种群，也有许多是有寄存器的生物种群，在茶园生境中彼此消长，形成特有的生存规律，但其食物链中的重要环节是茶树。为了达到增产效果，通常在茶园中使用化学农药如除草剂，虽然能控制有害生物的发生，但同时也影响了有益生物的生存。因此，在生产中提出生物防治害虫与有害微生物，如放养赤眼蜂、保护蜘蛛等天敌、使用白僵菌 871 及茶毛虫 NPV 制剂等，都有较好的效果。

二、土壤生物对茶树生育的影响

茶园地下生物群落的变化较大，与土壤质地、通透性、肥力、土壤水分、茶树郁闭状态，以及茶行间是否铺草等都有很大关系。地下生物多数有利于改善土壤的理化性状，但也有少数是地下部或根系害虫。

茶园土壤中生物组成数量最多的是微生物，真菌、细菌、放线菌等都有广泛分布。从数量组成来看，土壤微生物以细菌最多，真菌次之，放线菌最少，其中对提高土壤肥力和改善茶树生长有显著作用的固氮菌、氮化细菌和纤维分解细菌等种群数量都很多。不同季节、不同茶树年龄时期，茶园土壤中微生物数量不同，秋季以真菌为优势种群，夏天雨季以细菌为优势种群，春季的优势种群则是放线菌类。

茶园中微生物的数量受深耕施肥的影响比较显著，化肥对微生物活性的影响不同。有的有促进作用，有的有抑制作用，这与化肥的用量、组成和土壤、气候条件差异有关。茶树生长旺盛时期也是土壤微生物种群和数量最大的时期，影响土壤微生物种类和数量的主要因素是茶树根系分泌物的多少，根系分泌物越多，微生物的种类和数量就越多，因此，各类微生物在土壤中的种类和数量分布为：根表土壤＞根际土壤＞非根际土壤。

土壤微生物对土壤肥力的形成、植物营养的转化起着极其重要的作用。土壤物理、化学环境影响着土壤微生物的种类、数量的分布，而土壤微生物的活动又反过来影响土壤理化环境。自然红壤、普通茶园红壤和高产茶园红壤中表土层微生物的数量是不同的，总的是随土壤熟化度的提高而增加。同一块茶园中微生物的分布以表土层最多，土层越深微生物的数量越少，且各类微生物随土壤孔隙度的增大而增加。有机质含量越丰富，微生物数量越多，土壤中的氮素含量也增多。因此，土壤微生物可以作为茶园土壤肥力的一项生物指标。

任务四　地形地势条件

我国现有种茶区域的地形是比较复杂的，山地、丘陵、平地、盆地都有茶的分布，但大多是在丘陵和山地。茶园的地形地势条件主要包括海拔高度、坡度坡向、地形等几个方面，它直接影响到茶园的小气候和土壤状况，进而影响茶树的生长发育和产量品质。

一、海拔高度

山地茶园随着海拔高度的升高，$\geqslant 10℃$的活动积温以及空气相对湿度都会有明显的变化。据对浙江天目山区和括苍山区气温的观察，每当海拔高度上升100m，气温降低0.5℃左右，积温减少180℃左右。山越高，气温越低，积温越少。如天目山山麓的临安昌化气象站（海拔168.5m），年平均气温15.5℃，$\geqslant 10℃$的活动积温是4 840℃；而山顶上的天目山气象站（海拔1 496.9m），年平均气温只有8.8℃，$\geqslant 10℃$的活动积温为2 523℃。

降水量在各种海拔高度也是不相同的。在2 000m海拔高度下，降水量随高度增加而递增，而空气的相对湿度随海拔高度的变化不大，但达到云层所在高度时，相对湿度显著增大。因此山地上相对湿度随海拔高度的变化，要看山地位置及季节而定。在一定高度的山区，雨量充沛，云雾多，空气湿度大，漫射光强，这对茶树生育是有利的。但海拔过高，温度降低，积温减少，生长期缩短，冻害严重，会使茶叶产量和品质降低，因此茶树的种植高度也并不是越高越好，在千米以上时常有冻害发生。

茶树的物质代谢也受气温的影响，因此不同的海拔高度在鲜叶的化学成分含量上存在差异，进而导致茶叶的品质也存在差异。如对江西庐山、浙江华顶山、安徽黄山的鲜叶样品分析结果表明，茶多酚和儿茶素含量是随着海拔的提高而减少的，而氨基酸是随着海拔的提高而增加的（表3-4）。

表3-4　不同海拔高度对鲜叶化学成分的影响

（程启坤，1985.茶叶优质原理技术）

地区	海拔/m	茶多酚/%	儿茶酚/%	茶氨酸/%
江西庐山	300	32.73	19.07	0.792
	740	31.03	18.81	1.696
	1 170	25.97	15.40	—

（续）

地区	海拔/m	茶多酚/%	儿茶酚/%	茶氨酸/%
浙江华顶山	600	27.12	16.11	—
	950	25.18	14.29	—
	1 031	23.56	10.40	—
安徽黄山	450	—	—	0.982
	640	—	—	1.632

另外，某些鲜爽、清香型的芳香物质在海拔较高、气温较低的条件下形成积累量大。因此，俗话"高山云雾出好茶"是存在一定科学道理的，说明好茶与良好的生态环境关系密切。我国大多数名茶都产自生态环境优越的名山胜水之间。

二、坡度坡向

由于山地茶园的坡度、坡向能影响小气候，因而也影响茶树的生长发育和产量、品质。坡度和坡向不同，坡地上日照的时间和太阳辐射强度会有很大的差异，因而获得的太阳辐射总量也不一样，这样就形成了不同坡向的小气候特点。我国位于北半球，产茶区域主要分布在北回归线以北地区，阳光终年由南而照，所以偏南坡地（包括南坡、东南坡、西南坡）获得的太阳辐射总量都比平地上多。事实上，凡是背风向阳的半山坡茶园，冬季气温都要比谷地、沟槽地、平川地高。一方面，向阳半山坡茶园受光面多，避免或减轻了寒风的侵袭；另一方面，由于处于谷地、沟洼地的茶园，受冷空气下沉所出现的逆温（小于2级风情况下）和辐射霜冻的危害要比山坡茶园重得多。因此，为避免茶树受冻，必须把地形选择作为种茶的重要条件加以考虑。

北坡的太阳辐射总量比南坡或平地少得多，夏季南北坡地的差别较小，冬季差别颇为显著。东坡和西坡接受的太阳辐射量介于南坡和北坡之间，差异不大。由于方位影响太阳光辐射，所以土温也受到方位的影响。土温最低温度几乎终年都出现在北坡；日平均土温以南坡最高，北坡最低，东坡与西坡介于相对极薄的气层内，晴天差异比较明显，阴雨天差异极小。日平均气温坡向的变化规律与土温相同。

由此可见，我国主要产茶地区，阳坡（偏南坡）获得的太阳辐射及热量多，温度高，但湿度比较低，土壤较干燥，而阴坡（偏北坡）的情况正好相反。调查表明，在春季偏南坡的茶园，茶芽萌动较偏北坡早1~3d，因而春茶采摘期也相应提早；而北坡冻害比南坡重，因此从减轻冻害角度出发，亦应选择偏南坡种茶为好，我国江北茶区更是如此。我国南方一些产茶区，终年热量充足，南北坡都可以种茶，但一般来说，阳坡茶树的生长势为春、秋季优于夏季，而阴坡茶树长势则夏季比春、秋季的好。

坡度大小对温度变化和接受太阳辐射有一定的影响。如同朝阳南坡，10°坡的直接太阳辐射量为平地的116%，20°坡为130%，30°坡为150%。坡度不同，在接受热量方面差异也较大。但随着坡度加大，土壤含水量减少，冲刷程度变大，对茶树的不利影响也越来越明显。所以选择地形时，一般要求在 30°坡以下的山地或丘陵地。坡度太陡（30°坡以上），在建园时不仅费工夫，对后期茶园管理也不利，不宜栽植茶树。

三、地　　形

地形起伏对茶树的生育和冻害影响很大，在冬季晴天的条件下，由于冷空气向低洼地段汇集，谷底温度低，常引起茶树冻害。但在寒潮或冷空气南下时，坡顶迎风面的温度最低，谷底的温度都相对较高，受冻的地方不是在谷底，而是在坡顶，这就是"风打山梁，霜打洼"的道理，因此在冻害严重的地区，茶树应避免在坡顶和坡脚处种植；冻害中等的地区，在低洼处种茶，应选择耐寒性强的品种。

茶树的生育虽然对环境条件有一定的要求，但环境条件是不断改变的，只要这种改变不超出一定的限度，茶树的生理功能是能正常进行的。人类通过辛勤劳动能够改造自然，把不利于种茶的自然条件转化为有利的条件，如培育抗性强的品种，对不良的土壤条件进行土壤改良，通过设置挡风物、茶园铺草或茶丛面盖草等改善不良的气候条件，等等。当然，优越的自然条件也应该加强培育管理，才能最大限度地发挥茶叶增产的潜力，获得高产优质。

技能实训

技能实训一　土壤含水量的测定

一、实训目的

测定土壤水分的方法有烘干法和酒精燃烧法。烘干法精度高但时间长，酒精燃烧法精度低但速度快，适用于田间测定。本实训采用烘干法测定土壤水分，要求掌握烘干法测定土壤水分的原理和方法。

二、实训原理

将一定量的土样，放在 95～105℃的烘箱中烘至恒重，失去的重量为水分重量。土壤水分重量占烘干土重的百分数就是土壤水分含量。

土壤水分是土壤的重要组成部分，也是土壤肥力的主要因素。通过自然土壤水分的测定，可以了解田间土壤中的水分状况，为农业生产管理提供依据。风干土样含水量的测定，可将土样换算成烘干土样，使各项分析结果的计算以烘干土重为基础进行，分析结果具有可比性。

三、材料、仪器与试剂

烘箱、铝盒、天平、干燥器、牛角勺。

四、实训步骤

1. 铝盒预处理　取洁净铝盒，置于95～105℃干燥箱中，瓶盖斜支于瓶边，加热0.5～1.0h取出盖好，置干燥器内冷却0.5h，称量，并重复干燥至恒重。

2. 样品加热　称取2.00～10.0g切碎或磨细的样品，放入此铝盒中，加盖称量后，置95～105℃干燥箱中，瓶盖斜支于瓶边，干燥2～4h后，盖好取出，放入干燥器内冷却0.5h后称量。然后再放入95～105℃干燥箱中干燥1h左右，取出，放干燥器内冷却0.5h后再称量。至前后两次质量差不超过2mg，即为恒重。

本实训需进行平行测定，允许平行误差小于1%。

$$土壤水分 = \frac{湿土重 - 烘干土重}{烘干土重} \times 100\%$$

技能实训二　土壤酸碱度的测定

一、实训目的

土壤溶液中氢离子和氢氧根离子的浓度比例不同，所表现出来的酸碱性质称为土壤的酸碱度，通常用pH表示。在纯水或稀溶液中pH可用下式表示：pH = −log(H⁺)。土壤酸碱度是土壤重要的化学性质，它直接影响土壤养分的存在状态、转化和有效性，对作物生长和土壤微生物活动也有影响。土壤的各种理化性质、生物化学性质也和酸碱度有密切的关系。测定土壤pH可以作为改良酸性土和碱性土的参考依据，可以指导合理施肥，确定适宜的肥料种类。

测定土壤pH通常用比色法和电位测定法，电位法精确度比较高，pH的误差在±0.02以内；混合指示剂比色法精确度较差，pH的误差在±0.5以内，适用于野外速测，pH标准溶液系列的比色法精确度较混合剂比色法高，但不及电位法精确。

二、实训原理

用电位法测定溶液或土壤悬液的pH，常用的pH指示电极为玻璃电极，参比电极有甘汞电极和银-氯化银电极。

当上述两种电极插入待测液中时，构成一电池反应，两者之间产生电位差，由于参比电极的电位是固定的，所以电位差的大小就取决于溶液中的氢离子活度。根据测得的电位差和参比电极的电位，可求出pH指示电极的电位。再根据指示电极的电位与溶液pH的直线关系，算出溶液的pH，一般可直接从酸度计上读得pH。

用酸度计测定待测液的pH前，要用标准的缓冲液进行校正。如待测液是碱性，要用pH 4.01的标准缓冲液校正；如果待测液是酸的，则用pH 6.87的标准缓冲液校正；中性的用pH 9.18的标准缓冲液校正。

三、材料、仪器与试剂

1. 试剂

（1）pH 4.01 的标准缓冲液。称取在 105℃烘过的苯二甲酸氢钾 10.21g，用蒸馏水溶解后稀释至 1L，即浓度为 0.05mol/L 的苯二甲酸氢钾溶液。

（2）pH 6.87 标准缓冲液。称取在 45℃烘过的磷酸二氢钾（KH_2PO_4）3.39g 和无水磷酸氢二钠（Na_2HPO_4）3.52g，溶解在蒸馏水中，定容至 1L。

（3）pH 9.18 标准缓冲液。称取硼砂 3.80g，溶于蒸馏水中，定容至 1L。此溶液易变化，应注意保存。

（4）1mol/L 氯化钾溶液。称取氯化钾 74.6g，溶于 400mL 蒸馏水中，用 10％氢氧化钾和盐酸调节 pH 至 5.0～6.0，然后稀释至 1L。

2. 仪器　各种型号的酸度计。

四、实训步骤

1. 土壤活性酸的测定　称取通过 1mm 筛孔的风干土壤 25g，放入 50mL 的小烧杯中，加无二氧化碳蒸馏水 25mL，间断搅拌 30min，使土壤充分分散。此时应避免空气中有氨或挥发性酸的影响，将复合电极玻璃球泡及较高处的多孔陶瓷芯插到土壤悬液中。轻轻摇动烧杯以去除玻璃表面的水膜，使电极电位达到平衡，但要注意不得使烧杯壁碰撞玻璃电极，防止球泡损坏，每测完一个样品，都要用蒸馏水将电极表面黏附的土粒洗净，并用滤纸轻轻将电极吸附的水吸干，然后再测定第二个样品。测定 5～6 个样品后，应该用 pH 标准缓冲液校正一次电位计的读数。

2. 土壤交换性酸的测定　当水浸提液的 pH＜7 时，用盐浸提液测定土壤的 pH 才有意义。测定方法除将 1mol/L 氯化钾溶液代替无二氧化碳蒸馏水外，其他操作步骤均与水浸提液相同。

3. 注意事项

（1）水土比例。在测定 pH 时，水土比应该固定。经试验，采用 1：1 的水土比例，对碱性土壤和酸性土壤均能得到较好的结果，特别是碱性土壤。对酸性土壤采用 5：1 与 1：1 的水土比例所测得结果基本相似。因此，建议碱性土壤可用 1：1 水土比例测定，而酸性土壤可用 1：1 与 2.5：1 的水土比例进行测定。

（2）样品磨碎的影响。试验证明，当通过 2mm 筛孔的土壤样品，所测得的 pH 为 4.7 时，经磨碎至 0.16mm 所测得的 pH 增高 1.0～1.3 单位。因此，土壤样品不宜磨得过细，宜采用通过 1mm 筛孔的土壤样品进行测定。

（3）平衡时间的影响。如果在制备悬液时土壤与水平衡时间不够，则影响电极扩散层与自由溶液之间氢离子分布情况，因而引起误差。本实训采用间断搅拌 30min 以后测定。

（4）复合玻璃电极不用时，应把它浸在干净的蒸馏水中。

（5）酸度计有各种型号，必须按仪器的操作步骤使用。

知识拓展

环境对茶叶品质的影响

茶叶的环境因子包含温度、光照、水分和土壤等方面。不同因子对茶叶内含物质的合成影响不同，温度、光照与茶多酚的含量呈正比；温度、光照与氨基酸的含量呈反比。

温度高，光照强，茶多酚含量会升高，氨基酸会下降，苦涩味比较重，氨基酸比较少，鲜爽度比较低；温度比较低，光照比较弱，茶多酚含量就不高。所以，南边的茶叶做红茶比较好，而北边做绿茶比较好。

纬度不同，茶叶品质不同。我国浙江、江苏、安徽包括山东的绿茶基本上采春茶，因为春茶生长在温度低、光照弱的环境条件下，所以氨基酸含量比较高，口味比较好。做红茶刚好相反，浙江有些地方也在做红茶，发现夏茶可能比春茶会更好，因为它的茶多酚含量比较高。

有句话是"高山出好茶"，为什么高山出好茶？海拔每升高 100m 温度相差 0.6℃，阳光大部分被反射，少量以散射光的形式照到茶叶上，所以光照相对少、温度相对低，滋味比较鲜爽。

但是"高山出好茶"也不绝对，因为到了一定海拔高度，气温太低，茶叶生长受阻；当海拔高度穿过云雾层后，紫外线太强反而利于苦涩类物质积累。所以像浙江省的茶园一般海拔在 500～900m 就是高山茶，海拔太高，则温度等环境条件不利于茶树生长。

思 考 题

1. 怎样的温度条件较适合茶树的生长？
2. 怎样的水分条件有利于茶树的生长？
3. 光照的强弱对茶叶品质有何影响？
4. 茶树对土壤物理和化学环境有哪些要求？
5. 地形地势对茶叶品质有何影响？
6. 茶树为何是喜酸性植物？

项目四　茶树育种与育苗

知识目标

1. 了解茶树的育种方法。
2. 了解我国茶树良种繁育概况。
3. 掌握茶树扦插理论。
4. 掌握茶树有性繁殖育苗方法。

能力目标

1. 学会茶树短穗扦插技术。
2. 学会茶苗种植技术。

知识准备

任务一　茶树育种

茶树育种与育苗的目的和任务是保持和不断提高良种的种性，迅速扩大良种数量，不断提高良种率。

茶树品种是最重要的茶叶生产资料之一。我国茶产业发展的每一步都体现茶树良种的贡献。综观我国茶树育种目标的变化，经历了"高产→优质→早生→多抗→特异"的发展历程。进入21世纪，茶产业开始向产品开发多样化、茶功能成分用途多样化以及市场需求多样化的方向发展，茶树育种目标随之多样化。

一、茶树良种繁育现状

我国从20世纪50年代开始有计划地进行无性系茶树品种选育，所育成品种的推广应用促进了70—80年代茶叶产量的快速增长，对茶叶出口创汇做出了积极贡献。为了适应国内名优茶开发，20世纪90年代我国茶树育种工作者培育了大量优质、早生的茶树品种，在国际市场非常严峻的情况下为我国茶产业的可持续发展提供了保证。

学习笔记

近年来，我国加快了良种繁育推广的步伐，但在良种的适制性、适应性和抗逆性方面仍存在一定的盲目性。1992年我国提出了栽培茶园实行无性系良种化，1997年农业部正式提出淘汰种子直播和移栽实生苗的传统做法。但各省份茶园无性系良种化发展很不平衡。福建省是我国推广无性系良种最早的茶区，无性系良种面积达95%，近几年良种推广进度较快，2015年，我国无性系茶树良种面积占茶园总面积的56.5%。

二、茶树育种方法

茶树育种就是利用自然界的或人工诱变的基因变异和重组，通过选择、鉴定和培育，使符合人们需要的基因能够遗传下去，并繁育开来，供生产利用。以前茶树品种的育种方法多来自选种和杂交育种，这种方法周期长、见效慢，随着对茶树遗传规律的了解和育种技术的进步，茶树育种方法也越来越多。

1. 茶树育种的任务　茶树育种的基本任务是运用植物遗传育种的理论和方法，在研究和掌握植物性状遗传变异规律的基础上，根据育种目标和原有品种基础，发掘、研究和利用植物各种资源，采用适当的育种途径和方法，选育适合本地区生产生态条件，符合生产发展需要的高产、稳产、优质、高抗、特异和适应推广的优良品种，甚至新品种，并通过行之有效的繁育措施，在繁殖、推广过程中，有计划地组织品种更新换代，保持并提高种性，提供优质足量、成本低廉的生产用种，实现生产用种良种化。

2. 茶树育种的途径　茶树育种目标的制订和实现的方法应包括：种质资源的收集、保存、研究评价、利用和创新；茶树植物繁殖方式及其育种的关系；选择的理论和方法；人工创造变异的途径和技术；杂交优势利用的途径和方法；目标性状的遗传、鉴定及选育方法；育种不同阶段的田间及实验室试验技术；新品种审定、推广和繁育；等等。

茶树品种根据繁殖方式不同，一般划分为有性系品种和无性系品种。用种子繁殖后代的品种称为有性系品种；用营养器官繁殖后代的品种称为无性系品种。在营养器官繁殖方式中，主要有嫁接、扦插、压条等方法，组织培养和人工无性种子也属于无性繁殖方式，但目前还未进入到生产实用化阶段。目前应用最广泛的是短穗扦插法，已在世界各主要产茶国家广泛应用。

目前随着科学技术的提高和突破，现有育种方法已由传统的选择育种、有性杂交育种、杂交优势利用、诱变育种提高到新技术育种的分子育种和计算机技术育种，从而大大缩短了育种进程。

任务二　茶树繁殖的种类及特点

茶树繁殖是茶树品种单株或群体滋生、繁衍后代的一种生命活动。茶树植物在长期的进化过程中，由于自然选择、人工选择的作用，形成了各种不同的繁衍、授粉方式，以繁衍后代。良种繁育工作和繁殖方式有密切关系，由于繁殖方式不同其后代群体的遗传特点各异，所采用的育种方法已有所不同。茶树繁殖过程是茶树个体生长发育的起点，无论是营养繁殖（又称无性繁殖），还是种子繁殖（又称有性繁殖），繁殖过程都影响到新形成的个体的强弱和生长发育的优劣。

一、茶树无性繁殖的原理和特点

1. 无性繁殖的原理　凡是不经过两性细胞受精过程繁衍后代的方式统称为无性繁殖。茶树是一种再生能力很强的树种，根、茎、叶甚至细胞，都可用来进行营养繁殖。这种利用茶树营养器官（一部分营养体）产生新个体的育苗，不通过雌雄配子结合，不由受精卵产生子代的所有繁殖现象，又称营养繁殖。大多数茶树品种兼有有性和无性繁殖的能力。

2. 无性繁殖的特点　无性繁殖能保持母株的特征特性，后代性状一致，鲜叶均匀，适制高档名优茶，品质好、效益高；便于管理和机采，采摘功效高；繁殖系数高，利于迅速扩大良种数量，也能克服不结实的繁殖困难。其主要缺点是：繁殖育苗要求较高的技术条件，所费劳动力成本较高，后代抗逆性较差，容易从母株上传染病虫害。

二、茶树有性繁殖的原理和特点

1. 有性繁殖的原理　有性繁殖是植物繁殖的基本方式，是有雌雄配子结合，经过受精过程，最后形成种子繁衍后代的繁殖类型，又称种子繁殖。茶树是异花授粉，其所产生的种子具有不同的两个亲本的遗传特性，因此，有性繁殖具有复杂的遗传性。

由于茶树是异花授粉植物，在无隔离的条件下留种往往使后代产生性状分离，难以保持良种的纯度。加之茶树是叶用植物，繁育种子和留蓄枝条与鲜叶产生矛盾，同时，茶树是多年生植物，品种的优劣和种苗的好坏对以后的生产将产生长期的影响。基于此特点，茶树有性繁殖的后代容易产生个体间性状不一，不利于茶园的管理和茶叶采制，且易产生生物学混杂，引起种性退化。

2. 有性繁殖的特点　由于种子繁殖的茶树具有复杂的遗传性，其适应环境生存的能力强；茶苗的主根发达，入土深，抗旱、抗寒能力强；繁殖技术简单，苗期管理方便，省工，种苗成本低且茶籽便于贮藏和运输。结实率低的品种难以用种子繁殖。其缺点是：经济性状杂，生长差异大，生育期不一，不利于管理，鲜叶原料粗细不匀，嫩度一不，变异性大，也不适应建立整齐划一的茶园的要求。

任务三　茶树育苗

通过有性途径（种子）繁育的品种称为有性繁殖系品种，简称有性系品种；通过无性途径（扦插等）繁育的品种称无性繁殖系品种，简称无性系品种。在茶叶生产上，常把具有较高经济价值的无性系品种称为无性系良种。有性系品种由于采用种子繁殖，幼苗主根明显，为直根系，群体中植株的性状较混杂，参差不齐；无性系品种一般采用短穗扦插繁殖，群体中各植株的性状整齐一致，短穗扦插的幼苗无主根，为须根系，根颈部有短穗遗痕，比较容易鉴别。

无性系品种的优良性状能够世代相传，具有产量高、品质优、芽叶持嫩性强、发芽整齐、芽叶的形态大小及内在品质一致、便于采摘加工等特点，因此无性系品种在茶叶生产中得到广泛应用。

一、无性繁殖育苗

无性繁殖是茶树良种繁育的一种重要途径，产生的茶树后代形状与母本完全一致，可以长期保持良种的优良种性，我国及世界主要产茶国新育成的良种基本采用这种方式进行繁殖。

（一）茶树采穗母树的培育

茶树采穗母树是指专门用于提供扦插繁殖材料的品种茶园，是保证插穗质量和数量的重要基础。一般在正常培育管理下，6～10 年生的采穗母树园每亩产穗条600～1 200kg，可供 1 334～2 000m² 苗圃扦插。各地在建立母本园时，可根据苗圃面积按比例配建。

1. 茶树养穗母本园的建立　茶树母本园的建立可按丰产茶园的标准建立实施，园址的选择应尽量选择低海拔位置，若海拔过高，枝条生长慢，产量低。建立母本园用的茶树良种一定要保证原种，其纯度应达到 100%。

2. 加强母树园的肥培管理　由于养穗母树每年要进行较重的修剪，并剪取大量穗条，养分消耗很大，必须加大施肥量，以氮肥为主。基肥用量为每亩施饼肥 200～250kg 或厩肥 2 000～2 500kg，另加硫酸钾 20～30kg、过磷酸钙 30～40kg。追肥用量为每亩施 15kg 纯氮，第一次在春茶前（占 60%），第二次在插穗剪取后（占 40%）。

3. 母树修剪　修剪具有刺激潜伏芽萌发和促进新梢旺盛生长的作用。所以，一般生长旺盛的青壮龄母树采用深修剪养穗，有利于增加新梢长度和重量。修剪高度一般离地面 40～50cm，但每次剪口要比上次略高或略低，树势早衰或因连续多年剪穗而出现细弱枝增多的要采取重修剪，修建高度离地面 20～30cm，树龄大的衰老茶树不能用作采穗母树，以免影响后代的生活力。修剪时间随扦插时间而定，夏季扦插要在春茶前修剪，留养春梢作插穗，秋冬季扦插可在春茶后修剪，促进枝梢生长。

4. 病虫害防治　母本园在养穗过程中，因肥培管理良好，新梢肥嫩，容易遭病虫为害。因此要加强病虫害的监测和检查，发现病虫害应及时防治。病虫害的防治方法与采叶茶园相同。

5. 枝条摘顶　枝叶变成红棕色并达到半木质化、叶片成熟定型时，扦插成活率高，发根好，苗木健壮。在剪穗前 10d 左右、新梢长度达 25cm 以上、基部开始红变时，将枝梢顶端的 1 芽 1 叶或对夹叶摘去。

（二）扦插苗圃的建立

苗圃是扦插育苗的场所，其场所条件的好坏直接影响到扦插生根、成活及苗木质量、管理功效。

1. 选择扦插苗圃地　扦插苗圃地以选择地势平坦、土质疏松、水源充足、光照良好、土层结构良好的微酸性红、黄壤的沙壤土、壤土或轻黏壤土为好（土壤 pH 为 4.5～5.5），前作不应是蔬菜，一般以壤土为好，肥力中等以上，海拔高度应尽量控制在当地的低处，交通应比较方便。

2. 整地作畦　苗圃地选好后，分两次进行整地作畦：第一次全面整地，整地深度达 30cm 以上；第二次结合作畦，整地深度 15cm，并清除石块、杂草及其他杂物，尽量将土整细。苗床方向根据实际情况而定，选地时应尽量选择苗床为东西方向。苗床的长度根据地形来定，一般在 15～20m。畦面宽 1.2m 左右，畦高 15～20cm，畦沟宽 30～50cm（图 4-1）。

图 4-1　整地作畦

3. 开沟施肥　如果苗圃地选择在地势平坦的田块，必须在苗圃田块周围开出排水沟，做到能及时将积水排出，避免扦插圃渍水，沟底比畦底低 6cm 即可。如果苗圃地有一定坡度，可以不用单独建立排水沟，利用畦沟即可排水。在苗圃地整理作畦时应结合施用腐熟基肥，或以腐熟的菜饼结合作畦时翻耕施入，每亩用量 150～200kg，将地面平整即可作畦。施肥量根据土壤肥力而定，但必须施足。

4. 铺盖心土　选择土层深厚的酸性的红黄壤荒地土或疏林地，铲除表土，取表土层以下腐殖含量很少的心土，用 1cm 左右孔径的筛子过筛，除去草根、树根和碎石后，铺放在畦面上，厚度 5～7cm，注意要铺匀铺平。铺好后用滚压器适当滚压，或用木板略加敲打，使苗床平整，这样插穗插入土中部分刚好在心土上，可以防止插穗剪口因污染而腐烂，促进早日生根，同时可减少杂草的滋生。压实平整后在床面上划出插穗行距的痕迹，以便扦插时按此痕迹整齐等距地扦插。中小叶型品种行距约为 8cm，株距为 2～3cm。

（三）扦插技术

1. 扦插时间　茶树扦插一年四季都可进行。2—3 月利用上年的秋梢进行扦插，称为春插。6 月中旬到 8 月上旬利用当年春梢或春夏梢进行扦插，称为夏插。8 月中旬到 10 月上旬利用当年夏梢或夏秋梢进行扦插，称为秋插。根据各地多年实践，从扦插成活率和苗木质量来看，以夏插最优，秋插特别是早秋扦插与夏插相近，春、冬扦插较差。但夏插需要春季留养、不采茶，且天气炎热，管理要求高，会增加很多成本，因此，从综合效益和技术掌握等综合因素来看，一般选择在秋季（9—10 月）进行扦插，这个时期插穗的质量最好，天气条件也有利于插穗伤口愈合，从而提高成活率。扦插生长过程如图 4-2 所示。

图 4-2　扦插生长过程

2. 插穗应选取　当年抽出的长度在 25cm 以上、茎粗 3~5mm、中下部呈红棕色、组织已木质化、腋芽饱满健壮、无病虫为害的新梢，一般在剪取插穗的 10d 以前将母树的新梢打顶。插穗要求是 1 个腋芽、1 片叶和 1 个短茎。一般 1 个节间剪 1 个插穗，长 3~4cm，如果节间太短，则两个节间剪一个插穗，只保留上端叶片。在剪取插穗时，插穗上端剪口应离叶柄 5mm 左右，与叶片伸展方向平行成斜面，以防渍水腐烂。下端剪口与上端剪口平行，从而增大插穗与土壤的接触面，便于发根。插穗剪取时，应注意上下剪口要平滑，不能出现腋芽受伤或插穗撕裂的情况（图 4-3）。

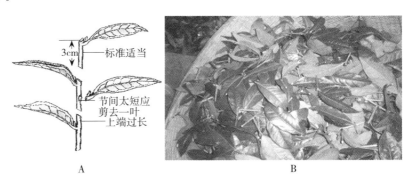

图 4-3　插穗的剪取
A. 插穗剪取示意　B. 生产中插穗实拍

3. 插穗扦插　按照床面上划出插穗行距的痕迹，行株距控制在 8cm×2cm 左右，每亩扦插 22 万~25 万株。大叶品种扦插密度可小些，一般行株距 10cm×3cm，每亩扦插 13 万~16 万株。如果不是在雨后扦插，必须先洒透水，使苗床充分湿润，待土壤稍干不黏手时扦插。一般在扦插前 4~5h 浇水；或上午 8—10 时要扦插的，在前一天晚上充分洒水。

扦插时用食指和拇指夹住插穗上端的腋芽和叶柄处，垂直将插穗插入苗床中，以插穗的 4/5 插入地下为宜，一般至叶柄基部，防止叶片贴土，以免叶片腐烂，叶片要向一个方向伸展，且芽和叶柄要露出地面（图 4-4）。待插好一行后，用手指沿扦插行将插穗附近的泥土稍用力挤压，使插穗与土壤紧密黏合，也可边插边压。挤压后的插穗应向床面稍微倾斜，叶片应稍翘起，避免叶片贴地。插穗扦插的方向应随着当季风的方向而定，必须顺风。扦插后要马上浇水，并要浇透，如果在高温烈日下扦插，必须马上遮阳。插穗应保持新鲜，随采随剪随插。如遇特殊情况不能及时扦插时，应注意保水。

图 4-4　茶树插穗的扦插

（四）扦插后的管理

扦插后苗圃管理的好坏直接关系到扦插成活率的高低、苗木质量的优劣、出圃的迟早。扦插苗圃管理工作包括遮阳、灌溉、施肥、松土、除草、摘除花蕾、防治病虫害和自然灾害等，其中遮阳、灌溉和施肥是苗圃管理工作中的主要环节。

1. 遮阳管理　遮阳在扦插育苗中是一项极为重要的管理措施。遮阳程度的控制应根据季节和气候变化以及茶苗生长情况加以调节。春、秋季节阳光不强烈，遮阳可稀疏一些。梅雨季节甚至可以不遮阳。夏季烈日，则要遮得密一些。通常遮光度为 60%～70%。当插穗全部发根成苗后，就可逐渐稀疏遮阳帘，使茶苗受光度逐步增加。秋分以后，茶苗枝叶木质化，根系开始健全，可选择阴天逐步揭除遮阳帘。

各地采用遮阳棚形式较多，按高度可分为高棚（100cm 以上）、中棚（70～80cm）和矮棚（30～40cm）；用水泥桩或木桩、铁条或竹条搭成平顶式或拱形棚架，高度根据投入条件而定，再用遮阳网或竹帘铺在棚架上，并加以固定。遮阳网要铺平，避免网上积水。没有条件搭建遮阳棚的育苗户也可采取在行间插入蕨箕草等简易的遮阳办法，但效果要差一些。遮阳是插穗扦插后自始至终的管理工作，必须把握好遮阳度，前期以遮去日光的 60% 左右为宜，随着生根成苗，透光度要逐步增加。一般秋插在自然温度达到 5～15℃ 时可揭除部分遮阳物，使扦插苗增强适应性，但在入冬后，又要重新加盖遮阳物，以防冻害。翌年 6—7 月全部揭除为好。在夏日高温时，可以适当延长遮阳。

2. 水分管理　插穗生根前主要靠茎从土壤中吸取水分和叶片从空气中吸取少量水分来维持体内水分平衡及正常的生理代谢活动。刚插入土中的插穗，上下端均受创伤，入土部分又浅，故保持经常湿润极为重要。特别是刚插下的 40～50d 内，尤其要注意。但是，土壤水分过多影响土壤通气性，也不利于发根长苗。浇水的次数和数量，应根据季节、气候、地势、土质、茶苗生长情况而定。通常春、秋季的晴天每天或隔天浇一次水，夏季晴天早晚浇一次水。如果土壤湿润，不一定要天天浇水，可灵活掌握。当插穗发根，并长出枝叶成苗时，浇水次数和浇水量相应减少。此时有条件的苗圃，可行沟灌。沟不要将苗床全部淹没，浸水时间勿超过 4h。

3. 摘除花蕾 扦插后 1 个月内，部分未摘除干净的花芽会膨大形成花蕾，这时应用剪刀及时将花蕾摘除，以减少养分消耗，促进发根成活。

4. 越冬期管理 秋插茶苗由于刚生根且幼弱，抗旱、抗寒能力较差，因此，在冬天来临之前，应做好越冬期的抗旱、抗寒和防冻工作。常采用的主要措施有：行间铺草提高地温，并能保持畦面土壤湿润；遮阳棚上覆盖帘子保持棚内地温；出现冬旱时要注意及时浇水。

5. 适时揭膜炼苗 开春后气温逐渐回升，棚内温度逐渐增高，若不及时降低棚内温度就会使棚内刚生根发芽的茶苗受到影响。揭膜可在 4 月中旬前后进行，先打开棚的两头，过 2～3d，白天揭开向阳的半边，晚上盖回，再经 3～5d 才将薄膜全部揭除。这样可使茶苗有一个适应炼苗的培育过程。

6. 追肥 翌年 4—5 月插穗已初步形成根系，地上部也开始萌发生长，对营养物质的需求也随之增加，应开始追肥，但这时茶苗根系还不发达，地上部叶很幼嫩，因而不耐浓肥，必须掌握好先淡后浓、少量多次的原则。一般在 4 月底第一次追肥，做到勤施薄施。随着苗木的长大逐渐加大施肥量，且注意氮、磷、钾的配合施用，比例以 3∶1∶1 为宜。茶苗长到一定高度后，为了节约劳动力，可于阴天撒施肥料，然后再喷透水。

7. 除草和防治病虫害 苗床上的杂草应及时拔掉，拔草时要避免影响插穗（茶苗），尽量做到拔早、拔少、拔小。扦插苗在高温高湿条件下易诱发炭疽病等病害，插穗长出的苗嫩也容易遭受虫害，因此要及时观察病虫发生情况，做到及时有效防治。

二、有性繁殖育苗

茶树是异花授粉，其所产生的种子具有不同的两个亲本的遗传特性，因此，有性繁殖具有复杂的遗传性，适应环境能力强。为了保证有性繁殖的质量，必须建立茶树良种种子繁育基地，并做好采收、贮运和茶苗的培育等工作，以确保茶种产量和质量。

（一）留种园的建立

能否符合生产要求的优质茶树种子，与茶树留种园的茶树品种、园地的土壤环境条件和采种园的管理技术措施有密切关系。

茶叶生产中无专门的留种茶园，而是根据留种要求，选择现有的良种采叶茶园进行留种。为了保证茶树种子的品质和纯度，应有计划地建立茶树留种园。建立留种茶园应满足以下条件：

1. 品种性状一致 留种茶园的茶树，应该能再现该良种的典型性和一致性。对于混杂的植株，要进行除杂去劣，进行挖除。

2. 母树生长健壮 树龄老、生长衰弱的母树，可行台刈更新，待树势复壮后，再作为留种园，母树不能有严重病虫害。

3. 茶园土壤良好 土壤深厚、肥沃；地势平缓开阔，通风透光，利于茶树生长。

（二）留种园的培育

1. 增施磷钾肥 留种茶园是采茶、采种兼用的，除了合理施肥，保证茶树正常生长发育外，还要增施磷钾肥，这既可以促使茶树多开花结果，又能防止落花落果，获得饱满的茶籽。据试验，增施磷钾肥比普通施肥，茶籽产量可增加40%。一般氮：磷：钾可采取1：3：2的比例。

2. 改进采摘方法 一般认为，春茶分批留叶采，夏茶留养，或夏、秋茶留养的方法，能够增加茶籽的产量。

3. 修剪疏枝 按照茶树生长状况，采取相应的修剪措施，以培养树冠和树势，并疏剪枯枝、老枝、细弱枝、病虫枝以及部分徒长枝。

4. 抗旱、防冻和防治病虫害 夏、秋季节干旱，不仅影响茶树花芽分化，而且容易造成幼果脱落，最好进行铺草防旱和灌溉，冬季也要注意防冻。茶籽象甲对茶籽的危害，影响很大，要及时防治。

（三）茶果采收与茶籽贮藏运输

茶树种子采收与贮藏过程中，如果处理不当会影响茶籽发芽力和茶苗生长势。

1. 茶果适时采收 茶果的成熟期一般在霜降节气前后，即10月中下旬。茶果成熟的标志是果壳呈棕褐或绿褐色，背缝线微微裂开，种壳呈棕褐或黑褐色，富光泽、种仁饱满，呈乳白色。茶果采收过早或过迟都不好，过早，种胚发育不全，种仁中淀粉和脂肪等物质的含量低，水分含量高，采收后容易变质而丧失发芽力，即使发了芽，种苗的生活力很弱；过迟，大量茶果开裂，茶籽自行脱落，使种子的产量遭受损失。在一般情况下，茶树有70%以上茶果的果皮失去光泽，5%左右的茶果开裂时，即应采收。

因此，采收茶果，要及时、分批进行，做到先熟先收，后熟迟收，以保证茶籽质量。虫蛀的茶果，不能采收。不同品种的茶果，要分别采收。

2. 茶果脱粒 采回的茶果要及时摊放在干燥、阴凉、通风的室内，摊放的厚度不要超过10cm，过厚会引起茶果发热而霉烂变质。同时，每天要翻拌1~2次。以散发水分和热气，并使上、下层的茶果失水均匀。采回的茶果不要放在阳光下暴晒，以免影响发芽力。茶果经1周左右的时间摊放，大部分茶果开裂，经翻动，茶籽即脱壳而出（图4-5）。尚未开裂的茶果应继续摊放或人工剥去果壳，筛去果壳，剔除虫蛀、霉变、空壳以及过小、过嫩的种子，即可供贮藏或播种。

供次年春天播种或往外调运的茶籽，应再摊放一些时间，散失水分，待茶籽含水量达到30%左右时进行贮藏或包装外运。

包装运输方法，因运输途程远近而不同。长途运输，宜用竹或木箱包装；路程近，时间短，可用干净的麻袋包装。每包不超过25kg。包装好了的茶籽堆放不可太高，以防压损，最好能留出一定空隙，以利于通风透气。运输途中要注意防晒、防

图 4-5　茶果脱粒

潮、防雨，以免茶籽发热霉变。茶籽运到目的地后，要立即拆去包装，并及时贮藏或播种。

3. 茶籽的贮藏　茶籽采收后，如当年不播种，必须进行贮藏。贮藏过程中，应保持低温干燥，适当通气。要求温度 $5\sim7℃$，相对湿度 $60\%\sim65\%$，茶籽含水量 30% 左右，有效保存期在 6 个月左右。一般茶籽贮藏方法很多，根据贮藏期不同有短期贮藏和长期贮藏。常用的有室内沙藏、室外沟藏和畦藏。

（1）短期贮藏。贮藏期在 1 个月以内者均属短期贮藏。准备外运的，可用麻袋装盛，放在干燥阴凉室内，斜靠排列，不要堆积；茶籽不需外运的，可将茶籽摊放在地面不还潮的阴凉房间内，摊放厚度 15cm 左右，用稻草覆盖，以防干燥失水。

（2）长期贮藏。贮藏期在 1 个月以上者均属长期贮藏。茶籽数量不多，可用箱、篓、桶贮藏，茶籽数量多时可用堆藏法、沟藏法、畦藏法。

①室内分层沙藏法。选择朝北或朝西北的阴凉房间，先在地面铺一层干草，再铺炭沙混合物（用 3 份细沙、2 份炭屑拌成）或干净细沙，厚 $5\sim6cm$，上铺茶子，厚 10cm 左右，再撒一层炭沙混合物或细沙，以茶籽不露出为度，如此相关铺茶籽 $5\sim6$ 层，最后在上面覆盖一层干草。贮藏数量多的，可安置若干个通气筒。

②室外沟藏法。室外沟藏适合贮藏大量茶籽。选地势高燥、排水良好、朝北的地方，挖掘贮藏沟。沟深 $25\sim30cm$，宽 100cm，长依茶籽多少而定。然后将沟底、沟壁敲实，并薄薄地铺一层稻草，再倒入茶籽，厚约 10cm，上面再铺一层稻草或细沙，以茶籽不露出为度。如此相间铺茶籽 $2\sim3$ 层，最后铺盖一层稻草，上面再用泥土紧封成屋脊形。贮藏沟中部，每隔 2m 安置一通气筒。贮藏沟周围还应开设排水沟，以防贮藏沟中积水。

③室外畦藏法。选地势高畦，畦面宽 100cm 左右，畦长视茶籽贮藏量而定。畦面上先铺一层细沙，再铺一层茶籽，厚 $4\sim5cm$。如此相间铺茶籽 $2\sim3$ 层，在最上层的细沙上再盖土紧封，土上再盖以稻草。

不论采取哪种贮藏方法，在贮藏期间，每隔 $1\sim2$ 个月，抽样检查一次，如发现茶籽霉变，应及时清除。

（四）茶籽播种与育苗

茶籽从采收后至翌年 3 月以前均可播种，过去茶叶生产上，一般采取茶籽直播，有时来不及开垦新茶园，以及为了补缺，也可设置苗圃进行茶籽育苗。播种方法对幼苗的生长势和抗逆性以及成活率影响很大。茶籽育苗技术的核心是设法促进胚芽早出土和幼苗生长。因此播种时必须掌握下列关键技术。

1. 适时播种　茶籽的播种期，在中国茶区大多数地方为 11 月至翌年 3 月。由于茶籽脂肪含量高，且上胚轴顶土能力弱，故茶籽播种深度和时间对出苗率影响较大。播种盖土深度为 3～5cm，秋冬播比春播稍深，而沙土比黏土深。播种以穴播为宜。从各地播种时间来看，冬播（11—12 月中旬）比春播（2—3 月）提早 10～20d 出土。若延迟到 4 月以后播种，不仅出苗率低，而且幼苗容易遭受旱、热危害，故冬播比春播好。

2. 浸种与催芽　茶籽经浸种催芽后能促使茶籽提早发芽，提高出苗率。方法是：将茶籽在盛清水的缸内浸 2～3d，每天要换水 1 次。沉于水底的是质量较好的茶籽，而浮于水面的是相对密度较小、质量低劣或变质、腐烂的茶籽，应该剔除。浸种后的优质茶籽最好进行加温催芽。加温催芽的方法是：首先把洗净的细沙用 0.1% 高锰酸钾消毒；再将浸过的茶籽盛于沙盘中，厚度为 6～10cm，放在温室或塑料薄膜棚内，加温保持 20～30℃，每日用温水淋洒 1～2 次；待茶籽种仁吸水膨大，外种皮开裂。当有 30%～40% 的茶籽出胚根时即可播种。经过催芽的茶籽，可提早 20d 发芽，但播种时要防止干旱，经过催芽的茶籽水分高，胚根外露，与干燥土块接触，容易失水受害。

3. 适当浅播和密播　由于茶子脂肪含量高，且上胚轴顶土能力弱，故茶籽播种深度将直接影响茶苗的出土。适当浅播，茶籽能得到充足的氧气，呼吸作用加强，春季土壤升温快，胚芽能提早出土。若播种过浅，茶窝面土壤易干旱而影响胚芽出土，同时茶窝种子易被雨水冲刷裸露移位。因此，茶籽直播要注意覆土厚度，一般黏性土壤厚度不超过 2cm，沙壤土可覆土 3cm。

适当密播可借助茶籽的群集胚芽的顶土能力增大，加速茶苗出土，达到齐、全、壮的要求。

苗圃应设在新茶园附近，有良好的立地条件，便于茶苗起运。苗圃规格与一般林木苗圃类同，采用穴播，行距 20cm，穴距 10cm，每穴播茶籽 4～5 粒，每亩用种量 100～150kg，覆土厚度同直播，畦面最好覆草保湿，防止杂草生长。

目前在茶树上已能利用叶子、子叶、嫩茎（带腋芽）、成熟胚、未成熟胚、子叶柄、花药等作为外植体，通过培养诱导出完整植株。在科学技术突飞猛进的今天，高新技术不断涌现。近年植物非试管克隆新技术，集成了现代化工厂育苗、无土育苗、营养液育苗和计算机自动控制等国内外先进技术都在逐步应用在茶树育苗技术中。

（五）茶树苗木出圃装运与调运

茶树苗木移栽的成活率直接受苗木的起苗、包装、装运和栽培等诸方面的制约，尤其受前三项因素的影响最大，因此苗木调运必须注意以下问题。

1. 起苗　当茶苗高度达到 20cm 以上、茎粗 0.3cm 以上、叶色绿、无病虫害、有分枝、根系发达时，即可出圃。起苗后，按生长好坏把茶苗分级包装、分级移栽，使茶苗生长一致，生长不良和有病虫害的茶苗应及时剔除。起苗时间一般以下午接近傍晚时或阴天为最好，这样晚上装车，第二天便可及时起运栽植。为减少叶面水分蒸发量，起苗时对过高的茶苗可距地 15～20cm 修剪。另外，起苗时土壤必须湿润疏松，如果土壤干燥，可在起苗的前一天进行灌溉或洒水浇匀浇透圃地，使茶苗根系与土壤粘连在一起达到带土的目的。

2. 包装　外运茶苗，在途中需要 2d 以上的必须包装。包装时需要细致，尽量不让土壤从根须散掉。包装方法一般将茶苗每 100 株捆成一束，用泥浆蘸根，再用稻草打"十"字形包住茶苗跟部，上部约一半露出外面，然后再把 5～10 束绑成一大捆，起运前用水喷湿根部，保持湿润。出圃苗木应挂牌，标明苗木品种、生产单位名称、数量、出圃日期等。

3. 运输　装茶苗的方式根据数量多少和运途远近而定。一般有立装、平装和篓装 3 种。立装就是茶苗站着装上车，适宜单层装运，这种方式茶苗受压小，运量不多，但成活率高；平装就是把茶苗头对头、尾对尾分层（2～4 层）平放在车上，运量大，适于短距离运苗；篓装就是用篓或篾篮把成束的茶苗装在里面，篓上放棍，棍上放篓，适于长途输送。长途运输，苗木根部应用黄泥浆蘸根。苗木在装车时，不能堆压过紧，堆放过高，装车后及时启运，并有防风、防晒、防淋措施。向外调运的种苗，在运输前应经过检疫并附检疫证书。起苗后来不及种植的苗木，应进行假植。

为保证茶苗成活率，运途中茶苗千万不要相互挤压太紧，要注意通气，要注意遮阳，防止日晒风吹，可采用帆布搭在茶苗上，最好用草帘盖在茶苗上，但帆布不能和茶苗相接，两边要通气，途中还要注意洒水降温。茶苗到达目的地，应立即组织劳动力进行栽植。

（六）种苗检验与检疫

为保证茶树品种的纯正，保证种苗的质量，加强种苗的检验工作是十分必要的。在经营和引种过程中，需要加强种苗检验，确保茶树品种的纯正和防止病虫害传播。因此，种苗检验是在种苗调运前对种苗质量进行检验，以确保调出种苗质量符合要求。

1. 茶籽质量规格的检验　在确定茶籽检验标准之前，首先要确定茶树品种类别（大叶种和中小叶种）的种子检验标准。

优良茶籽的质量规格是：发芽率不低于 75%，含水量为 22%～40%，颗粒饱满，虫蛀、空壳、嫩籽、破籽以及其他夹杂物不超过 1%；粒径在 12mm 以上，每千克茶籽不超过 1 000 粒。质量好的种子，种壳硬脆，呈棕褐色，有光泽，种脐洁净，无白斑，重实，落在桌上弹跳性强，种仁饱满，呈乳白色，湿润而光亮。不合格茶籽，即未成熟的茶籽，种壳呈棕红色，较轻，弹跳性差，种仁干瘪，呈淡黄色。隔年的陈茶籽，种壳现死灰色，干枯、无光泽，轻飘。发霉的茶籽，种脐上有白色斑点，种仁有霉点或糊状物。虫蛀的茶籽有蛀孔。

2. 一足龄无性系苗木的检验标准　无性系茶苗分级以苗高、茎粗、根长为主要依据，着叶数和一级分枝数作为参考指标。合格的苗木分为两级，即Ⅰ级、Ⅱ级，低于Ⅱ级为不合格苗。检验结果以出圃时检验为准，具体标准详见表 4-1、表 4-2。

表 4-1　无性系大叶品种一足龄扦插苗质量指标

(GB 11767—2003)

级别	苗龄	苗高/cm	茎粗 φ/mm	侧根数/根	品种纯度/%
I	一年生	≥35	≥4.0	≥3	100
II	一年生	≥25	≥2.5	≥2	100

表 4-2　无性系中小叶品种一足龄扦插苗质量指标

(GB 11767—2003)

级别	苗龄	苗高/cm	茎粗 φ/mm	侧根数/根	品种纯度/%
I	一足龄	≥30	≥3.0	≥3	100
II	一足龄	≥20	≥2	≥2	100

茶树苗本的枝叶较多，蒸腾量较大，为了减少水分的散失。起苗前可将高于第一次定型修剪高度的枝叶剪去；起苗时要特别注意保护根系，勿使其过多地受到损伤；苗起出后根系要保持湿润，不可晒干，可将过长的或畸形的粗根剪去部分。

出圃的茶苗如果不能立即栽植，应随即进行假植。选择排水良好、避风处，挖深 30cm 左右的假植沟，将茶苗均匀排列在沟内，填上细土，适当压实，使苗根与土壤密接，浇水保湿。假植沟内要防止积水，以免茶根霉烂。如果假植过冬，要盖草防寒。

3. 种苗检疫　茶树种苗检疫是植物检疫之一。植物检疫又称法规防治，即国家或地方行政机构规定检疫的对象，并通过检疫法令，对植物及其产品的调拨、运输及贸易进行管理和控制，以防止危险性病、虫、杂草的传播、扩散。虽然茶树种苗并未列入中国输出、输入植物检疫对象名单，但蚧类、粉虱类、螨类、卷叶蛾类、茶梢蛾、茶细蛾、茶饼病等都能随苗木传播。从远地调运茶籽、茶苗，特别是良种推广、引进，最好是从无病虫茶园调运。对带有病虫的苗木、插枝要采取有效防治措施。

苗木检疫是防止茶树病虫传播蔓延的必要措施。茶苗根结现虫病在我国浙江、四川、云南、广东、广西、台湾等地区都有发生。茶饼病也只有少数茶区发生危害。因此，发现此类病虫的茶苗应就地烧毁，以免局部地区发生的病虫害随茶苗调运而扩散。其他病虫害应在苗木出圃前进行彻底防除。

远距离调运的茶籽在调运之前应进行消毒，这样不仅可以防止种子上携带的病菌传播出去，还可避免种子因运输而出现霉烂现象。调入的茶籽也应进行播种前的消毒。消毒方法可采取用福美双拌种法。用药量为种子重量的 0.4%~0.6%。拌种的茶籽可立即播种，也可放置一段时间，但放置过程中要避免受潮。

苗木出圃前要检查病虫危害的情况，并进行一次消毒。一般可用 45% 马拉硫磷乳油 800 倍液，在出圃前 2 周喷射苗木整个地上部分，以免出圃后将虫害传播出去。如果在苗木上发现有病斑，应将病叶摘除，并用 0.6% 石灰半量式波尔多液喷射茶苗。临出圃前再进行一次检查，若消毒效果不好应重复消毒一次。

技能实训

技能实训一　茶树短穗扦插技术

一、实训目的

茶树短穗扦插育苗是茶树良种繁育的最佳途径，它既能保持母树的优良特征特性，还能快速繁育茶树苗木，同时育苗成本也比较低，因此茶树短穗扦插育苗技术是当今世界上茶树苗木繁育最为有效的技术。通过本实训，要求掌握扦插苗圃地选择、整理、插穗、剪取技术。

二、内容说明

扦插育苗中应用最广泛的是短穗扦插法。即取带有 1 片叶或 1 个芽的茶树枝条（长 3~4cm）插在一定的土壤里，经一段时间培育管理后能长成一个完整的茶树植株。该方法具有无性繁殖法的优点，还有插穗短、用材省、繁殖系数高、土地利用经济、繁殖季节长、插穗成苗快、成活率高、移栽易成活等优点。短穗扦插可分为苗圃地扦插和营养钵扦插两种。

（一）苗圃地扦插

1. 苗床准备

（1）苗圃地选择。选择地势平坦、土壤肥沃、排灌方便、不积水的地块作育苗地。土质以壤土或沙土为好，无顽固性杂草，种过薯类、麻类、烟草的园地不宜作苗圃地，以免发生根结线虫病。

（2）苗床的建立。先喷除草剂消灭杂草，对难以杀死的一些杂草如茅根和香附子要用人工清除。后将地深翻 20~30cm，耙碎耙平，起畦，畦面宽 12m，畦高 10cm，畦间沟道宽 30cm，长度依地势而定，一般为 10~20m。起畦后，按亩施腐熟农家肥 1~2t、钙镁磷肥 25kg、不含氯三元复合肥 20kg，3 种肥料撒于畦面拌匀、整平。

（3）苗床的土壤消毒。苗圃连作或前作有根、叶病害的土壤，要对畦面进行土壤消毒，根据病菌种类选用杀菌剂喷淋畦面。

（4）铺黄心土。选择生荒地疏松、透气、透水性好的黄心土，除去表土和受污染土，底层坚硬难碎透气性差的坚实土也不要。取黄心土铺于畦面约 5cm 厚，用圆木稍作压紧后以 35cm 左右为宜，畦边用木块打实，待扦插。

2. 插穗的剪取和处理

（1）剪取插穗。取当年生、上绿、下棕的穗条，去掉未木质化较幼嫩和完全木质化过老的部分，选留半木质化的部分，剪成 3~4cm 长的插穗，每穗带有 1 张完全叶和 1 个腋芽。插穗上端剪口略平，剪口离腋芽 0.3cm 左右，以不损伤腋芽为准，下端剪成与叶片着生斜向相同的 45°～50°角，剪口要平滑。

（2）插穗处理。为了促进插穗提早发根，宜采用有效药物处理插穗基部。药物处理主要使用生根粉、催根激素、生长激素、细胞分裂素等，单独或 2 种以上混合处理。生产上常用生根粉（ABT）400～500mg/kg 浸插穗基部 3～5s，然后把插穗置于阴凉潮湿环境中 2～4h 可扦插。

3. 扦插方法　扦插前，先将畦面用水浇至充分湿润，稍干不沾手后便可进行扦插。扦插行株距以叶片不重叠、略有空隙为度，一般按行距 8～10cm、株距 3～35cm，插入深度为穗长的 2/3，即叶片不沾土，叶片与地面成 10°～15°角，露出上端腋芽，插穗叶片与行距方向平行，统一朝一个方向插齐。插好后，将基部土壤轻轻压紧，使插穗与土壤紧密接触，以利于发根。

4. 扦插时间　茶树扦插一年四季均可进行，各时期扦插的管理水平和茶苗的培育期不同，春插插穗营养物质丰富，气温逐渐回升，利于插穗发根和长出芽叶，翌年春可出圃；冬插插穗较成熟，但气温逐渐降低，插穗发根长芽速度慢，需要采用尼龙薄膜遮盖进行增温保湿，育苗期需 1 年多。

5. 苗圃管理

（1）搭建遮阳棚。茶苗属喜温、喜湿、喜阴、怕渍水植物，为有效地调节苗圃内遮光度、温湿度，防止苗木和土壤水分蒸发过快，影响苗木成活率和正常生长发育，需搭建遮阳棚来调节苗圃小区气候。搭建遮阳棚要利于通风透气和苗圃的管理，一般以棚高 2m 左右为宜。

（2）水分管理。苗圃水分以保持土壤湿润为原则，做到不干不渍。插穗扦插 30～40d 才能发根，发根前，除雨天外，每天浇水 2 次，上午、下午各 1 次；发根后，每天浇 1 次；完全形成植株后，2d 或数天浇 1 次；大雨或暴雨后宜及时喷水洗去叶片上的污物和及时排除积水。

（3）施肥。发根前，喷施 0.2%～0.5% 的尿素，发根后进行根外施肥，用 0.2%～0.5% 的尿素和磷酸二氢钾混合液或稀薄人粪尿淋施，每 7～10d 施 1 次，小心谨慎地施在行间，以后看苗长势适量增加肥料浓度。

（4）消除杂草，防治病虫害。苗圃地极易长杂草，杂草是茶田的大敌。苗圃里的杂草一般不能用除草剂，也不能用器械除草，要用手小心拔除，防止伤害茶苗。苗圃期虫害以蚜虫、卷叶、食叶类害虫为主，病害以赤叶斑、立枯病为主。虫害可用拟除虫菊酯类或有机磷类农药防治，病害宜用波尔多液防治，做到除小除了，以防为主，把病虫害消灭在早期。

（二）营养钵育苗法

1. 营养钵制作　取塑料薄膜，截成长 4m、宽 25cm，并缝成高 25cm、直径约 12cm 的圆筒。使用时先填入 15cm 左右的施有机肥或复合肥的底土，再填入经处理的红、黄壤心上，压实。

2. 营养钵排列成畦　将放置营养钵的土厢挖占上层土壤，深约 20cm，将地面整平，然后将营养钵紧密排列在上。有条件的地方可将上厢周围用水泥做成间隔和人行道，并安上喷水设施。

3. 扦插　　按苗圃地扦插方法剪穗、浇水、扦插、管理、每钵 2～3 株。

4. 茶苗出圃　　将营养钵整个移至茶园剪烂薄膜埋入茶行定植。

三、实训条件

1. 材料　　插穗母树、塑料薄膜、竹帘、萘乙酸、酒精、基肥。

2. 设备　　锄头、枝剪、筛土用的筛子、洒水壶、大桶、量筒、搪瓷盆。

四、实训步骤

以 5～10 人为一组。

(1) 每组整理苗圃地一块，约 $10m^2$，要求深耕、施基肥、整土、开厢、铺心土、划行钉木桩。

(2) 每人剪插穗 50 株，扦插并管理至成活。

(3) 每人做营养钵 10 个，并扦插。

(4) 插穗药液处理。每人取插穗 20 根分别用 800mg/kg 的萘乙酸及清水浸泡插穗下剪口 1cm，然后扦插并观察以后的发根、成活情况。

五、技能考核标准

技能考核标准具体见表 4-3。

表 4-3　技能考核标准

考核内容	要求与方法	扣分项	扣除分值	需要时间	熟练程度	考核方法
育苗床准备（20分）	1. 苗圃地选择应便于管理 2. 准备好育苗材料和用具	1. 苗床选址不适宜 2. 育苗材料和用具准备不足 3. 育苗时期确定不准 4. 肥料搅拌不均匀	5 5 5 5			分组实训或模拟考核，以报告评分
床土配制（15分）	1. 床土选用符合要求 2. 合理施用有机肥和化肥 3. 浇水符合要求	1. 床土选用不符合要求 2. 有机肥和化肥施用不合理 3. 浇水量不足或过足	5 5 5	8学时	掌握	
扦插（35分）	1. 插穗剪取符合要求 2. 插穗处理符合要求 3. 扦插方法符合要求 4. 扦插时间合理 5. 苗圃管理符合要求	1. 插穗剪取不符合要求 2. 插穗处理不符合要求 3. 扦插方法不符合要求 4. 扦插时间不合理 5. 没有遮阳处理 6. 施肥不符合要求 7. 浇水不符合要求	5 5 5 5 5 5 5			

（续）

考核内容	要求与方法	扣分项	扣除分值	需要时间	熟练程度	考核方法
苗圃管理（30分）	1. 扦插后应及时进行管理 2. 加强消除杂草、防治病虫害	1. 水分管理不符合要求 2. 施肥不符合要求 3. 揭网炼苗不及时 4. 杂草清除不符合要求 5. 不能正确防治立枯病 6. 不能正确防治蚜虫	5 5 5 5 5 5	8学时	掌握	分组实训或模拟考核，以报告评分

六、实训作业

（1）每人扦插1小块地，做营养钵10个，并担任各项管理工作，直至插穗发根。

（2）扦插时做药剂处理和对照（清水），分别调查插穗愈合和发根情况，记录结果，分析激素处理对茶树扦插发根的效果，将结果填入表4-4、表4-5。

表4-4　激素处理对茶树扦插效果调查

项目处理	成活情况			愈合发根情况		
	调查株数	成活数	成活率/%	调查株数	愈合株数	发根数
处理（萘乙酸）						
CK（清水）						

表4-5　激素处理对茶树扦插苗生长影响调查

生长情况处理	地　上　部				地　下　部		
	新梢长/cm	着叶数/片	花果数/个	新梢重/g	根幅/cm	根长/cm	根鲜重/g
处理（萘乙酸）							
CK（清水）							

技能实训二　茶苗种植实训

一、实训目的

通过本实训，要求掌握茶籽播种、茶苗假植等方法。

二、内容说明

（一）茶籽播种

茶籽播种前应选择优良品种种子，浸种催芽并适时播种。

1. 浸种催芽　将经过筛选和水选的种子用25～30℃的温水浸4～5d，取出浸过的种子放在铺有3～4cm厚湿沙的发芽盘内，铺放茶籽7～10cm厚，再在茶籽上盖

3cm 厚的沙，喷水后放入发芽箱中，箱中温度保持在 25～30℃，每日淋水一次，当 50％以上茶籽长出胚根时即可播种。

2. 播种时期　在无严寒地冻和冬季干旱地区，茶籽从采收后到翌年 3 月都可播种。通常秋播在 10 月下旬至 11 月底进行，春播在 2 月下旬至 3 月上旬进行。

3. 播种技术　茶籽播种多采用穴播，每穴播 4～5 粒，让其自由散落在穴中，茶子间互不重叠、距离均匀。种子播下后盖以 3cm 左右的疏松生泥，以减少杂草滋生。或覆盖混有草木灰的泥土，使雨后不易结壳，利于出苗。覆土的深度应严格控制，过浅，茶子裸露地面，经日晒、雨淋影响发芽；过深，则胚芽不易出土。覆土深度一般掌握在种子直径的 2～3 倍。

（二）茶苗移栽

1. 移栽时期　确定移栽适期，一是看茶树生长动态，二是看当地的气候条件。当茶树进入休眠阶段，选空气温度高、土壤含水量大的时期移栽最适合。长江中下游地区以晚秋或早春为移栽适期。云南可在雨季（6 月初至 7 月中旬）移栽，海南可在 7—9 月移栽。

2. 起苗　起苗宜在晴天或雨后晴天无风的早晨和傍晚进行。此时土壤较湿，阳光不强烈，可减少茶苗水分蒸发，起苗时如土壤干燥应事先灌水湿润。挖取时先用锄头在第一畦沟外开深 30cm 以上的沟，然后用铲插入茶苗另一边的行间，将茶根连土撬入沟内，用土簸箕盛接，挖取时应尽量减少对根系的损伤。

3. 定植　苗木定植以带土随起随栽为好，宜在阴天或雨后晴天傍晚进行。先在预定的种植行上开沟，深宽度比苗木根系深宽 6～7cm。然后一手拿 2～3 株茶苗（在每两指间夹一株苗），使根系自由舒展于沟中。每株茶苗的根颈部与地面相平或略低于地面，过长的主根可略剪去。扶正茶苗，一手将松土填入沟内，填至一半时，用手将茶苗轻轻向上提，使根系舒展，然后将土压实。如果土壤干燥，可在此时浇水以定根，使土与根系密接。再继续填土至地平，压实浇水，浇透土层，再覆 3～4cm 浮土。为减少茶苗水分蒸发，在种植前或种植后将茶苗地上部离地 15～20cm 剪去。定植后及时浇透定根水，确保茶苗生长。

（三）苗木包装

苗木挖起后，按苗木生长情况分为若干个等级分别包装，以便于定植后的培育管理。有病虫害的植株及过于细弱矮小、生长畸形、品种不纯或受严重损伤的苗木应弃去不用。茶苗分级标准见表 4-6。

表 4-6　茶苗分级标准

等级	茶苗高度/cm
一级	＞30
二级	25～30
三级	20～25
待培育	＜20

分级后苗木大的可以剪去部分枝叶和主根，苗木不太大的可在定植时修剪。包扎根据苗木大小每 50 株或 100 株或 500 株扎成一捆，并随手挂上标签。如需外运，途中不超过 1d 的可直接装车。需长途运输的必须妥善包装，一般 3d 以内的可用箱草裹扎，超过 3d 的宜用篓装或箱装。

1. 稻草包扎 将预先扎成束的苗木放于苔藓或水草上（根向下），将散开的箱草包在苗木之外，上部用稻草扎紧即可。另一端向四周散开或在根部涂抹黄泥浆。

2. 篓或箱装 如果用木箱，应在四周开数个直径 2～3cm 的小孔以便通气。箱与篓应比苗木高 10～12cm，将箱或篓横放在地上，在苗木根部铺湿土（含水 60% 左右）一层，厚 2～3cm，然后将苗一束束放入篓内，每放好一层苗，在根部铺湿土 2cm 左右，直到装满，最后再铺一层土。装好后振动下篓子，使茶苗根与土接触紧实，将箱钉好即可。

（四）苗木假植

苗木运到目的地后，如不能及时定植，为避免苗木水分蒸发过多而影响成活，应进行假植。假植 1～2 周的，可以 50 株成束进行；假植 2～3 周的，要把成束茶苗散开。假植地点应选避风、土壤排水良好之处，开深 40cm、宽 6cm 的倾斜沟、将雨水分开排列斜放在沟中，根部将土压紧。覆土深度应略高于根颈处原土壤痕迹以上。注意防晒，以免降低成活率。

三、实训条件

1. 材料 茶籽。
2. 设备 锄头。

四、实训步骤

（1）每组播种茶籽达 10m 长茶行，种后覆盖稻草。
（2）每组移栽茶苗 5m，栽后浇水。

五、实训作业

（1）每人移栽茶苗 50 株左右，并观察成活情况。
（2）每组假植茶苗 200 株，待来年移栽。

知识拓展

茶树短穗扦插技术

一、母穗的培育

专供剪取穗条的茶园称母本园，应选择土层深厚、土质肥沃、地势平坦、阳光充足、交通方便的地段建立母本园，采用无性系优良品种的原种苗，纯度应达到100%，品种特性应与生产茶类相适应。要获得高产优质穗条，一方面必须做好养树和管树工作，要注重秋冬季封园修剪，促进茶树萌芽，多抽发枝条；另一方面要注重肥培管理，重施氮肥和有机肥，以促进枝条的营养生长，抑制开花结实。为提高母本园经济效益，一般春茶结束后才开始养穗，即5月下旬，太早养穗穗条会分枝，太晚养穗（6月）穗条长势不好。

二、扦插苗圃地的建立

选择地势平坦、土质疏松、土壤pH 4.5～6.0、水源充足、排水良好、避风向阳、交通方便的田地建苗圃（忌用蔬菜与烟、麻等地）。地选好后应翻耕整碎整平，整成苗床，苗床宽1.1～1.2m，长度依地形而定，以15～20m为宜，高15～20cm，沟宽45cm，苗床以东西方向为宜。苗床平整好后，每亩撒施腐熟饼肥150～200kg，再平铺疏松细碎的红、黄心土，心土厚度3～4cm，这样可防止插穗腐烂和杂草生长，并能提早生根。可用木板拍打，压实心土表层，使苗床平整。四周挖好排水沟。在扦插前，苗床要充分喷湿，待床面不黏时，划行距8～10cm，划行后即可搭遮阳棚，以防晒防风保湿。

三、短穗扦插

1. 短穗的剪取　在母本园中，选择剪取当年生健壮无病虫害、中上部呈红棕色的半木质化枝条为插穗。通常一个节间可剪一个短穗，如节间较短，可将两节剪成一个短穗，剪去下端叶片，保留上端叶片，短穗必须是带有1个腋芽、1张叶片的短茎，长约3cm，上、下剪口要求与叶片行成斜面（切口45°），上下剪口要光滑，插口上端剪口应稍高出腋芽的基部，保持腋芽的完整，及时剪取扦插。

2. 扦插的时期和方法　在春、夏、秋之季都可以扦插，春插在3月中旬至4月初，夏插在6—7月，秋插在9—10月。多年实践经验，春插气温低，发根较缓慢，夏插发根快，但插后花蕾较多，对茶苗生长不利；南方茶区一般以秋插为宜，一般在10—11月，具体要看当年插穗成熟度来灵活掌握，太早穗条未全部成熟，利用率低浪费大。扦插密度以叶片不重叠为准，每亩扦插26万～28万株。扦插前苗床须充分浇透水，以60°的倾斜角度将短穗的2/3插入土中，使叶片和叶柄露出地面部，边插边将土压紧，叶片应顺风排列，插好后立即浇透水、加盖塑料薄膜和遮阳网，保温保湿越冬。

四、苗圃的管理

主要是遮阳、浇水、施肥、除草和防治病虫害。扦插初期以浇水保湿为主，进入冬季以保温防霜雪害为主，翌年开春后以施肥、除草、炼苗、防治病虫害为主。

1. 遮阳　苗地搭建小拱棚遮阳，棚高55～70cm，使用遮光率为70%的遮阳网覆盖，可避免日光强烈照射，减少水分蒸发，提高成活率；每次扦插完成，一般至少浇水5～10d，然后再盖薄膜和遮阳网，保温保湿越冬，如今浇透水后立即加盖塑料薄膜和遮阳网，成活率一样高，而且可以减少劳动力；翌年4—5月揭去薄膜，炼苗，6—7月可以全部拆除遮阳网。

2. 浇水　插至发根前，浇水根据苗圃地干湿度可灵活掌握，不一定天天浇水，注意调温调湿，白天掀开苗床两头薄膜通风换气，晚上盖上，大雨天要注意排水；当插穗发根并长出枝叶成苗时，应相应减少浇水次数和浇水量。

3. 施肥　扦插苗初步形成根系后，开始追肥2～3次，翌年4—5月施第一次追肥，以少量多次为宜，以后每月施肥一次。追肥浓度应随茶苗的生长逐步增加，尿素可由0.1%逐步增至0.5%，追肥可结合浇水进行，但要防止灼伤芽叶。

4. 除草　扦插的苗木在苗圃里的生育期长达1年以上，苗圃的杂草要除早、除小，摘除花蕾。

5. 病虫害防治　主要是防治小绿叶蝉、茶蚜、叶螨类及炭疽病、茶芽枯病等病虫害。

五、茶苗的出圃

出圃的茶苗应达到一定的规格，一般为高度≥20cm、茎粗≥0.3cm。本地茶区一般在10月中下旬至翌年3—4月起苗，起苗前可将高于第一次定型修剪高度的枝叶剪去，注意保护根系，勿使受到损伤，并保持湿润，切不可晒干。外运的茶苗必须妥善包装，一般100株为一小捆，500株为一大捆。做到随挖、随运，不可积压太久，到达目的地必须立即栽植。

思 考 题

1. 什么是无性繁殖？
2. 有性繁殖和无性繁殖各有什么特点？
3. 试述短穗扦插穗条的剪取方法。
4. 简述短穗扦插关键步骤。

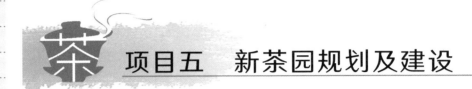

项目五　新茶园规划及建设

知识目标

1. 掌握新茶园建设的标准。
2. 了解新茶园建设的规划。
3. 掌握茶树种植方法，学会茶树幼苗期的管理方法。

能力目标

1. 掌握新茶园建设的标准。
2. 学会新茶园建设规划技术。
3. 能够从事茶树幼苗期的管理。

知识准备

任务一　新茶园建设标准

当前，我国在茶树栽培上，较为普遍地存在着水土流失、地力衰退、环境恶化、物种减少、灾害频繁、农残超标、成本加大、效益降低等诸多问题。追根溯源，这是人们忽视自然规律，肆意破坏生态环境，掠夺性开发利用自然资源所致。

20 世纪 80 年代后，随着人们消费崇尚自然、崇尚绿色无公害产品和健康意识的增强，茶叶消费加大、需求量增加、茶叶市场竞争激化。这就要求广大茶叶科技工作者和茶叶生产者在新茶园建设时必须充分考虑社会、生态、经济的综合效益，保护生态环境，建成生态茶园，使茶叶生产能持续发展，以适应中国茶业在新世纪的发展趋势。

一、新茶园的基本概念

1. 新茶园的概念　所谓新茶园，就是能科学地运用生态学原理，因地制宜地开发和充分利用光、热、水、气、养分等自然资源，提高太阳能和生物能的利用率，有效、持续地促进茶园生态系统内物质循环和能量循环，极大地提高生产能力，达到优质、高产、高效益的一种崭新茶园种植模式。现今，建设新茶园就是要建设生态新茶园。

2. 新茶园的经济属性 新茶园绝不仅是供人们观光、欣赏和获取知识的植物园，而是在提高物种可持续发展和积极适应高质量民生需求的前提下，追求产品质量的优化和经济效益的最大化。因此，广泛建立生态新茶园，必是以发展茶叶为主来繁荣经济，并能改良生态的特定地区、范围或单位的生态环境。这种茶园可以称为茶叶经济生态园，这就是它的经济属性。

3. 新茶园的要求 新茶园是以茶树为主要物种，其生产要遵循生态学原理，因地制宜开发利用和管理自然资源，协调发展，达到优质、高产、高效的目的。因而，它应达到以下几点要求：

（1）采用多物种高度集约化的经营形式，以茶树为主，因地制宜配置其他物种，形成多层次立体复合栽培，各种作物能共生互利，构成合理的生态系统，达到经济效益、生态效益和社会效益的统一。

（2）以市场为导向，调节主、副产品的质与量，以智力密集型替代资源密集型，以最小的物质投入获取最大的优质产品输出。

（3）严格按照生态学发展规律，不断运用综合优化调控技术，防止环境污染和地力退化，建成可持续发展的生态茶叶商品生产基地。

（4）充分发挥生态茶园优势，生产众多的绿色产品和有机产品，提高市场竞争力和经济效益。

二、生态茶园建设标准

生态茶园建设应坚持高标准、高质量要求，其基本内容是逐步实现茶树良种化、茶区园林化、茶园水利化、生产机械化、栽培科学化。

1. 茶树良种化 茶树优良品种是指在一定地区的气候、地理条件和栽培、采制制度下，能够达到高产稳产、制茶品质优良、有较强的适应能力、对病虫害和自然灾害抵抗能力较强，并在生产上获得普遍推广的茶树群体。生态新茶园要实现茶树良种化，就必须具体做到以下两点：首先，要根据当地生态条件及生产的茶叶品类和花色选择确定栽种的主要优良品种，其中气温是影响引种重要的因素之一；其次，要求种植进行良种搭配，不能单独种植纯一品种，要利用各品种的特点，相互取长补短，以充分发挥良种在品质方面的综合效应。

2. 茶区园林化 茶区园林化要求做到因地制宜、全面规划、统一安排、连片集中、合理布局、山水林路综合治理。新建茶园要求茶园成块、茶行成条，并在适当地段营造防护林，沟渠、道路旁和园地四周应当提倡多种经济树木、花草等，以美化茶区环境和提高茶园经济效益。

3. 茶园水利化 生态茶园建立应系统规划水利工程，因地制宜，搞好排灌系统。园地内沟渠、池塘等设施，雨水多时能蓄能排，干旱需水时能引水灌溉，力求做到小雨、中雨水不出园，大雨、暴雨不冲毁茶园，增强人为控制水旱灾害的能力。建园时，不要过量破坏自然植被，以控制水土流失。

4. 生产机械化 据估算，在茶叶生产过程中，茶园作业劳力消耗占整个茶叶生产用工的80%以上，如茶园耕作作业深翻施肥时劳务异常繁重，急需机械代替；鲜叶采摘所需的劳动力甚多，茶园实现管理机械化迫在眉睫。生态新茶园建设的规划设计、园地管理、茶厂布设、产品加工等，都要实现机械化或逐步达到机械化的要求。

5. 栽培科学化　选用优良茶树品种，只有运用科学的栽培技术，才能建成快速投产、持续高产、高效益的茶园，更好地发挥茶树品种的优良特性。这就要求茶树栽培技术必须科学化，其内容包括改良土壤、合理密植、树冠培养、施肥技术、水分管理、采摘技术、病虫害防治等各项管理措施。

任务二　茶园规划

新茶园建设必须根据新茶园建设标准进行科学规划，才能形成高产、稳产的新茶园。茶园规划首先要考虑到有利于保护茶园的土壤和茶树优良生态环境的形成，同时也要有利于茶园生产的管理和机械化作业。所以，园地园址的选择和对园地进行科学规划显得至关重要。

一、园地选择

人工栽培的茶树为常绿灌木作物，一年种，多年收，有效生产期可持续 40～50 年之久，管理好可维持更久。茶树生长发育与环境条件关系密切，新茶园建设园地选择是做好茶园规划的首要前提。新茶园必须建立在生态条件良好的地区，在既定地区内尽量选择山地和丘陵的平地和缓坡地，周围生态环境较好的地段。综合而言，在园地选择时应着重考虑以下几个因素：土壤、气温、降水量、地形地势、生态环境等。

1. 土壤　陆羽《茶经》载："其地，上者生烂石，中者生砾壤，下者生黄土。"茶树生长发育与土壤的关系十分密切。土壤条件的好坏直接影响着茶树的生长发育、外部形态特征和组织结构状况，以及生理功能的正常发挥。

茶树喜欢酸性土壤，在中性或微碱性土壤里都难以成活。在土壤选择过程中首先要调查土壤酸碱度（pH）是否适宜。适宜茶树正常生长的土壤要求呈酸性或微酸性反应，即 pH 4.5～6.5。酸性土壤可用酸碱指示剂或 pH 试纸检测，也可通过地表指示植物来进行识别。酸性土壤指示植物有映山红、铁芒萁、杉木、油茶、马尾松等。

茶树是嫌钙作物。据测试，若土壤中游离碳酸钙超过 1.5% 时，对茶树就有危害。因此，一般石灰性紫色土和石灰性冲积土都不宜种茶，即使是酸性土壤，因种植其他作物而施了过量的石灰，使其反酸而呈碱性反应，或者在原为屋基、坟地、窑址等受残留石灰污染的土壤上，茶树也不能正常生长。

茶园选择土壤还要求土层深厚，结构良好，有效土层要在 1m 以上，有机质含量丰富，一般要求含量应在 1.2%～1.7%。茶树是既怕旱又怕涝的作物，所以要求土壤通气、排水、保水性良好，一般要求地下水位应在 0.8m 以下。

2. 气温　茶树具有喜温的遗传特性。茶树生长要求年平均温度大于 13℃、活动积温在 3 500℃ 以上。活动积温越大，越能使其年生长期延长，年产量就越高。但是，不同茶树品种对于热量的要求却不尽相同。故在不同地区建立新茶园时，应因地制宜地选择适栽的品种。

3. **降水量**　水分是茶树正常体温的调节剂，更是茶树生命活动过程中一切生物化学反应的介质和基质，还是茶树组织大量的组成成分。茶树所需水分主要来自土壤和空气中的雾露。降水量直接影响着土壤含量水量和空气相对湿度。土壤含水量高低的影响因素很多，但主要受降水量所制约，而土壤含水量与空气相对湿度却又呈正相关。若土壤含水量和空气相对湿度偏低，茶树的生长就差，产量和品质都会下降。在茶树生长期间，大气相对湿度以80%～90%为最好，若大气相对湿度降到50%以下时，就会影响茶树生长。因此，对园地进行选择，一般要考虑当地降水量分布，要求年降水量在1 500mm左右，生长期间月降水量最好在100mm以上，这样方能满足茶树生长的需要。

4. **地形地势**　新茶园建立还要考虑地形地势条件。尽量避免选择山间峡谷、风口、山顶、山脚地带，以在半山坡种茶最适宜。一般选择地势不高的缓坡地，坡度在5°～15°的较为适宜，最大不能超过25°，因为它既能适于机械化生产，又具有良好的排水性。同时，还要考虑自然灾害小，交通方便，能源、水利资源、电力、劳动力资源、可开辟的有机肥源丰富，以及畜禽的饲养条件良好等诸方面的情况。

5. **生态环境**　新茶园建设中，除将气候、土壤及地形地势等作为选择园地的主要条件外，还应把符合绿色食品产地的生态环境标准作为依据，努力建设成具有良好生态平衡系统的无公害茶园，以适应国内外消费市场对无公害食品茶叶的需求。新茶园应选在离城市和交通要道较远的郊区或山区、库区、山区。这些地区通常自然生态条件好，森林植被茂盛，土层深厚肥沃，环境气候适宜，俗有"高山云雾出好茶"之说。水库一般建在山区，不仅具有山区的生态特点，而且由于水体的影响，小气候条件得到改善，往往雾日较多，漫射光丰富，空气相对湿度较高，昼夜温差增大，使茶树氮素代谢旺盛，鲜叶的蛋白质、氨基酸、叶绿素、水溶性糖、果胶、维生素和芳香物质含量均有一定程度增高，鲜叶持嫩性也得以增强，故成茶香高、味醇、耐泡。同时，一般山区、库区远离城镇和工矿区，地广人稀，林木葱郁，空气清新，生态环境保持着良好的自然水平，无现代工业"三废"的直接污染，可为生产安全、营养、保健的无公害茶叶奠定采摘优质鲜叶基础条件。为了适应高标准茶园的需要，现将有机茶（园）生产的大气环境标准摘引如表5-1所示。

表5-1　有机茶（园）生产的大气环境标准（GB 3095—1982）

单位：mg/m³

项　　目	标　　准			
	日平均①	任何一次②	年平均③	小时平均④
总悬浮物	0.15	0.30		
飘　尘	0.05	0.15		
二氧化硫	0.05	0.05	0.02	
氮氧化物	0.05	0.10		
一氧化碳	4.00	10.1		
光化学氧化剂				0.12

注：①为任何一次日平均浓度不许超过的限值。

②为任何一次采样测定不许超过的浓度限值。［采样时间为一天3次：7：00—8：00（晨），14：00—15：00（午），17：00—18：00（晚），连续采样3d］。

③为任何一年的日平均浓度值不许超过的限值。

二、园地规划

新茶园建立应做好整体规划。首先，要考虑到有利于保护茶园的土壤和茶树优良生态环境的形成。同时，也要有利于茶园生产的管理和机械化生产。具体规划时要做好勘探调查，对地形地势、土壤类别、原有植物、水源、电源等做好记录，进行研究，因地制宜，科学地进行土地规划，使道路网络、排灌网络、遮阳树、护风林以及隔离林带在茶园中形成合理的布局，为茶园丰产奠定良好的基础。

（一）土地分配与主要建筑物布局

在建设新茶园时，除了对种植茶树的土地进行科学规划外，还要有相当面积的粮食作物用地、饲料用地、茶场员工的生活设施、主要建筑物等，力求建成高质量、生态立体新茶园。资料显示，通过对几个大型茶场土地利用情况的调查，提出了一个茶场的各种利用地比例方案，作为规划茶场时参考：①茶园占有全茶场土地总面积的70%；②粮食作物用地5%；③蔬菜与油料作物用地2%；④饲料基地5%；⑤果树等经济作物用地5%；⑥场（厂）生活用房及畜牧点用地3%；⑦道路、水利设施（不包括园内小水沟和步道）用地4%；⑧植树及其他用地6%。

茶园主要建筑物布局要合理。规模较大的茶场要设置场部，它是全场行政和生产管理的指挥中心，故确定地点时要考虑到便于组织生产和行政管理；茶厂和仓库运输量大，要交通畅通；生活区关系到职工和家属生活质量，选址时尽量与生产车间分开，有一定距离。茶场场部所在地应有良好而充足的水源，在占地面积上应有一定的发展空间，同时各种建筑物之间还要避免相互干扰。

（二）茶园区块划分

种茶区域确定后可将土地分区划块，便于茶园生产管理。大型茶场可下设分场、茶叶加工厂等。一般中小型茶场可将土地分成区、片、块，用防护林、隔离沟、主干道作为区的分界线，独立的地形或支道可作为片的分界线，片内可用人行道划分成若干植茶地块，以正方形或矩形为好，每块在 $0.35\sim1.0hm^2$ 为宜，但不能强求一致。面积太小，容易造成道路分布过密、土地利用率低，而且行道树之间距离太近，遮阳度偏高，不利于茶树生长，同时也不便于机械化作业；但面积过大，也不利于茶叶生产资料和茶树鲜叶的运输。地块的长、宽度要适合茶行的安排，地块走向要求尽量一致。以茶树行距1.5m计算，宽度以60～75m为宜，这样每地块可以种植40～50行茶树；长度可以根据地形的实际情况决定，一般50m左右为宜，最长不要超过80m。茶园地块的划分，要便于田间管理、采茶和建园后机械化操作，以充分提高土地的利用率。

对于地形复杂的地块，应根据具体情况合理划分为若干个作业区，作业区进一步划分为片、块。山地茶园的地块可用纵横水沟来划分，平地和缓坡地则用道路进行区划。

（三）道路网设置

在新茶园地块划分的同时应合理布局道路网络。在若干块茶地之间设置主道，与通向茶叶加工厂和办公场所的公路相连，用于生产资料和鲜叶运输；每块茶地之间布置支道，以便茶园耕作和采茶的机械进出；每块地内设置步道。一般茶场面积>30hm²的小型茶场，只设置支道和步道。在考虑道路网络的同时，还要把行道树、排灌系统的用地留出。

1. 主道　主道是茶树鲜叶生产基地通向茶叶加工厂和基地办公场所的通道，园地内部是否设置主道要根据茶园面积的规模来决定。总面积<50hm²的茶园在园地四周设置主道，茶园内部一般不设置，避免浪费耕地。总面积>60hm²规模的大型茶园在园地中间设置主道，要求连接各作业区，并与厂部和生产车间及附近公路的交通要道相通。主道的宽度为6~8m，能使两辆汽车或拖拉机顺利交错通行，纵向坡度<6°，转弯处的曲率半径<15m。>16°的坡地茶园干道应为S形。梯形茶园的主道，可采取隔若干梯级空一行茶树为道路。

2. 支（干）道　支道一般与主干道垂直，与人行道连接，是主干道的辅助道路，连接生产基地内部地块。支道主要用于机械进入园地生产和小型车辆运输肥料和鲜叶，一般每隔300~400m设一条，宽度约3m。纵坡<8°，转弯处的曲率半径<10m。

3. 步道　步道是供茶叶采摘和对茶树进行管理操作的人员进出茶园时使用的，也是园地内部地块之间的通道，方便将肥料等生产资料向茶行运送和将采摘的茶树鲜叶运送到运输车辆上，步道又是操作道。通常步道每隔50~80m设一条，宽度1.5~2m，可通行三轮车或板车为宜。坡度>20°的茶园应设"之"字形上山步道，可降低送肥上山时的劳动强度。

茶园道路网布置，如图5-1所示。

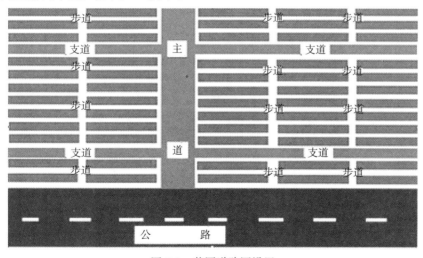

图5-1　茶园道路网设置

（四）排灌系统设置

俗话说"有收无收在于水，收多收少在于肥"，可见缺水会影响茶树正常生理代谢活动，导致茶树产量和质量下降。茶树在苗期更需要足够的水分，不然会大大降低移栽后茶苗的成活率，但是土壤地下水位过高，土壤湿度过大，会导致茶苗根系缺氧而生长发育不良，甚至窒息死亡，影响新茶园的成园和成园后的产量。因此，新茶园规划时必须结合当地情况，认真设计排灌系统。

茶园排灌系统要求设置有保水、供水、排水的水利设施，争取做到中雨、小雨水不出茶园，大雨、暴雨泥不出沟，需水时能引水灌溉，各项设施应有利于茶园机械化管理。一般茶园排蓄水系统应包括防洪沟、主沟、支沟和蓄水池。

1. 防洪沟 茶园与森林、荒郊地交界处、茶园的边缘应设置防洪沟，主要是拦截雨水冲入茶园，并把沟内水流引入塘、池或水库内。一般沟深 50cm、宽 60cm，沟壁为 60° 倾斜。

2. 主沟 开设主沟的目的是在雨季时防止大量地表水冲入茶园和农田，使多余的水流入防洪沟，需水时又能引水送入支沟。一般在沟的适当部位建一蓄水池，水池可容 5～10t 水，在干旱季节积蓄部分雨水，用于施农药、叶面施肥和灌溉。主沟两端要连接防洪沟，能通过防洪沟排出雨水。一般平地茶园 200m 左右设一条；坡地茶园在茶园上方和下方交界处沿等高线每隔 10 行开设一条主沟。一般沟宽 20～30cm、深 30cm。

3. 支沟 一般在平地茶园步道两侧开沟，坡地茶园在直步道两侧开沟和横行步道内侧开沟。沟宽 15cm，深 20cm。

4. 蓄水池 每 1.5～2hm² 茶园建一个容积为 5～8m³ 的蓄水池。一般设在纵沟与横沟的出口处，或设在排水不良的积水处。

5. 渠道 渠道的作用是引水进茶园和将渍水排除茶园等。渠道分干渠和支渠。为扩大茶园的受益面积，坡地茶园应尽可能地把干渠抬高或设在山脊。按地形地势可设明渠、暗渠或拱渠，两山之间用渡槽或倒虹吸管连通。渠道应沿主道或支道设置，坡地茶园若按等高线开设渠道，应有 0.2%～0.3% 的比例。

新茶园排灌系统设置，如图 5-2 所示。

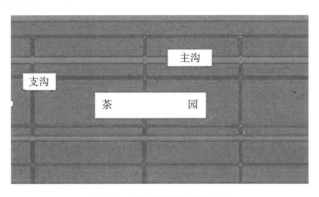

图 5-2 茶园排灌系统设置

（五）茶园林木栽植

1. 防护林 建立新茶园时应保留原有部分林木，结合绿化造林，建立防护林带。防护林的位置应该设在茶园的北面或西北面的山脊上或茶园的迎风口，林带的宽度以

8～10m为宜。特别是在北部气候偏冷的产茶区地区，建园时要注意在挡风面与风向垂直，或成一定角度（<45°）建立主林带，可以阻挡寒流袭击并扩大背风面。茶园内的沟渠、道路两旁植树设副林带，改善茶园小气候，形成防风网。在冻害和风害不严重的地区可在园内道路和沟渠两旁栽树，园外迎风口种植经济林、水土保持林或风景林。

防护林的防护效果，一般为林带高度的15～20倍，有的可达到25倍，如树高可维持20m，就可按400～500m距离安排一条主要林带，栽乔木型树种2～3行，行距2～3m，株距1.0～1.5m，前后交错，两旁栽灌木树种。

可根据各地的自然条件选择林带树种。目前茶区常用的有杉树、黑松、白杨、油茶、樟树、竹类等。

2. 行道树   建立新茶园时，在茶场的道路、沟渠两旁以及住宅四周，应设置栽种乔木、灌木相间的树种，可选种果树、经济速生木、多年生绿肥等，既美化环境，又保护茶树，还有一定数量的额外经济收入，更为茶园提供肥源，改善土壤结构。若道路与茶园之间有沟渠相隔，可以在沟渠两旁栽种苦楝等根系发达的树种，有利于水土保持。

茶园行道树可以沿茶园的干道和支道两旁呈"品"字排列种植，可以每隔10m左右种1株。行道树以分枝较高的乔木形树种为好，对道路的通行影响较小。

3. 遮阳树   茶树在漫长的系统发育过程中，形成了喜光喜温、耐阴喜湿、忌强光照射、喜散射光的特性。据研究证明，茶树只需全光照的70%，其遮阳覆盖度以控制在30%左右为宜。我国华南部分茶区由于夏季炎热，光照强烈，夏季叶温达30℃以上，茶树容易受到热害和旱害。建立新茶园时可合理种植遮阳树，有利于降低夏季茶园、树冠及土壤的温度和光照度，增加相对空气湿度，提高土壤含水量，调节茶园小气

图5-3　广东英德地区茶园遮阳树种植情况

候，降低旱害和热害。茶园合理种植遮阳树，还有降低水土流失、保持土壤肥力的效果，为茶树生长发育营造良好的生态环境，有利于幼龄茶树的移栽成活，提高成龄茶树新梢的持嫩度，增加产量和改善品质。图5-3为广东英德地区茶园遮阳树种植情况。在夏季叶温不会达到30℃的地区，也可不必栽种遮阳树。

4. 树种的选择与搭配   防护林和行道树的树种最好选择适宜当地栽种、不与茶树争夺水肥，且与茶树没有共同病虫害的经济树种，以利于改善茶园的生态环境，保护茶园生态系统的平衡和生物群落的多样性，给害虫的天敌创造良好的栖息、繁殖场所，形成"以虫治虫，以园养园，以茶养园"的生态防治技术。选择树种时还要乔木和灌木相结合，针叶与阔叶相结合，常绿与落叶相结合，灌木宜选择作为绿肥的树种。

如果选择的树种是具有较高经济价值的速生树种，不但能提早成林，还能额外产生一定的经济效益，以达到茶、林产品双丰收，增加茶园总收入。

根据各地的经验，较理想的防护林和行道树种有杉树、黑松、合欢、乌桕、苦楝、泡桐、马尾松、油桐、山苍子、油茶等。湖北省恩施市芭蕉黄泥塘在茶园中普遍栽植桂花树作行道树、遮阳树、风景树的经验，值得借鉴。

三、园地开垦

园地开垦是新茶园建设基础工作之一。在园地开垦过程中必须以园地的总体规划为依据，以水土保持为中心，以深翻改土为重点，选择适宜的开垦时期，采取正确的农业技术措施。

（一）开垦季节的选择

由于我国茶区春夏季雨水较多，园地开垦时破坏了地面原有的植被和结构，容易造成水土流失，开垦工作应该避开春、夏雨季，而在秋、冬降水量较少的季节进行。秋、冬季开垦在劳动力安排上也可以缓和开垦工作与农作物争劳力的矛盾。

（二）地面清理

在园地开垦之前，先要进行清理地面。按照总体规划要求，防护林带的地段要保留全部植被；道路两旁、水沟两侧的树木做好标记，留出不砍，直接保留使用；原则上大树都要保留。这样既可减少砍伐树木，保护生态，同时还可以减少种植行道树所需要的树苗和培育工作，节省开支，其他树木和杂草可以全部刈除。

具体操作时先砍除必须砍伐的树木，将树蔸连根清除。然后刈割并挖除柴根和多年生草根。对于杂草，刈除后可以作为堆肥或烧焦泥灰的材料，充作茶园肥料，如果杂草数量不多，可以在开垦时将其翻入土层深处，以提高茶园土壤有机质和肥力，对小竹、金刚刺、蕨类、茅草等宿根类植物必须彻底清除，否则由于这类植物的块根、根茎生存力特别顽强，在建园后会很快恢复生长，而且往往很难除尽。

在刈除植被以后，还必须将园地内部的乱石等清除干净。石块可以作为道路、水池、水沟等的建材，清理的深度应该达到地面1m以下。另外，如果发现园地内部有白蚁，必须采取相应的灭蚁措施加以消灭，以免茶园建成后茶树受到白蚁为害。

（三）开垦技术

土壤是茶树生长的基础条件，开垦时无论坡地状况和土壤性质如何，必须实施深翻，以促进土壤风化，改善底层土壤结构。

1. 平地及缓坡茶园的开垦　平地茶园由于地势平坦，一般地形也比较规则，开垦工作比较容易。若是生荒地，一般要进行初垦和复垦两次深耕。

初垦一般全年都可进行，尽量安排在秋、冬季节，耕翻后的土块经日晒雨淋或严寒冰冻，更有利于土壤熟化。初垦最好用挖掘机深翻土地，深度要求达到50cm以上，对于地面高低差异较大而不利于茶行布置和田间管理的地段，需要适当平整。耕后的土块不必弄碎，这样更有利于蓄水和风化，提高土壤深耕效果。地面杂草清除后要深埋，以增加土壤肥力。

复垦一般在茶树种植前进行，深度要求 30cm 左右，垦挖时应将土块打碎，避免下层土壤形成空洞而影响茶树吸收水分，导致茶树生长发育不良。同时，复垦时要进一步清除前期未能除去的草根和树根，平整地面。复垦工作完成后，即可进行划行种植。

计划留出作为干道和支道的部分不必开垦。一方面可以减少开垦工作量，另一方面可以让这部分土壤保持结实，有利于道路建设。

坡度在 15°以下的丘陵地或山脚缓坡地的开垦同样要按照平地茶园初垦和复垦的规格要求进行。但由于地形比平地茶园复杂，开垦时首先要根据坡度大小、道路网、水系沟渠等设计要求，进行分段开垦。缓坡地的地表是倾斜的，要沿等高线横向开垦，这样可使坡面达到相对一致，转弯处要掌握"大弯随势，小弯取直"的原则。因长期冲刷水土流失严重的少数坡面，推平后加培客土，使园地平整，表土层厚度达到种植的要求。

2. 陡坡梯级茶园的开垦 坡度＞25°的地段一般不提倡种茶，若要种茶，应开成水平样梯级茶园。水平样梯级茶园是在山坡上沿等高线一层一层修筑的梯面水平、梯壁整齐的台阶式茶园，简称水平梯级茶园。修建水平梯级茶园可改造地貌，消除或减缓地面坡度，是山坡地保持水土的有效措施。

水平梯级茶园的主要作用：拦泥蓄水，减少冲刷；便利耕作，有利灌溉；增加地力，高产稳产。

水平梯级茶园建设应符合以下要求：

（1）梯面宽度便于日常作业，更要考虑机械化作业。

（2）茶园建成后，要能最大限度地控制水土流失，下雨能保水，需水能灌溉。

（3）梯田长度在 60～80m，同梯等宽，大弯随势，小弯取直。

（4）梯田外高内低，外埂内沟，梯梯接路，沟沟相通。

（5）施工开梯田，要尽量保存表土，回沟植茶。

水平梯级茶园的规格：水平梯级茶园的梯面宽度有一定标准，一般随坡度而定。如茶树行距 1.5m，加上内侧沟宽，因此每梯种植一行茶树的梯面宽度应在 2m 左右，种植两行茶树的应在 3.5m 左右，以此类推。在可能条件下，梯面应尽量做宽，便于田间管理和机械操作。局部地段因坡度变化，会出现等高不等宽的现象，可以采用插短行的办法弥补，使茶园面貌整齐美观，同时也提高土地利用率。在坡度最陡处，梯面宽度也应不小于 1.5m，否则有碍管理。

3. 水平梯级茶园的测量 施工前要对修筑梯级茶园的山坡地段进一步勘测规划，测出不同地段的坡度，定好基线和梯级等高线，确定整个作业区的修筑台数、梯面宽度和梯壁高度，同时根据地形条件布置通往各田块的道路和渠道，进而进行现场放线，组织施工。在实践中，群众创造了许多简单易行的测量仪器，如照准丝测坡器，U 形连通管水平仪，长杆拉线测坡器及三脚、两脚规，等等，测量时可选择采用。

4. 梯级茶园的修筑 梯级茶园的修筑方法有两种，一种是自下而上筑梯层，它自山坡最下一条等高线开始，采用里挖外填，生土筑壁，整理出第一层梯级，然后将上一层坡面表土取下，作为梯面用土。然后修筑第二层梯级，将第三层表土覆在第二层梯面上，依次逐层向上修筑，称为表土保留法（图5-4）。它可以真正做到"生土筑巢，表土盖面"的要求，同时施工时也容易掌握梯面宽度，工程质量较好。另一种是自上而下修筑梯级，称为表土混合法。这种方法比较省工，底土翻在上面，容易风化熟化。但其缺点是将表土填到梯壁附近，梯面土壤肥力降低，影响茶树苗期生育。在经验不足、测量不准的情况下，梯面宽度往往达不到要求。因此，最好采用表土保留法修筑梯级茶园。修筑梯级的施工事项主要包括修筑梯壁和整理梯面。

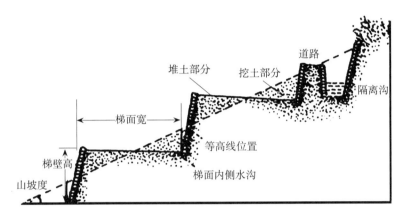

图 5-4　梯级茶园施工

（1）修筑梯壁。梯壁质量的好坏，直接影响梯层的稳固性。根据因地制宜、就地取材的原则，通常梯壁类型主要有石坎、草皮坎和泥坎3种。草皮坎和泥坎的梯壁高度依坡度大小和土质状况而定，一般不宜过高，尽量控制在1m之内，最高不要超过1.5m，倾斜度在75°左右，石坎梯壁倾斜度可在80°左右。不论采用哪种材料修筑梯壁，其方法基本相同。首先以等高线为中心线，清除表土，挖至心土，并做成宽50cm左右的倒坡坎基，踏实夯固。如果是筑泥坎，应在坎基上填生土，边踩紧边夯实，宽度要有30cm以上，至梯壁筑到一定的高度，再从该梯的内侧取土，一直堆筑而成，并随即锤紧梯壁。

筑草皮坎方法同筑泥坎，首先挖出倒坡坎基，将挖取的草皮砖分层顺次倒置在坎基上，上一层草皮砖应紧压在下层草皮砖的接头处，呈"品"字形排列，依次逐层叠成，如有缺口夹缝，必须填土打紧。修筑泥坎和草皮坎梯壁，要做到"清基净，坐底稳，填生土，扣拍紧，夯踏实"，筑坎、拍打、填土密切配合进行。

在土层薄、石料相对丰富的山区，可修筑石坎梯田，就地取材，成本较低。石坎梯田挡土墙底部应进行清基开挖接合槽，以保证原坎与地面能良好的结合，防止挡土墙塌陷和滑动。石坎挡土墙一般先用较大、规则的石料搭砌而成，大石在下，小石在上，大面向外，间隙填以细石和土料，使其衔接面增大，提高整体性能，回填土层应不低于梯田耕作层，田面基本填平，使同一层梯田田面平整，以便耕作。

（2）整理梯面。梯壁修筑完成后进行梯面整理，形成外高内低的倒坡形。梯坎内侧因取土作坎的原因，土层较实而浅薄，必须进行深翻，施入有机肥，这样才有利于土壤改良和茶树根系的生育。

（3）梯级茶园的养护。根据治理和养护并重的原则，对梯级茶园应加强经常性的护理工作。雨季特别是暴雨后，要随时注意检修水利系统，发现梯壁倒塌应及时修整；每年冬季应对道路、水利设施进行一次全面检修；泥坎梯级茶园为保护梯壁，应在梯壁上种植多年生牧草、绿肥等固土植物；梯壁上的各种杂草切忌带土铲削，可酌情每年刈割1～2次，用来覆盖茶园，或作牲畜饲料和垫草。图5-5为建成的标准梯级茶园。

图5-5　标准梯级茶园

任务三　茶树种植

茶树种植要重点把握住茶树良种及其优良个体选择、规范种植、施肥和浇足定根水以及必要的修剪等项工作。

一、茶树良种选用

茶树品种既是茶叶生产最基础、最重要的生产资料，也是茶业可持续发展的物质基础。选用优良的茶树品种，采用科学的栽培技术，一定能培育出优质、高产的茶园。

（一）茶树良种选用的原则

茶树良种选用的意义：茶树良种的选用与推广良种是提高茶园单产、改进茶叶品质、增强茶树抗性、降低生产成本、实现茶叶的无公害生产的最根本措施。

茶树良种选用应遵循的原则：新建茶园在选用无性系良种和其他优质、高产、经济性状好的茶树良种的前提下，还应根据当地的气候、地理条件选用茶树品种；根据茶类的适制性选用茶树品种；根据该品种的品质和产量选用茶树品种。

（二）茶树栽培优良品种

我国良种茶树品种资源丰富，现有栽培茶树品种 600 多个，有较大栽培面积的达 250 多个，其中经全国茶树品种审定委员会 1984 年以来 3 次审定（包括认定）的有 77 个国家级茶树良种。1984 年 11 月，全国茶树品种审定委员会对各（区）上报的茶树地方良种进行了审定，认定福鼎大白茶、祁门茶、黄山种、云台山种、政和大白茶、宜昌种、凤凰水仙、紫阳种等 30 个地方良种作为全国第一批认定的茶树良种。从 20 世纪 70 年代开始，我国茶叶科研与教学单位通过系统选种与杂交育种，陆续育成一批茶树新品种，如中国农业科学院茶叶研究所育成的龙井 43、碧云，浙江农业大学茶叶系育成的浙农 12、浙农 21、浙农 25 等。这些品种有的已在生产上大面积推广，有的在单产上或品质上表现出明显的优越性。1987 年 1 月全国良种审定委员会对上报的各新育成品种进行了审定，公布了黔湄 419、龙井 43、安徽 1 号、福云 6 号等 22 个全国第二批认定的茶树良种。1995 年 5 月全国良种审定委员会又一次对上报的新育成品种进行了审定，公布了皖农 95、龙井长叶、浙农 113、宜红早等 25 个全国第三批认定的茶树良种。实践证明，不论是原有的地方良种还是新育成良种，只要与优良的栽培法结合起来，都已显出种植良种的优越性。

（三）茶树良种选用与搭配

在新茶园建设时，应遵循茶树良种选用的原则，科学选用茶树品种，并对不同类型的品种合理进行搭配种植。茶树良种选用应注意以下几点：

（1）根据新建茶园气候、土壤、茶类的安排，有目的地选用茶树优良品种，形成茶园品质特色。采用的茶树品种要有目的地合理搭配，一般选用一个当家品种，其面积应占种植面积的 70% 左右，其搭配品种占 30% 左右。

（2）在选用品种时可将不同品质特色的品种，按一定的比例栽种，以便能将香气特高的、滋味甘美的、颜色浓艳不同品种的鲜叶，分别加工后进行拼配，可以提高茶叶品质。

（3）选用品种时注意早、中、晚生种搭配，既可以错开茶叶采摘、加工高峰期，缓解劳动力不足的问题，还可以充分利用加工厂房和机械设备，减少闲置和浪费。

在栽种时注意同一品种要相对集中栽培，以便于管理。

二、茶树种植

（一）优选茶苗

根据国家《茶树种苗》（GB 11767—2003）规定：无性系中小叶品种一年生扦插苗高≥20cm，茎粗≥2.0mm；无性系大叶品种一年生扦插苗高≥25cm，茎粗≥2.5mm，扦插苗的质量要求至少达到Ⅱ级以上才算合格。无性系大、中、小叶种茶树苗木质量具体指标见表 5-2、表 5-3。

表 5-2   无性系中小叶品种茶树苗木质量指标

级别	苗龄	苗高/cm	茎粗 ø/mm	侧根数/条	品种纯度/%
Ⅰ	1 足龄	≥30	≥3.0	≥3	100
Ⅱ	1 足龄	≥20	≥2	≥2	100

表 5-3   无性系大叶品种茶树苗木质量指标

级别	苗龄	苗高/cm	茎粗 ø/mm	侧根数/条	品种纯度/%
Ⅰ	1 足龄	≥30	≥4.0	≥3	100
Ⅱ	1 足龄	≥25	≥2.5	≥2	100

（二）种植规格和茶行布置

种植规格是指专业茶园中的茶树行距、株距（丛距）及每丛定苗数。进行茶行布置时，一要确定种植规格，合理的种植规格能提高茶树对光能的利用率，加速茶树封行成园，提早投产期；二要有利于水土保持，还要考虑适合机械化作业；三要方便经常性的田间作业，使茶树充分利用土地面积，利于茶树正常生长发育。实践表明，合理的种植密度可使茶树速生快长，实现"第一年种植，第二年开采，第三年达到高产"的目标。

具体的种植规格有以下几种：

1. 单行条植   行距 150cm，丛距 33cm，每丛栽 2 株茶苗，每亩栽种茶苗 2 600 株左右。

2. 双行条植   大行距 150cm，每行种植 2 排茶苗，小行距 30cm，丛距 30~40cm，每丛种植 2 株茶苗，每亩栽种茶苗 4 300 株左右。为了使茶树在茶园中形成更为均匀的空间分布，双条植茶园的排列方式，应使两小行的茶丛间形呈"品"字交错排列。

种植规格确定以后，还要确定茶行在园地中的具体布置方式。按种植规格测出一条种植行作为基线，平地茶园一般以干道或支道作为依据，基线与之平行，留 1m 宽的边划出第一条线作为基线，经此基线为准，按种植规格的行距，依次用石灰划好种植沟线，原则上在每块茶园中整行排列，中间不断行。坡地茶园的茶行按等高线排列，内侧留水沟，外边留坎埂。茶树种植规格模式如图 5-6 所示。

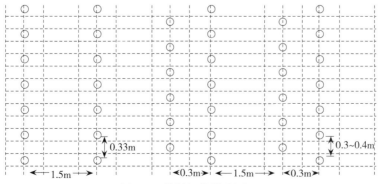

图 5-6   茶树规格模式图网

（三）种植前整地与开沟施基肥

1. 种植前整地　新茶园在种植茶苗前要对新开垦的土地进行整理，根据种植密度统一整理成行，深挖开沟施基肥。一般以种植沟轴线为中心，沿茶行开种植沟，沟宽 30cm、深 50cm。

2. 开沟施基肥　在种植沟内施入基肥，单条植茶园每亩施腐熟有机肥 2 000～4 000kg、复合肥 80kg 左右；双条植茶园每亩施腐熟有机肥 3 500～5 000kg、复合肥 80～100kg。施肥后覆土，并将其平整，盖土厚 15～20cm。施基肥后间隔一段时间才能种植。

（四）茶苗移栽

新茶园整理成行后，开始种植茶苗。影响茶苗移栽成活率的因素主要有 3 个方面：一是移栽季节，二是茶苗质量，三是移栽技术。

1. 移栽季节　茶苗移栽的季节，最好选在茶树地上部生长休止、地下部根系生长相对旺盛的时期进行，这样有利于根系迅速恢复，提高移栽成活率。因此，秋、冬季节是移栽茶苗的适宜季节。但不同地区的最适宜移栽季节也有所差异，一般根据栽种时间可分为秋栽和春栽。

冬季气温偏暖、茶树不会出现冻害的地区，最好选在秋末冬初的 10 月底至 11 月初进行。茶苗移栽后，根系有足够的时间得以恢复，翌年春季茶苗即可进入正常的生长，形成较健壮的幼龄茶树，安全渡过不良环境。

冬季气温偏低的北部茶区、高山茶区如果在秋冬季移栽，茶苗容易在冬季受到冻害，轻则生长延缓，重则成活率降低。这些地区必须在冬末初春的 2 月底至 3 月初移栽，虽然当年的生长量不如前一年秋冬季移栽的茶苗，但成活率容易得到保障。

2. 茶苗质量　茶苗移栽成活率还与起苗作业有关。茶苗的大小在起苗时已经无法改变，但起苗作业时带土多少则是可以控制的。在苗圃中，茶苗根系与土壤形成紧密接触，如果起苗不带土，会造成吸收根断裂脱落，影响茶苗生长。为了达到起苗带土、少伤根系的目的，起苗时间最好在雨后晴天的早晨或傍晚进行，这时土壤湿润，阳光较弱，可以减少茶苗的水分损失，保持茶苗的鲜活度，有利于移栽成活。如果移栽时是无雨天气，应该在起苗前一天对苗圃进行灌水，使土壤湿润。起苗时，如果发现有严重病虫害、品种变异不纯的劣苗应及时剔除，避免与正常茶苗一起被移栽到新茶园中。如果茶苗需要经过长途运输，这时很难做到大量带土，起苗时要注意尽量少伤根，并用黄泥浆蘸根，再用湿草包捆。运输过程要防止苗木堆积过厚，否则容易发热造成落叶伤苗，影响成活。苗木运输到达目的地后必须及时栽植，否则就要在排水条件良好的地方进行假植保苗。

3. 移栽技术　茶苗移栽一般采用沟植法。栽植茶苗时，在施好基肥并覆土的种植沟上划线定行，放置茶苗的深度以每株茶苗的根颈部与地面平齐或略低于地面为宜。过深则引起根颈上方生长不定根，不利于下部根系生长；过浅又会导致根颈外露，根系吸收水分困难，而且容易被太阳晒干，影响成活率。

具体栽植方法是先用黄泥浆蘸茶苗根部（带土移栽的不用蘸根）后，再用一只手拿茶苗，扶在种植沟中，并使茶苗垂直，根系保持舒展状态，另一只手将松土填入沟内，填土至深度约一半时，左手稍将茶苗向上提动一下，使根系舒展，并以右手按压周围土壤，使下部根土紧接，茶苗立稳，土壤与根系紧密接触，然后继续填土并压紧，直至茶苗根颈处为止。检查种植质量的办法是用手捏住茶苗茎秆，稍用力向上提拔，不能轻易拔起者即为种植质量良好。相反，不用力轻轻一提就能将茶苗拔起，表明没有种好，则需重新用脚压紧，保证种植质量。然后派出人员淋足定根水，水要淋到根部土壤完全湿润，边栽边淋。淋定根水不管晴天或阴雨天，一定要淋，因为新茶树根系与土壤间有很多空气，没有完全接触，根系吸取不了土壤中的水分。如果有条件，最好于浇水后在茶苗根颈两侧铺一层干草、稻草或秸秆等，提高保水效果，并离地面20cm处剪去茶苗上部枝叶，以减少水分蒸发。图5-7为工人在田间栽种茶苗。

图5-7　茶苗田间栽种方法

三、幼苗期管理

幼苗期管理主要指茶苗移栽后两年内这段时间的管理，它是关系到茶苗成活率高低、茶苗能否正常生长发育和新茶园建立成败的关键时期。"成园不成园，关键头一年"，这一时期非常重要，必须要高水平、高标准管理幼龄茶园，才能快速成园，早投产、早收益。其管理的主要内容有：树冠培养、抗旱保苗、科学施肥、除草、缺苗补栽、病虫害防治等。

（一）树冠培养

茶树幼苗期进行定型修剪，其作用是促进分枝，控制高度，加速横向扩展，使骨干枝粗壮、树冠分枝结构合理，为培养优质高效树冠骨架奠定基础。定型修剪一般分3次进行，主要是培养丰产优质树冠（图5-8）。

（二）抗旱保苗

茶苗种植后成活与否最重要的是水分管理。根据气候条件，在干旱季节种植后1周要求每天淋水一次，以后依次减少；淋水时间在每天下午或傍晚，不能在强光高温的中午淋水。淋水必须透彻，北方干燥风大，更应多淋水。雨天要做好排水工作，特别是大雨、暴雨后，不能长时间积水。经过第一次定型修剪后的1个月内，在没有雨水的情况下，每5d要淋水一次，以保持土壤湿润，利于根系恢复萌发新根（图5-9）。

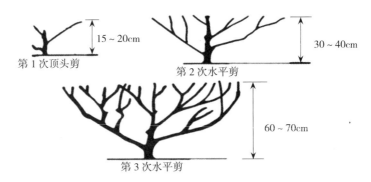

第1次顶头剪　15~20cm

第2次水平剪　30~40cm

第3次水平剪　60~70cm

图 5-8　茶树丰产优质树冠示意

图 5-9　抗旱保苗

茶苗耐阴性强，对光线较敏感，从苗圃移栽到大田对光的适应性差，小苗由于植株幼嫩，叶片角质层薄，蒸腾作用大，容易烧伤。移栽后可采用遮阳方法，有条件的可搭建遮阳棚，也可插树枝叶遮阳和间作遮阳物（大豆、玉米等），掌握遮阳度为 60% 左右。

新茶园还可铺草覆盖，既保湿保温，还能抑制杂草滋生。覆盖材料有稻草、杂草、作物秸秆、修剪枝叶等有机物料。覆盖厚度在 10cm 左右，每 1~2 年一次。腐烂后翻埋入土，能改善土壤理化性状、提高土壤肥力。

（三）科学施肥

按照茶树生长发育的规律，每一茶季长一次新梢。故在每一个生长季节到来之前，都要提供充足的营养，以促进新梢正常生长发育。

具体的做法是：在茶苗移栽后 3 个月以前使用 1% 尿素液肥淋根部，补充肥水。3 个月以后分别在 5 月中旬和 8 月上旬开挖浅沟撒施尿素，亩施尿素 10kg，施后盖土。11 月以后挖深沟施有机复合肥，每亩施用 150kg，保证充足的养分供应茶树过冬，为翌年抽发粗壮的新梢下足冬肥。同时，在条件允许的情况下，进行抗旱淋水铺草。经验证明，在茶行内侧修筑"竹节沟"蓄水保苗，减少水土流失，效果非常明显。

对于幼龄茶园，提倡在大行间套种绿肥。在1～3年的幼龄茶园中，每年在茶行间可套种两季豆科绿肥作物，以改良土壤、遮阳护苗、减少杂草滋生和防治水土流失等。1～3年生（统一表示法）茶园适宜种矮生或匍匐型的豆科绿肥，如小绿豆、伏花生、黄花苜蓿等。绿肥的种植方法可根据茶苗生长速度和覆盖度的增长情况而定。一般可采用茶苗栽植年限"1、2、3"与绿肥种植行数"3、2、1"的对映种植模式。绿肥种植后，应根据其生长状况及时刈青，充作茶园肥料。

（四）除草

除草工作的好坏直接影响茶苗生长速度。常言道"三分种，七分管"，可见管理工作十分重要，丝毫不能轻视。要做到精耕细作，经常清除杂草，减少杂草与茶树争夺水肥。除草务净，便能减少茶园水分、养分消耗和病虫为害。在每季节要进行一次浅耕松土，特别是大雨过后土壤板结，若能做到及时浅锄松土，便能改善土壤通透性能，有利茶苗根部呼吸作用，促进茶树正常生长。及时除草是快速成园有效的农业技术措施。

（五）缺苗补栽

秋末冬初或早春对新植茶园进行查苗补苗，一般每丛已有1株茶苗成活的就不必补苗，缺丛的则每丛选用同品种同龄壮苗及时补植缺株，保证茶园全苗。一般3年以后不要再补苗，以免造成茶树参差不齐，甚至不能成丛。

（六）病虫害防治

幼龄茶树树体弱小，抗性较差，容易受病虫为害，一般常见的病虫害有茶毛虫、茶尺蠖、茶小绿叶蝉、蚧类、黑刺粉虱、茶橙瘿螨、侧多食跗线螨、茶饼病、茶芽枯病、茶白星病、茶云纹叶枯病、煤烟病等。但危害最严重的是茶小绿叶蝉和螨类，发生时间主要在夏、秋季。在这期间要加强观测，发现虫情要及时记载，当达到防治指数时开始用药，把害虫消灭在初期阶段，保护好每一轮新梢能正常生长发育，以利于尽早成园。

📗 知识拓展

有机茶园茶树病虫害防控技术

有机茶园茶树病虫害绿色防控主要技术措施有科学栽培、以螨治螨、灯诱杀虫、色诱害虫、生物农药治病虫、沼液治虫等。

一、科学栽培

1. 选择良种　推广角质层较厚、较抗病虫害的名优茶品种，替换改造衰老茶园，增强茶树抗病虫能力。

2. 采摘修剪　及时分批多次采摘，及时修剪，减少虫口密度和病源基数，对趋绿性强的害虫有较好的防治作用；同时利用修剪枝叶压肥，可以改善土壤条件。

3. 中耕除草　中耕除草可促进茶树健壮生长，并干扰茶园害虫的生长。

4. 平衡施肥　通过测土配方等技术，合理施用有机茶允许使用的海藻、菜枯等肥料，提高茶树抗病虫能力。

二、以螨治螨

利用胡瓜钝绥螨喜在红苏麻下越夏的特性，在茶园四周和行间按 0.5kg/亩撒播红苏麻，既为捕食螨的有益昆虫提供越夏场所，又能改善田间小气候。

三、灯诱茶虫

利用茶毛虫、茶尺蠖、茶卷叶蛾、星天牛、象甲、毒蛾等趋光的特点，在茶园的中心或坡顶地带，按照每50亩1盏的标准安装太阳能杀虫灯，控制茶树上茶毛虫、茶尺蠖、星天牛等害虫的为害。

四、生物农药治病虫

用苦参碱、印楝素、白僵菌、浏阳霉素等生物农药防治茶树虫害，用病菌石硫合剂、氢氧化铜、多抗霉素防治茶树病害，通过控制病虫害保证有机茶的质量。

五、沼液治虫

沼液经沼气池厌氧发酵后含有极其丰富的多种营养元素和微生物代谢产物，既可补充茶树营养，提高抗病虫性能，又可防治茶蚜和茶小绿叶蝉。

思 考 题

1. 新建茶园如何选用茶树品种？
2. 合理搭配茶树优良品种有哪些作用？
3. 新茶园开垦种植过程中应注意哪些问题？
4. 哪些技术环节有助于提高茶苗移栽成活率？
5. 如何进行茶树幼苗管理？

项目六　茶园水分管理与耕作

知识目标

1. 掌握茶树需水规律，掌握茶园灌溉的基本原则。
2. 掌握土壤物理条件、化学条件对茶树的影响。
3. 了解茶园间作对茶树的影响，熟悉茶园地面覆盖的有关知识。
4. 掌握茶园除草的有关知识。

能力目标

1. 能根据茶树需水规律、茶园水分动态制订茶园水分管理实施方案。
2. 能根据茶园排水知识、灌溉基本原则初步完成茶园水利系统规划方案。
3. 能根据高产茶园所需土壤条件，制订茶园土壤管理方案。
4. 能根据茶园杂草发生规律，制订无公害茶园除草实施方案。
5. 能根据茶树生育规律，制订茶园耕锄实施方案。

知识准备

任务一　茶树需水规律与茶园水分动态

　　水分是茶树体内原生质的重要组成，也是一切新陈代谢、生理生化过程的介质。一般情况下，土壤中各种营养物质必须先溶解于水，呈离子状态，才能被茶树根吸收，吸收后还必须以水溶液的状态，转运到各器官、组织、细胞。同时，茶树体内各物质的合成与分解，多数在水溶液中进行。

　　水分的多少显著影响茶树的生命活动。茶树缺少水分会导致枝叶生长受阻，芽、叶生长缓慢，叶形变小，节间变短，大量出现对夹叶，从而影响茶叶的产量和品质；而水分过多，同样会引起茶树生长不良，甚至造成茶树根系变黑溃烂而死亡。我国茶区辽阔，地区间降水不平衡，只有了解茶树的需水规律与茶园水分动态，才能采取有效措施保障高产优质茶叶生产对水分的要求。

一、茶树需水规律

茶树需水包括生理需水和生态需水。生理需水是指茶树在生命过程中的各项生理活动（如蒸腾作用、光合作用）直接所需要的水分。生态需水是指为给茶树正常生长发育创造良好生活环境所需要的水分。

在茶园水分循环中，水分的来源主要有3种途径：降水、地下水及人工灌溉。茶树失水的途径包括：地表蒸发、茶树吸水、排水、径流、地下水外渗。茶树需水受气候、树龄、土壤、肥力及田间管理技术等因素的影响，茶树的需水量变化与差异较大。

（一）茶树需水量随季节而变化

茶树在年生育周期内，由于受气候条件及本身生育规律的影响，在不同的生长季节对水分的需要量是不同的。

据研究表明：在杭州茶区，春茶期间（3—5月），随着气温的上升，光照增强，茶树生理代谢逐渐活跃，生育旺盛，需要的水分与养分量也随之增多，日平均需水量达到3mm左右；到了高温炎热的夏季（7—8月），由于光照强，蒸发量大，茶树日平均需水量可达7mm以上；到了秋、冬季（10月至翌年2月），随着气温下降，光照弱，蒸发小，茶树进入休眠状态，一般成龄茶园的日平均需水量为1～3mm。

一年或季节耗水量与单位面积产量之比，称为需水系数，单位为 m³/kg。在杭州地区的研究表明，一般成年茶树的需水系数，全年平均为 0.85～0.96，春茶为0.37～0.46，夏茶 0.92～1.04，秋茶 1.44～1.51。其他地区对茶树不同季节需水量的研究结果与杭州地区相仿。

一般说来，成龄茶园的全年需水量为 1 300mm 左右，其中 4—10 月生长季节需水量约为 1 000mm，占全年需水量的 77%，尤其是盛夏高温季节（7—8月），需水量全年的 30% 以上；而气温较低的寒冬和早春（12月至翌年2月），月需水量仅为50mm 左右。

尽管茶树在一年中各个阶段的茶园需水量差异很大，但总的变动趋势是随地区性气候与生态环境的变化而变化；任何阶段的过度缺水会对茶树的生长发育产生不利影响，应根据茶树不同季节的需水量，配以人工给水，保证茶园土壤水分的有效供给。

（二）茶树需水量随树龄而变化

茶树的需水量因树龄而异，主要是由于不同树龄茶树的根系发育状态、根系的分布范围、枝干的伸展程度、树冠面大小、叶面积指数等不同。

幼龄茶树根系浅小，枝干伸展程度有限，树冠面正在形成，枝叶较少，叶面积指数小，茶树的蒸腾作用较小，而地表的蒸发量大；成年茶树根系深广，树冠面较大，叶面积指数大，茶树的蒸腾作用较大，地表的蒸发量较小；老龄茶树根系衰退，侧枝育芽能力减弱，树势衰退，树冠面缩小，叶面积指数下降，茶树的蒸腾作用变小，地表蒸发作用变大。

茶树的日需水量随茶树树冠覆盖度的增大、产量的增加而提高。据许允文（1983）在杭州地区的干旱季节测定，2年生的幼龄茶园的日平均耗水量为 3.82mm，成龄茶园的日平均耗水量可达 5.63mm。

整体而言，幼龄茶树需水较少，成年茶树需水较多，老龄茶树需水下降。应根据不同树龄茶树的需水规律对茶园进行水分管理。幼龄茶园加强地表供水和覆盖保水；成年茶园要注重加深供水层，深耕改土，提高土壤保水能力。

（三）茶树需水量随土壤含水量及土壤吸力而变化

当土壤湿度高（即含水量多）时，由于土壤中有较丰富的有效水供给茶树，从而提高了茶树的蒸腾强度，同时也增加了土壤表面的蒸发能力。因此，在干旱季节随着茶园灌溉水量的增多，土壤含水量的增加和土水势的升高，使茶园日平均需水量也有相应的提高。因此，土壤含水量高而土壤吸力低有利于茶树对水分的吸收，可以促进生长发育，不仅能提高茶树的蒸腾作用，且增加了地表的蒸发作用，使茶树的日平均需水量增加。

总之，茶树的需水量与生态环境和茶树生育阶段关系十分密切，因此，在生产实践中制订茶园灌水制度，确定茶园灌水量与灌溉定额时，应从客观实际出发，根据季节、茶树的发育周期、土壤的特性等，因地、因时制宜，只有这样，才能及时适量地对茶园进行灌溉补水，调节土壤水分，为茶树生长发育创造良好的生态环境。

二、茶园水分动态

要满足茶树的需水要求，必须以茶园水分动态为依据，了解茶园土壤吸力动态、茶树新梢（叶）水势变化规律。

（一）茶园土壤水分动态

茶园土壤水分是茶树水分的主要来源。土壤中能被茶树吸收的水分，称为土壤有效水。永久萎蔫系数是指茶树达到永久萎蔫时土壤含水量的百分数。土壤有效水等于土壤含水量减去永久萎蔫系数。也就是说，茶园土壤的有效水分主要是茶树能够吸收的毛管水，从田间持水量到接近茶树萎凋含水量之间的水分对茶树通常是有效的。

在茶树的年生育周期里，由于气温、降水量、蒸发量等气象要素及茶树树龄（长势）的差异，导致茶园土壤含水量变化较大，且因地域、所处季节而异。研究发现，幼龄茶园和成年茶园相比，由于根系分布深度不同，幼龄茶树根系主要分布在 0～30cm 土层中，耗水主要集中在此层；而成年茶树的根系主要分布在 30cm 以下的土层中，故可以大量吸收利用深层土壤的水分，因此在同样的降水量和水面蒸发量条件下，幼龄茶园和成年茶园的土壤含水量不同。

由于土壤质地与田间持水量和茶树的萎蔫系数有密切的关系，故不同土壤质地的有效水分含量不同。茶园土壤水分的有效性及其消长变化不仅与土壤含水量有关，而且与土壤特性、气候条件、地形条件、栽培措施和茶树生长发育状况有关。凡遇降水量高、蒸发量小、大气温度较低、空气湿度较高、无风的气象条件，茶园土壤水分充足,其中气温和降水量是关键因子。

另外,即使是同质地的土壤,其土壤萎蔫系数也会有一定变幅,这与茶树本身长势以及测定时其他气象要素的差异有关。

不同质地的土壤田间持水能力不同。土壤沙性越强,田间持水量越小,但其中可利用水的比例并不低;土壤黏性越大,田间持水量越大,但其中可用水的比例不一定高。这是由于质地较黏重的茶园土壤所持低能量水多,能释放出供给茶树吸收利用的有效水并不比沙质壤土多。

茶园土壤水势与气温有着密切关系。研究表明,高温的7月,如果10d不降雨,如不及时灌溉补水,茶树即遭受到旱热危害,如连续降雨50mm以上,耕作层土壤水势又会上升;在同样水分条件下,10—11月的气温较7月低,在同期内土壤水势下降较7月缓慢得多。

(二)茶园土壤吸力动态

茶树从土壤吸收水分,再通过蒸腾作用将水分蒸发到大气中。这是一个单向运动,要求土壤水的能量水平要大于茶树体内的能量水平。土壤水的能量水平在土壤物理学上的标志名称较多,其中主要有吸水力(张力)、扩散压、化学位、势能值、pF值等。在茶园水分的研究中,多采用张力计(pF计)法,并用土壤吸水力来表示土壤水分能量。土壤吸力越大,其水分能量水平越低,茶树要从土壤中吸收水分,必须以更大的力来克服土壤对水的吸力和溶解在水中的溶质吸力方能进行。

茶园土壤吸力动态与土壤含水量有密切关系。随着土壤含水量的增加,土壤吸力则降低,但二者间的关系不是单位函数关系。因此,用土壤吸力来准确标定土壤含水量的变化虽然是不适合的,却可直接反映出土壤水分的能量与供水能力的大小。

茶园土壤吸力与主要气象要素和茶树生育状况关系密切。据研究,2年生非采摘茶园及成年采摘茶园在不同月份、不同降水量条件下,土壤吸力的变化与降水量的关系十分密切。幼龄茶园和成龄茶园的变化趋势是一致的,但成年茶园由于覆盖度大,枝叶茂盛,各种生理活动旺盛,耗水量大。因此,同期的土壤有效水量成年茶园较幼龄茶园低。

(三)茶树新梢(叶)水势变化规律

在土壤-茶树-大气连续系统中,新梢(叶)水势是决定水分运动的重要因素,并且接影响茶树体内许多生理特性的表现。当茶树出现缺水时,新梢水势会很快下降,进而影响茶树的生长发育和各项生理活动。因此,水势也可作为灌溉的生理指标。了解茶树新梢水势的变化规律,合理地进行各项栽培技术,对茶园获得优质高产有十分重要的意义。

新梢(叶)水势与土壤含水量有密切的关系。一般而言,若茶树新梢细胞水势值在-0.2~0.6MPa的范围内,则茶园土壤水分状况表明能够比较好地满足茶树对土壤水分的要求。不同水分条件下,土壤相对含水量在50%~90%范围内,水势随水分增多而增大,而当土壤相对含水量为110%时,由于渍水影响了茶树根系的生理功能,新梢水势又降低。

茶树新梢（叶）水势变动与外界光、温、湿的变化和叶的蒸腾强度（速率）相关联。新梢（叶）水势有日变化和年变化规律。正常条件下，一日中随着太阳的升起，光照度的变大，气温的升高，相对湿度下降，叶子的蒸腾失水加强，叶片含水量降低，细胞中的溶质势、压力势相应减小。至下午2：00，细胞的水势降至最低。之后随着光、温的降低和空气相对湿度的增高，叶片含水量升高，水势又渐增高，呈单峰曲线状。

对不同土壤水分处理进行新梢水势的日变化规律的研究，结果趋势均类同。新梢水势均在下午2：00降至最低，降低的程度与土壤相对含水量有关。土壤相对含水量在50%～90%，随土壤含水量的增加而减少；当土壤相对含水量在110%时，水势的下降大于土壤相对含水量90%的处理。

关于水势的年变化规律研究表明，在新梢生长季节的50%～90%，随土壤含水量的增加而减少；当土壤相对含水量在110%时，水势的下降大于土壤相对含水量90%的处理。关于水势的年变化规律研究表明，在新梢生长季节的4—10月，当土壤相对含水量稳定地保持在90%，取样时间固定在上午8：00，不同的月份新梢水势的波动性较大，4—7月新梢水势逐渐下降，7月降至整个茶季的最低，8月开始新梢水势又逐渐上升，至10月达最高值。

任务二　茶园水分管理

俗话说"有收无收在于水，收多收少在于肥"。水不仅是茶树机体的构成物质，而且是各种生理活动所必需的溶剂，是生命现象和代谢的基础。茶树缺水时，体内水解酶活性提高而使体内代谢减慢，新梢中硝酸还原酶和苯丙氨酸解氨酶活性下降，对碳、氮代谢都有影响。严重缺水情况下，茶树叶片气孔的开张度明显减少，气孔在一天内的开放时间缩短，这样虽减少了水分的蒸腾速率，也影响了气体的正常交换，加重叶片的热害，叶片的叶绿体出现变形，片层结构受到破坏，使光合作用的速率下降。因此，缺水影响了茶树的生理代谢，最终导致茶叶产量和品质的降低。所以，通过保水和供水措施有效地进行茶园水分管理是实现茶树优质高产的关键技术之一。

一、茶园保水

我国绝大多数茶区都存在明显的降雨集中期。如长江中下游茶区之降雨往往集中在春季和夏初，而4—6月、7—9月常是少雨高温，12月至翌年2月冬季干旱现象常有发生，这些使得茶园保水的任务十分繁重。又因茶树多种植在山坡上，一般缺少灌溉条件，水土流失的现象较严重，因而保水的工作显得特别重要。据研究，茶树全年耗水最大量为1 300mm，在我国大多数茶区年降水量并不低于此水平，一般多在1 500～2 000mm。可见只要做好茶园本身的保蓄水工作，积蓄雨季之余为旱季所用，就能基本上满足茶树生长之需。广大茶农在长期的实践中积累了许多关于茶园保持水土的经验，如茶园铺草、挖伏土、筑梯式茶园等。随着科学技术和工业（如塑料工业）的发展，给茶园保水提供新的手段。

（一）茶园土壤水散失的途径

要做好茶园保蓄水工作，必须明了茶园土壤水分散失的途径（或方式），以便有针对性地采取相应措施，最大限度地减少流失现象，提高茶树对水分的经济利用系数。

茶园水分散失的方式主要有地面径流、地面蒸发、地下水移动（包括渗透和转移）、茶树及其他植物的蒸腾等。除茶树本身的蒸腾在一定程度上为茶树生长发育过程的正常代谢所必需外，其他散失都是无效损耗，应尽可能避免或减少到最低程度。

1. 地面径流　茶园地面径流主要是由暴雨形成的，当降水强度大于土壤渗透速率时就会发生地面径流。它和土壤质地、含水量、降水强度及持续时间有关，如土层浅薄的坡地茶园尤其容易产生径流损失。据江西省红壤研究所观测，一次降水 60～80mm 的情况下，等高耕作的坡地径流损失 30% 的雨水，顺坡耕作损失达 50%～60%。与此同时，还造成程度不一的土壤片蚀和沟蚀，每 1 000mL 排出水中含泥沙0.8～3.2g。氮、磷、钾有效养分的损失顺坡耕作比水平梯田高 4 倍以上。地面径流所导致的流失最终将导致不少坡地茶园土层浅薄、肥力低下。另外，新辟茶园的第1～2 年由于地面覆盖度小，水土流失同样很严重。

2. 地下水移动　地下水移动是指土壤饱和水在重力作用下在土壤中通过空隙由上层移向下层，然后再沿不透水底层之上由高处向低处潜移。它是一种渗透性流失，故远不及地面径流运动的速度快。但在上层土层较疏松时，这种形式的流失是不可忽视的。

在新建梯式茶园，这种水往往给梯壁施以压力，有时强大到足以涨垮梯级。不同土壤由于空隙大小不同，渗透系数不一样，地下水移动损失的速率也不一样，黏土的移动速率最小，壤土居中，沙土最大。

适度的渗透作用有利于降水和灌溉水下渗，从而使得水分和养分在整个活土层内分布均匀，以供各层根系的吸收利用。但过强的渗透作用，除了会加大水分损失外，还会带走许许多多溶解于土壤水中的养分。坡地茶园，尤其是下层含砾石较多茶园土壤，这种渗透损失是相当严重的。

3. 地面蒸发　茶园土壤表面空气层湿度往往处于不饱和状态，尤其是裸露度大，受风、阳光的作用，空气湿度不饱和状态会加剧，从而使土壤表层的水分以气体的形式进入空气中。

随着表层水分的蒸发，在毛管力的作用下，中下层土壤中的水分不断沿着毛管上升，直至毛管水破裂为止。在表层土壤板结或黏性重的情况下，毛管水的上升运动特别强烈，这些上升的毛管水除少部分被根系吸收外，大部分由于地面蒸发而损耗，从而使得整个土层水分亏缺严重。成年茶园与幼龄茶园相比，地面蒸发失水尤以幼龄茶园强度大。

4. 蒸腾作用　茶树、茶园的间作物及各种杂草会通过它们的蒸腾作用从土壤中带走大量水分，当地面完全被植被覆盖时，地面直接蒸发的水量最少，主要是植物的蒸腾。一般，茶园植株蒸腾速率日变化呈早晚低、中午高的规律。

（二）茶园保水措施

茶园保水工作可归纳为两大类：一是扩大茶园土壤蓄纳雨水能力；二是尽可能降低土壤水分的散失。

1. 扩大土壤蓄水能力　扩大土壤蓄水能力可以通过以下几个途径来实现：

（1）土类选择。不同土壤具有不同的保蓄水能力，或者说有效水含量不一样，黏土和壤土的有效水范围大，沙土最小。建园应选择相宜的土类，并注意有效上层的厚度和坡度等，为今后的茶园保水工作提供良好的前提条件。

（2）深耕改土。凡能加深有效土层厚度、改良土壤质地的措施（如深耕、加客土、增施有机肥等）均能显著提高茶园的保蓄水能力。

（3）健全保蓄水设施。坡地茶园上方和园内加设截水横沟，并做成竹节沟形式，能有效地拦截地面径流，将雨水蓄积于沟内，再徐徐渗入土壤中，也是有效的茶园蓄水方式。新建茶园采取水平梯田式，且能显著扩大茶园蓄水能力。另外，山坡坡段较长时适当加设蓄水池对增强茶园蓄水能力也有一定作用。

2. 控制土壤水的散失　控制土壤水的散失途径主要有：

（1）地面覆盖。减少茶园土壤水分散失的办法很多，其中效果最好的是地面覆盖，最常用的方法是铺草。此法是我国许多茶区的一项传统的栽培经验，其保水效果十分显著。

（2）合理布置种植行。茶树种植的形式和密度对茶园内承受降雨的流失有较大的关系，一般是丛栽式大于条列式，单条植大于双条或多条植，稀植大于密植；顺坡种植茶行大于横坡种植的茶行。幼龄茶园和行距过宽、地面裸露度大的成龄茶园的流失较为严重。

（3）合理间作。虽然茶园间作物本身要消耗一部分土壤水，但相对于裸露地面，仍可不同程度地减少水土流失，且坡度越大作用越显著。日本高格、森田研究表明，坡度为 $16°$ 及 $26°$，处以裸地（对照）的土沙流失量为 100%，间作豆科作物则分别为 75% 和 60%，铺稻草则分别为 32% 和 28%。可见，间作不及直接铺草的效果明显。据我国不少茶区经验，间种花生等夺水力强的作物往往有加重幼龄茶树旱象的现象。因此，合理地选择间作物种类是十分重要的。

（4）耕锄保水。及时中耕除草不仅可免除杂草对水分的消耗，而且可有效地减少土壤水的直接蒸散，这主要是由于中耕阻止了毛管水上行运输，俗话说的"锄头底下三分水"就是这个道理。但中耕必须合理，如不宜在旱象严重、土壤水分很少的情况下进行，否则往往因锄挖时带动根系而影响吸水，加重植株缺水现象，在幼龄茶园尤需注意。中耕最好在雨后土壤湿润且表土宜耕的情况下进行。

（5）造林保水。在茶园附近，尤其是坡地茶园的上方适当营造行道树、水土保持林或园内栽遮阳树不仅能涵养水源，而且能有效地增加空气湿度，降低风速和减少日光直射时间，从而减少地面蒸发。

（6）合理运用其他管理措施。适当修剪一部分枝叶以减少茶树蒸腾水。通过定型和整形修剪迅速扩大茶树本身对地面的覆盖度不仅能减少杂草和地面蒸散耗水，而且能有效地阻止地面径流。

使用农家有机肥能有效改善茶园土壤结构，从而提高土壤的保蓄水能力。利用盆栽试验研究土壤水分和施钾对幼龄茶树生长的影响结果显示，在提高土壤水分或干旱条件下施钾显著增加茶树的生物产量，而且施钾还极显著地提高了茶树根系的生长和根冠比，促进了茶树对钾的吸收，提高了叶片和根部钾的浓度，从而增强了茶树的抗旱能力。

（7）抗蒸腾剂。国内外已有在茶树上施用化学物质以减少蒸腾失水的尝试。抗蒸腾剂以其作用方式分为薄膜型和气孔型两类。前者是在叶片上形成一层薄膜状覆盖物，以阻止水蒸发与透过，若能同时允许二氧化碳与氧气透过，则更理想。氯乙烯二十二醇（OED绿）是在茶叶上反映较好的一种薄膜型抗蒸腾剂。后者是通过控制保卫细胞紧张度及细胞膜的渗透性或生化反应使气孔孔隙变小。

醋酸苯汞（PM）是最有效的气孔型抗蒸腾剂之一。茶树叶面喷施抗蒸腾剂可在很大程度上减轻干旱的影响。研究认为，在幼龄或成龄茶树上应用抗蒸腾剂可以改善植株水分状况，提高耐旱能力。国内有人试验用水杨酸（APC）、醋酸（HAC）、去草净等能显著促进气孔关闭。但抗蒸腾剂当前仍处试验或试用阶段，有的尚有降低植株生长和产量的副作用。作为茶园保水措施之一，抗蒸腾剂应用尚待进一步探讨。

二、茶园灌溉

实践证明，对于茶树不仅是"有收无收"在于水，而且在旱季的"多收少收"也受制于水。如何根据茶树需水量和年土壤有效水量的情况恰到好处地供给茶树水分是茶园灌溉所要讨论的问题。

（一）灌溉的效果

灌溉是茶叶大幅度增产的一项积极措施。湖南茶场6—8月的降水量远小于同期的蒸发量，个别年份甚至月降水量还不足10mm。经试验，灌溉与不灌溉的茶园相比，夏、秋季分别增产48%和87.2%。

灌溉能一定程度上改善茶叶品质，主要表现在改善有效成分的比例。据研究，喷灌后茶叶氨基酸增加，而儿茶素总量分别减少，这对于夏、秋季生产绿茶来说，可以减少苦涩味，而提高鲜爽味，品质有所改善。

灌溉能增产、提质是因为改善了土壤条件和茶园小气候。旱季灌水茶园较不灌水的提高土壤含水量5.0%左右。幼龄茶园喷灌区与无喷灌区相比，株高增长了0.7cm，茎粗增长了0.2cm，说明喷灌有利茶园幼苗生长和抗旱能力的提高。同时，喷灌后茶树上茶尺蠖、茶小卷叶蛾虫口数密度也有所下降。

（二）灌溉水源

设置茶园灌溉系统，首先必须解决水源问题。山地茶园应尽可能修建或利用原有山塘、水库。低丘与平地茶园则应利用附近流经的溪河、渠道或大水塘作水源。河渠离茶园较远时可加设引水渠至茶园附近适当位置，但应注意引水渠尽可能从原有河渠的上游分水，以扩大自流灌溉面积或降低机械提水路程。新建山塘、水库也宜在具有较大积雨面积的基础上选择自然地势较高的山谷。无河渠经过的低凹、平地茶园可以打井汲水。在高温季节，水在灌入茶园前宜有一个预热过程（如先汲入蓄水池）。

茶园灌溉用水的水质应是含钙量少，呈微酸性，故在使用石灰岩地区的自然流水时应谨慎做好水质检验工作。有机茶园灌溉水质必须符合有机茶园灌溉水质相应的要求。

（三）灌溉适期与灌水量

何时进行茶园灌溉？灌多少水？这是茶园灌溉工作中首先要明确的问题。只有对其有较好的把握，才能及时有效地补充茶树对水分的需求，充分利用水资源。

1. 灌溉适期　适时灌溉是充分发挥灌溉效果的第一个技术环节。所谓适时，就是要在茶树尚未出现因缺水而受害的症状之时就补充水分。茶园灌溉适期是决定灌溉效益的一个重要因素，应由茶树的水分代谢状况、土壤水分状况和气象变化状况等3个方面的因素综合确定。

（1）土壤含水量。据研究，当土壤含水量为田间持水量的70%左右时，茶树新梢生长缓慢，大量形成对夹叶；在高温下，基本停止生长。当土壤含水量在田间持水量的80%以上时，茶树生育正常。土壤含水量能保持在田间持水量90%左右，则增产效果最大。因此，以田间持水量70%作为茶园土壤湿度的下限，此时应考虑灌溉。

（2）土壤吸力。由于测定土壤田间持水量相当费时和费力，若能将土壤pF计埋设在茶园中，可以连续地指示土壤吸力的变化，土壤吸力是随含水量的下降而升高，可以间接地反映出土壤含水率的变化。据吴喜云（1982）82次测定结果，pF与含水量之间的相关系数 $\gamma = -0.958\,2$，土壤含水量（x）与土壤吸力（y）的关系为 $y = 7.65 - 0.36x + 0.005\,7x^2$。由此方程可知，当茶园土壤含水量（$x$）为70%时，土壤吸力（$y$）为2.7。

（3）茶树芽叶细胞汁浓度。茶树芽叶细胞汁液浓度的变化是茶树对环境条件的生理反应。经测定，春茶期间土壤含水量充足，生长旺盛，芽叶细胞汁液浓度在6%～7%；进入旱期后，随土壤含水率下降，芽叶细胞汁液浓度逐渐上升至10%时，茶树新梢生长缓慢。

（4）茶树叶片水势。叶片水势可以灵敏地反映土壤水分和茶树体内水分状况。据陶汉之（1980）研究，宜在上午10：00测定新捎第二、第三叶水势，在黏黄棕壤中生长的茶树，当叶的水势在-10Pa左右时应灌溉；而冲积土生长的茶树，当叶的水势在-12～-11Pa时应灌溉，否则便引起茶树暂时萎蔫。

2. 灌水量的确定　准确地确定茶园单位面积灌水量（即灌水定额）和总灌水量，不仅是满足茶树对水分的需求问题，而且是规划相应的灌溉系统的必要依据。常用的参数有灌水定额（m³/hm²）、灌溉用水模数［m³/（hm²·s）］、总灌流量等。

（1）灌水定额。灌水定额即1hm²茶园一次应灌多少水，它与土壤灌前含水量、灌后要求达到的含水量、土壤容重、根系活动土层深度、土壤渗漏性及灌溉本身的有效性等有关。一般计算灌水定额的公式有：

$$M = 1 \times h \times P \times (A - B) \ \text{或} \ M = 1 \times (h_a - h_b)$$

式中：M 为灌水定额，m^3 或 t/hm^2；

h 为根系活动土层厚度，m；

P 为土壤容量，t/m^3；

A 为土壤重量含水率适于茶树的上限；

B 为土壤重量含水率灌前测定值；

h_a 为适于茶树最大水深，m；

h_b 为灌前测定水深，m。

灌水定额也可用水深（mm）来表示，这在作喷灌时更常用到。其基本公式是：

$$M = 0.1h_g (P_1 - P_2) = 1/\eta$$

式中：M 为设计灌水定额，mm；

h_g 为茶树根系土层厚度，cm；

P_1 为灌后土层允许含水量上限，以土壤水体积百分率表示（如以重量百分数表示则应采乘以土壤容重），它相当于田间持水量的 90%～100%；

P_2 为灌前土层含水量下限，以土壤水体积的百分率 70% 为限；

η 为喷灌水的有效利用系数，一般取值 0.7～0.9。

灌水定额也可以参照作物最大日平均耗水量 q（mm/d），灌水周期 T（d）和有效利用系数 η 来确定。

$$M = qT \; (1/\eta)$$

（2）灌溉用水模数（q）。灌溉用水模数，即每公顷茶园每秒需灌水量，常用 q 来表示。这里设计灌溉流量时常使用的一个重要参数。其计算公式是：

$$q = (M \times 100) / (86400 \times t) = 0.0116 \times (M/t)$$

式中：q 为用水模数，$m^3/(hm^2 \cdot s)$；

M 为灌水定额 m^3 或 t/hm^2；

t 为一次灌水可持续的天数。

（3）总灌流量。在规划提水机埠，选用水泵型号的设置输水系统时，都必须先做出总灌流量的设计。如不考虑输水损失和灌溉不均匀度等所带来的影响，总灌流量 Q 即为：

$$Q = qW \; （W \text{ 代表总灌溉面积}）$$

但实际上，考虑到上述因素的影响时，设计流量较上式计算值大得多，尤其地面流灌的情况下更是如此。

（四）灌溉方式的选取与设置

茶园灌溉的方式有 4 种，即浇灌、流灌、喷灌和滴灌。茶园灌溉方式的确定必须充分考虑合理利用当地水资源、满足茶树生长发育对水分的要求、提高灌溉效果等因素。只有了解各种灌溉方式的特点，确定合理的灌溉方法，才能取得良好的灌溉效果。

1. 浇灌　浇灌是一种最原始的、劳动强度最大的给水方式，故不宜大面积采用，仅在未修建其他灌溉设施和临时抗旱时局部应用，具有水土流失小、节约用水等特点。

2. 流灌 茶园流灌是靠沟、渠、塘（水库）或抽水机埠等组成的流灌系统进行的。茶园流灌能做到一次彻底解除土壤干旱，但水的有效利用系数低，灌溉均匀度差，易导致水土流失，且庞大的渠系占地面积大，影响耕地利用率。茶园流灌对地形因子要求严格，一般只适于平地茶园、水平梯式茶园以及某些坡度均匀的缓坡条植茶园。

3. 喷灌

（1）喷灌的种类。我国喷灌设备研制与技术试验研究及应用推广工作始于1954年，到目前为止已形成了基本配套的多种类型的喷灌设备产品。喷灌设备主要由喷头（摇臂式喷头）、喷灌管材及管件、喷灌泵、喷灌机、自动调节泵站组成。目前，我国茶园中喷灌系统有固定式和移动式两种类型。

①固定式喷灌系统除喷头外的各组成部分均固定安装，具有机械化程度、操作简便、运行可靠等优点，但需材料较多、投资较大、投资回收年限较长，比较适宜于人力成本较高的茶区与高投入高产出的茶叶生产系统。

②移动式喷灌系统的水泵、动力、管道及喷头均是可移动的，它具有一机多用、需材料较少、节省投资等优点，但移动较为麻烦，灌溉规模和效益也受到一定的限制。

（2）喷灌的优点。

①提高产量和品质。据湖南省韶山茶场试验，喷灌茶园较不喷灌的年产量可提高113％～114％。据山东省茶园1999年和2000年试验，微喷灌比地面灌增产42.2％，比不灌溉增产197.4％。

②节约用水。通过喷灌强度等的控制可有效避免土壤深层渗漏和地面径流损失，且灌水较均匀，一般达80％～90％，从而水的有效利用系数高，一般达60％～85％，较之地面流灌可省水30％～50％。

③节约劳动力。小型移动机组可以提高功效20～30倍，固定式喷灌系统工效更高。

④少占耕地。喷灌可以大大减少沟渠耗地。因其输水主要采取管道（暗）式，很少用明渠输水。

⑤保持水土。喷灌可以调节喷灌强度等，从而可以有效地根据土壤质地如黏性的轻重和透水性大小相应地调整水滴的大小和喷灌强度等，进而可以有效避免了对土壤结构的破坏和地面冲刷而引起的流失现象。

⑥扩大灌溉面积。喷灌较之地面流灌，对地形要求不严格，适应范围更广，加上节约用水的特点，能有效地扩大灌溉面积。

（3）喷灌的局限性。如风力达3～4级时，水滴就会被吹走，灌水均匀度大大降低；一次灌水强度较大时往往存在表面湿润较多，深层湿润不足，乃至出现局部径流现象，这时宜采用"低强度喷灌"（即慢喷灌）。另外，固定式喷灌投资较高，一般需2～3年收回投资；移动式喷灌则费用较低，一般当年可回收投资。

4. 滴灌 近30年来，国内外茶园中已有滴灌技术的应用，它是将水在一定的水压作用下通过一系列管道系统，进入埋于茶行间土壤中（或置于地表）的毛管（最后一级输水管），再经毛管上的吐水孔（或滴头）缓缓（或滴）入根际土壤，以补充土壤水分的不足。

这种灌溉方式能相对稳定土壤含水量处于最适范围，有经济用水、不破坏土壤结构和方便田间管理等特点，还可配合均匀施肥和药杀地下害虫。

采用何种灌溉方式必须因地制宜，以经济适用为原则。对于茶园来说，喷灌最理想。地势较平缓的茶园修建地中渗（或滴）灌系统，也有其独到的优点。在水源充足、地势平坦或梯式茶园建设完善的流灌系统，也是加速茶园水利化的需要。有条件的地方还可考虑两种或三种方式相配合，以便创造更有利于好茶叶产量与品质形成的水分等生态因子。

灌溉方式确定后，就应配置相应的水利系统、水建工程和机具设备等，但各类灌溉系统的设置与规划涉及不少工程建设的具体技术问题，可参阅茶园机械、测量学。在此，仅从栽培学的角度提出几点要求，供设置灌溉系统时参考。

（1）水质良好，水源不受污染。

（2）充分利用水源水势，既扩大灌溉面积又节省灌溉水。

（3）工程、设施及一应机具合理配套，确保供水及时。

（4）与排、蓄水设施相配合。既充分发挥各项工程设施的效益，做到一物多用，又减少占地，降低造价。

（5）与道路、林带等有机结合，方便交通运输和茶园管理。

三、茶园排水

超过茶园田间持水量的水分对茶树的生长都是有害无益的，必须排除。强降雨往往引起茶园渍水和土壤侵蚀，产生一系列问题，地下水位过高也会引起湿害。排水是免除湿涝灾害、将茶园地表径流和渗漏控制在无害范围内的必要措施，同时也能有计划地将雨季余水集中贮存，以供旱季灌溉之用。一般而言，幼龄茶园地下水位下降到900mm以下的时间不超过48h、成龄茶园不超过72h对茶树是安全的，说明土壤排水状况良好，这也成为茶园排水有效性的参考标准。降水量不均，常常使地下水位大幅度波动，雨季上升至根际，旱季又下降至根际之下，这不仅造成湿害，而且反硝化作用还造成氮的大量流失。因此，茶园排水不仅要减少茶园地表径流和过量渗漏所带来的损失，而且要保证茶园适合地下水位，尽量避免地下水位的大幅度波动。

大多数茶园建在山坡或低山台地上，通常不存在土壤积水的问题，故对这些茶园只是一个如何及时排除过量降水，防止水土流失的问题。

土地不平整的茶园最易于低处发生茶树湿害现象。特别是当低洼处土层浅、透水性差时，高处的地表径流和地下重力水多集中于这里，造成地下水位的抬高，甚至有时水位高出地面。生长在这种地方的茶树在雨季和雨后的一段时间内生长势差，萌芽迟，只是在少雨季节开始之后才相对好转。

表土层下有不透水层的茶园，由于长期的氧化还原作用和淋溶作用，茶园土壤下层早已形成铁锰结核的硬盘层，还有的土壤下是母岩，他们具有难透水或不透水性，雨季土壤中重力水便在这种不透水层的凹地淤积起来，造成湿害。由水稻田改建茶园易发生此类湿害。

一般说来，坡脚茶园的山坡下段土层厚，适宜茶树生长；但有时也有坡下段的茶树反较上段茶树长势差，这种情况往往与湿害有关。这是因为雨水过多时，土壤中的大量重力水（又称饱和水）便沿山坡土层下板岩的自然坡面由上而下移动，至坡脚由于坡度减缓，水移速度大为降低，如果这儿的土壤透水性又差，水流前进方向受到某种阻力（如坚硬路基或水田水位侧压），这时土壤中便常常停滞过量的水，从而危害茶树。

两山之间和谷地中央往往有地下暗流（或过多的重力水潜移），如某处岩层阻隔，水位便迅速上升，在中央的地方植茶也易发生湿害。

除上述有关因素之外，土壤本身的结构特点所制约的透水性也影响着湿害的程度。一般说来，土壤的透水性越差，茶树越易受到湿害。虽然沙性较强的土壤或含石砾较多之地湿害不易发生；但在较长时间渍水的条件下，由于砾土中空气易于排除，其含氧量迅速减少，茶树根系处于窒息状况，湿害症反而来得早，受害大。

凡宜发生湿害的茶园要因地制宜地做好排湿工作。排湿的根本方法是开深沟排水，降低地下水位。茶园排水还必须与大范围的水土保持工作相结合。被排出茶园的水还应尽可能收集引入塘、坝、库中，以备旱时再利用或供其他农田灌溉以及养殖业用。

要使茶园涝时能排，必须建立良好的茶园排水系统。茶园排水系统的设置要兼顾灌溉系统的要求，平地茶园的排灌体系应有机融为一体。坡地茶园一般设主沟、支沟和隔离沟，平地茶园一般设主沟、支沟、地沟和隔离沟。

茶园排水多为地表排水。茶园地表排水系统也是一个系统工程，可以综合采取如下措施：

（1）新建茶园在栽茶之前按实际情况平整茶园土地。

（2）沿等高线开挖宽 20～30cm、深 30cm 的侧边竖直的横水沟，沟的间距根据土面坡度、常年雨季的降水量和土壤特点综合设置，沿茶园主坡设置合适的排水口，并采用种草、设置消力池、积淤坑等有效的水土保持措施，控制表土流失。

（3）设置隔离沟，将不需要的外来水在进入茶园前导排流走。

（4）在易于遭受洪水袭击的地方筑坝防洪。

任务三　高产茶园土壤条件

土壤是茶树赖以立足，并从中摄取水分、养分的场所，它具有满足茶树对水、肥、气、热需求的能力，是茶树高产的重要资源。应充分认识茶园土壤物理、化学条件对茶树生育的影响，根据茶树生育的基本要求，妥善选择茶园土壤，有针对性地指导茶园土壤管理，采用各种农业技术措施，保持地力常新，保证茶园高产。

一、高产茶园土壤的物理条件

土壤的物理条件是指土层厚度，土壤质地、结构、容重和孔隙度，土壤空气，土壤水分和土壤温度，等等。土壤物理条件是土壤肥力的重要组成部分，因为植物生长所需的水分、养分、空气、热量以及根系能否在土体中自由伸展，直接或间接受其影响，最终对茶树生育、产量、品质会有很大影响。

(一) 土壤来源

土壤疏松、土层深厚、排水良好的砾质、沙质壤土适宜茶树生长。砂岩、页岩、花岗岩、片麻岩和千枚岩风化物所形成的土壤物理性状（通气、透水）好。含硅多的石英砂岩与花岗岩等成土母质能形成适合茶树生长的沙砾土壤，在沙砾土壤上生长的茶树根发生量多，所产茶叶品质好。千枚岩、页岩风化的土壤养分含量丰富。玄武岩、石灰岩与石灰质砂岩、钙质页岩等岩石发育的土壤，因游离碳酸钙或酸碱度偏高，对茶树生长不利。

(二) 土层厚度

茶树要求土层深厚，有效土层应达 1m 以上。茶园土的表土层或称耕作层（A_1）厚度为 20～30cm，是直接受耕作、施肥和茶树枯枝落叶的影响而形成。这层土壤中布满了茶树的吸收根，与茶树生长关系十分密切。亚表上层或称亚耕作层（A_2）在表土层下。这层土在种茶之前经过土地深翻施基肥和种植后的耕作施肥等农事活动，使原来较紧实的心土层变为疏松轻度熟化的亚表土层，厚度有 30～40cm，其上部吸收根分布较多，也是茶树主要的容根层。

心土层（B）位于亚表上层之下，是原来土壤的淀积层，受人为的影响较小，此层土中茶树吸收根较少，却是骨干根深扎的地方，要求土层厚度达 50cm 以上。

底土层（C）在心土层之下，是岩石风化壳或母质层。茶树是多年生深根作物，根系分布可伸展到土表的 2m 以下，要求在心土层以下无硬结层或黏盘层，并具有渗透性和保水性的底土层。

实践证明，土层深浅对茶树生长势的影响很大。在同一块茶园土地上，土层越深，茶树生长高度越高，树幅越大。土层厚度与茶叶产量关系十分密切。

(三) 土壤质地

土壤质地又称土壤机械组成，指不同粒径的土粒在土壤中所占的相对比例或质量百分数，据此将土壤划分为沙土类、壤土类、黏土类几大类别，这几大类还可进一步细分。不同质地的土壤其特性有所不同。

沙土组成以沙粒为主，粒间孔隙大，通气透水性良好，无黏结性、黏着性和可塑性。黏结性指土壤在干燥和含水少时，土壤黏结成块的性质。黏着性指土粒黏附于外物如农具等上的性质，土壤宜耕期长，耕作阻力小。但沙土保水保肥能力很差，土温变幅大，养分含量少。

沙壤土比沙土保水保肥能力强些，但养分、水分含量仍不足，必须注意及时灌水和施肥，而且要少量多次。轻壤土在一定程度上保持沙土的优点，保水保肥能力明显加强；中壤土与上述土类比较，黏粒的性状明显增强，透水变慢，透气减弱，黏结性、黏着性、可塑性增强。

重壤土和黏土比中壤土更难耕作，通气透水能力更差。

茶树生长对土壤质地的适应范围较广，从壤土类的沙质壤土到黏土类的壤质黏土都能种茶，但以壤土最为理想。若种在沙土和黏土上，茶树生长比较差。

（四）土壤三相的比例

土壤中的三相（固相、气相、液相）分布是土壤物理性状（容重、孔隙度、水分含量、空气容积）的综合反映。各地高产优质茶园的调查表明，表层土中的固相：气相：液相以 50：20：30 左右为宜，而心土层则以 55：30：15 左右为合适。另外，茶园土壤的质地影响土壤中三相比，影响茶园水、肥、气、热和微生物的活动，与茶园土壤的水分状况有密切的关系。

（五）土壤结构

土壤结构是指土粒相互黏结而成各种自然团聚体的状况。按团聚体的形状可分为块状结构、片状结构、柱状结构、棱状结构、核状结构和微团粒、团粒结构。

茶树适宜的土壤结构以表土层微团粒、团粒结构好，心土层以块状结构较好。团粒结构是土壤中的土粒在腐殖质和钙的作用下，经过多级团聚而形成的直径为0.25～10mm 的小团块，具有泡水不散的水稳性特点。这种大大小小的团粒组成的土壤松紧适度，大小空隙配比得当。此类土壤中水、肥、气、热条件协调，土壤理化性质良好。精耕细作所形成的非水稳性团粒结构对改善土壤通透性、促进根系下扎、养分迅速分解等都有良好的作用。

土壤结构不良或无结构，则土壤紧实，通透性差，土壤中微生物活动受到抑制，茶树根系生长和发育受阻，水、肥、气、热不协调，茶树得不到水肥的稳定供应。对这类土壤应采取混入客土、多施有机肥、合理耕作、种植豆科及绿肥作物等措施，以改善其结构。

（六）土壤容重

土壤容重是指土壤在自然结构状况下，单位体积内土壤的烘干重量与烘干前体积的比值，是表示土壤松紧度的一个指标。孔隙度是指单位容积土壤中孔隙的数量及其大小分配。

茶园土壤松紧度取决于茶园土壤质地、结构和三相比，与容重与孔隙度有直接的关系。适宜茶园的土壤，其松紧度要求表土层 10～15cm 处容重为 1.0～1.3g/cm^3，孔隙度为 50%～60%；心土层 35～40cm 处容重为 1.3～1.5g/cm^3，孔隙度为 45%～50%。

（七）土壤水位

茶园土壤的地下水位要低于茶树根系分布到的部位。土壤水分过多，尤其地下水位过高时，由于土壤孔隙被水分完全堵塞，使根系不能深扎，原有的根系由于处于淹水中而正常呼吸受阻，妨碍茶树的正常生长发育。

茶园土壤孔隙中水分和空气的比例是经常变动的。土壤液、气两相组成的变化影响着土壤的温度和湿度。夏茶期间，由于温度高、湿度大，加上茶园土壤的"呼吸"

现象比春茶期强，二氧化碳大量地积累起来，高时可达 $5\%\sim6\%$。施有机肥、修剪枝叶铺于行间等可以改善土壤总孔隙率和透水性等特性，以促进土壤与大气间的气体交换。

土壤中各种组成成分以及它们之间的相互关系影响着土壤的性质和肥力，从而影响茶树的生长和发育，最终影响茶叶的产量。

二、高产茶园土壤的化学条件

土壤化学条件对茶树生长的影响是多方面的，其中影响较大的是土壤酸碱度、土壤有机质和土壤无机质。

（一）土壤酸碱度

土壤酸碱度是土壤盐基状况的综合反映，其大小通常用 pH 来表示，土壤溶液的 pH 多在 $4\sim9$。根据我国土壤的酸碱度情况，总的来说，是由北向南，土壤 pH 有降低的趋势。pH 最高的为吉林、内蒙古、华北的碱土，高达 10.5；最低的是广东的丁湖山、海南的五指山等山地的黄壤，pH 低至 $3.6\sim3.8$。

1. 土壤酸碱度对土壤肥力的影响　　土壤的酸碱度对土壤肥力的影响主要是通过影响矿质盐分的溶解度而影响养分的有效性。

通常在微酸性条件下，各种养分的有效性都比较高，适宜作物生长。酸性土壤中容易引起 P、K、Ca、Mg 的缺乏，多雨地区还会缺少 B、Zn、Mo 等微量元素。在 pH$<$5.5 的酸性土壤中，P 和 Fe、Al 结合而降低了有效性；pH$<$4.5 的强酸性土壤中，活性 Fe、Al 过多，而 Ca、Mg、K、Mo、P 极为缺乏，对许多作物生长不利。

在碱性土壤中，B、Cu、Mn、Zn 的溶解度低。在 pH$>$7.5 的石灰性土壤中，磷的有效性大大降低。另外，土壤的酸碱度还通过影响微生物的活动而影响养分的有效性，微生物能够旺盛生长的 pH 范围比较窄，许多细菌只能生存在中性土壤中。

2. 土壤酸碱度对茶树的影响　　茶树是喜欢酸性土壤和嫌钙的植物。种植茶树的土壤要求有一定的酸碱度范围，适宜植茶的土壤 pH 为 $4.0\sim5.5$。中国农业科学院茶叶研究所以硝态氮和铵态氮为氮源，进行了不同 pH 的水培试验。研究表明：茶苗对 pH 的反应相当敏感，当 pH$>$6.0 时，茶苗生长不良，叶色发黄，有明显的缺绿症，叶龄缩短，新叶约长出 1 个月就枯焦脱落。严重的主茎顶芽枯死，根系发红变黑，伤害坏死现象普遍，生理活动严重受阻。茶苗在 pH$<$4.0 的环境中易发生氢离子中毒，叶色由绿转暗再变红，根系变红、变黑，生理活动受阻，甚至死亡。当茶园土壤 pH$<$3.5 时，可考虑施用少量石灰或用苦土（氧化镁），以调节茶园土壤 pH。

在适宜的 pH 条件下生长，叶片中叶绿素的含量较高，光合能力也较强，呼吸消耗相对较弱，有机物的合成和积累量较大。茶树在过酸和偏碱的条件下生长，叶色较黄，光合能力较弱，而呼吸作用却极强，消耗大于合成，有机物的积累极少，生长不正常。

土壤 pH 使茶树对养分的吸收发生较大的变化。研究表明，茶树在一定的 pH 条件下，对氮、磷、钾的吸收都较强，当 pH<4.5 或 pH>6.5 的情况下，吸收能力显著降低。因此，在土壤 pH 不适宜的条件下栽培茶树，即使多施肥料，茶树也难以吸收利用。

3. 茶树喜酸的原因　茶树适宜在酸性土上生长的原因主要有以下几方面：

（1）茶树的遗传性决定了其对土壤的酸碱性有一定的要求。茶树原产于我国云贵高原，那里的土壤是酸性的，茶树长期在酸性土壤上生长，产生对这种环境的适应性，形成比较稳定的遗传性。

（2）与茶树根系的生化特性有关。植物体内的缓冲物质主要是有机酸和磷酸盐，有机酸有柠檬酸、苹果酸、果酸、琥珀酸等，其缓冲能力一般偏酸性，而磷酸盐的缓冲能力则偏中性和碱性。茶树根系中含有丰富的有机酸，而磷酸盐含量较低，所以茶树对于酸的缓冲能力较强，而对于碱的缓冲能力较弱。这也是由于茶树长期生长在有效磷含量极低的红壤中，因而造成了根中含磷量较低，以适应红壤的环境。

（3）与茶树共生的菌根有关。茶树吸收根中有许多真菌类的菌丝或菌根侵入，这些菌根能分解土壤中的有机物质，吸收养分和水分供给茶树生长发育需要，与茶树根系共生互利。这些菌根需要在酸性环境中才能生长。

（4）茶树需要土壤提供大量的可给态铝。一般农作物的含铝量多在 $100\sim200\text{mg/kg}$，而茶树的含铝量却在数百以至 $1\,000\text{mg/kg}$ 以上。茶树生长好的土壤中活性铝的含量也较高，土壤的酸性与活性铝的含量密切有关。在中性或碱性土壤上茶树之所以生长不好，其原因与土壤中活性 Al^{3+} 的不足有极大关系。

（5）茶树是嫌钙植物。土壤中氧化钙含量与土壤 pH 有密切关系，pH 越高，氧化钙含量越高。茶树在碱性土或石灰性土壤中不能生长或生长不良，当土壤中含钙量超过 0.05% 时，对茶叶品质有不良影响；超过 0.2% 时，便对茶树生长有害；超过 0.5% 时，茶树生长受严重影响。

（二）土壤有机质

茶园土壤的有机质对茶树生育有较大影响。土壤有机质是土壤微生物生活和茶树多种营养元素的物质基础，茶园有机质含量反映了茶园土壤熟化度和肥力的指标。

从我国现有生产水平出发，有机质含量在 2.0%～3.5% 的可为一等土壤；有机质含量在 1.5%～2.0% 的为二等土壤；有机质含量在 1.5% 以下的为三等土壤。高产优质的茶园土壤有机质含量要求达到 2.0% 以上。土壤腐殖质是土壤中有机质的主体，一般占土壤有机质总量的 85%～95%。

茶园土壤的有机质是土壤微生物分解有机质时将分解物又重新合成的具有相对稳定性的多聚体化合物，呈黑色或棕色，主要是胡敏酸和富里酸。腐殖质与矿物胶体紧密结合，凝聚形成具有多孔性的水稳性团粒结构。土壤腐殖质对茶树营养有重要作用，腐殖质被分解后，可提供二氧化碳、铵态氮、硝态氮及磷、钾、硫、钙等养分，是作物所需要的各种矿质营养的重要来源。腐殖质具有巨大的表面积，并带有大量的负电荷，可以提高土壤吸附分子和离子态物质的能力，增强保水保肥能力。腐殖质中的胡敏酸类物质还是一种生理活性物质，可以促进根系生长、促进作物对矿质营养的吸收和提高作物的代谢活性等。

（三）土壤无机物质

茶园土壤中除了有机质以外，还有大量的矿质元素，如 K、Na、Ca、Mg、Fe、P、Al、Mn、Zn、Mo 等，这些元素大多呈束缚态存在于土壤矿物和有机质中，经过风化作用和有机质的分解而矿质化，缓慢地变成茶树可利用形态，或呈溶解态被吸附于土壤质体或团粒上。这些元素含量的多少直接或间接地影响茶树生育和茶叶品质。

任务四　茶园土壤耕作技术

茶园耕作是我国广大茶区农民传统的增产经验之一，年耕锄次数很多。随着生产水平的提高，尤其是劳动力的紧张，茶园耕作技术有所改变，茶园耕锄的某些作用可由其他措施来代替，如提高茶园覆盖度、地面覆盖和化学除草等。因此，出现了免耕栽培。"免耕"是指免除不必要的耕作，这是因为耕作也有不利的方面，如不恰当的耕作会引起表土冲刷、加速土壤水分损失、切断茶根等。但绝不要把免耕当作不耕，特别是土壤开垦时的耕作。幼年期茶园的管理和衰老茶园的改造，耕作是必不可少的。

一、茶园耕锄

应根据不同土壤类型、土壤性状、杂草生长等情况选择适当的耕作制度，包括耕作的时间、目的、要求、方法等。根据茶园耕作的时间、目的、要求不同，可把它分为生产季节的耕作和非生产季节的耕作。

（一）生产季节的耕作——中耕和浅锄

生产季节，茶树地上部分处于旺盛生长发育阶段，芽叶不断地分化，新梢不断地生育和被采摘，因此，要求地下部分不断地、大量地供应水分和养分，但这一时期往往也是茶园中杂草生长茂盛的季节，杂草繁生必然要消耗大量的水分和养分，同时也是土壤蒸发和植物蒸腾失水最多的季节。

不仅如此，生产季节中，由于降雨和人们在茶园中不断采摘等管理措施，造成茶园表层板结，结构被破坏，给茶树生育造成不利影响。因此，在茶园中就要进行不断耕作，疏松土壤，增加土壤通透性，及时除草，减少土壤中养分和水分的消耗，提高土壤保蓄水分的能力。

根据以上要求，生产季节的耕作以中耕（15cm 以内）或浅锄（2～5cm）为合适。耕锄的次数主要根据杂草发生的多少和土壤板结程度、降雨情况而定。具体耕作次数要从实际出发，因树因地而异。一般专业性茶园应进行 3～5 次，其中春茶前的中耕、春茶后及夏茶后的浅锄 3 次是不可缺少的，且常结合施肥进行。

1. 春茶前中耕　春茶前中耕是春茶增产的重要措施。茶园经过几个月的雨雪和低温天气，土壤已经板结，且土温较低。此时耕作可以疏松土壤，去除早春杂草；耕作后土壤疏松，表土易于干燥，使土温回升快，有利于促进春茶提早萌发。

不同地区的中耕时间有差别。一般情况下，长江中下游茶区在3月进行，南部的茶区应提前，越向北部地区的茶区则越推迟。如海南岛茶区这次中耕可在2月上旬进行，而在山东半岛却要推迟到4月。

即使同一地区，由于地形、地势以及品种等不同，中耕时间也可能不同。因为春茶前中耕次主要是为了积蓄雨水、提高地温，所以耕作深度可稍深一些，深度一般为10～15cm。群众有"春山挖破皮"的经验，说明不能太深，否则损伤根系，不利于春季根系的吸收。春茶前中耕应结合施催芽肥，同时要把秋、冬季在茶树根颈部防冻时所培高的土壤扒开，并平整行间地面，结合清理排水沟。

2. 春茶后浅锄　春茶后浅锄是在春茶采摘结束后进行的。长江中下游茶区多在5月中下旬进行，此时气温较高，而且降水量较多，也正是夏季开花、植被旺盛萌发的时期。同时春茶采摘期间土壤被踩板结，雨水不易渗透，必须及时浅锄。深度一般比春茶前中耕稍浅，在10cm左右。由于春、夏茶时期采茶间隔的时间很短，另外，由于许多茶区也正处农作物夏收夏种的繁忙季节，这次浅锄时间紧、任务重，要合理安排、组织、调配劳动力，让茶农妥善安排好生产。

3. 夏茶后浅锄　夏茶后浅锄是在夏茶结束后立即进行，有的地区是在三茶期间进行。一般在7月中旬，此时天气炎热，夏季杂草生长旺盛，土壤水分蒸发量大，并且气候也较干旱。为了切断毛细管减少水分蒸发，消灭杂草，要及时浅锄，深度在7～8cm。此次耕作要特别注意当时的天气状况，如持续高温干旱就不宜进行。

除了上述3次耕锄外，由于茶树生产季节长，还应根据杂草发生情况，增加1～2次浅锄。特别是8—9月，气温高、杂草开花结籽多，一定要抢在秋季植被开花之前彻底消除，减少第二年杂草发生。另外，幼年茶园由于茶树覆盖度小，行间空隙大，杂草容易滋生，而且茶苗也容易受到杂草的侵害，故耕锄的次数应比成年茶园多，否则易形成草荒，影响茶苗生长。

（二）非生产季节的耕作——深耕

我国很早以前就有关于深耕的记载，因此深耕历来受到广大茶区群众的重视，认为是增产的关键。

深耕（15cm以上）一般在秋季茶叶采摘结束后进行。深耕是深度较深的耕作，对改善土壤的物理性状有良好的作用。通过深耕可以提高土壤的孔隙度，降低土壤容重，对改善土壤结构、提高土壤肥力有着积极作用。深耕后土壤疏松，含水量提高。而且土壤通透性提高，能促进好气性微生物活跃生长，加速土壤中有机物分解和转化，提高土壤肥力。但是，深耕对茶树根系损伤较大，对茶树产量和茶树生长会带来影响。因此，在进行深耕时，应根据具体情况分别对待，灵活运用。

1. 深耕因树龄而异　不同树龄的茶园，应根据根系分布情况而进行深耕；深耕时还应根据不同种植方式和密度来确定深耕的深度和方法。

（1）幼年期茶园的深耕。对于种植前已经过深垦的茶园，行间深耕一般只是结合施基肥时挖基肥沟，基肥沟深度在30cm左右，种茶后第一年基肥沟部位要离开茶树20～30cm，以后随着茶树的长大，基肥沟的部位离开茶树的距离也应逐渐加大。

（2）成年期茶园的深耕。由于整个行间都有茶树根系分布，如行间耕作过深、耕幅过宽，都会使茶树根系受到较多损伤。因此一般成年茶园深耕深度不超过 30cm，宽度 40～50cm，近根基处应逐渐浅耕 10～15cm。

（3）衰老茶园的深耕。应结合树冠更新进行，耕深以不超过 50cm 为宜，并结合施用较多的有机肥。

2. 深耕因种植方式而异　种植方式和种植密度不同的茶园，深耕时也应区别对待。丛播茶园行株距大，根系分布比较稀疏，深度可深些，可达 25～30cm。同时要掌握丛边浅、行间深的原则；条栽茶园行间根系分布多，深耕的深度应浅些，一般控制在 15～25cm，尤其是多条栽密植茶园，整个茶园行间几乎布满根系，为了减轻对根系的伤害，在生产上采用隔 1～2 年深耕一次的办法，同时深耕深度在 10～15cm，并结合施基肥。

3. 深耕时期因地区而异　茶园深耕应选择对茶叶产量影响最小，茶树断根再发能力较快的时候进行。我国岭南以北的广大茶区，素有"挖伏山"的习惯。因为过去旧茶园耕作次数少，一般不施肥，8 月采茶已结束，此时天气炎热，气温高，杂草肥嫩，深耕时将杂草埋入土中很快会腐烂，增加土壤有机质。而且据观察，此时茶树断根的愈合发根力强，对下一年春、夏茶增产效果比较明显。

不同深耕时期对各季产量的影响不同，秋耕增产效果最好，其次是伏耕和春耕，冬耕效果最差。目前生产上极大部分地区以秋耕结合施基肥的较多，采叶茶园在茶季结束后应立即进行深耕，一般在 9 月下旬或 10 月上旬，并以早耕为好。但切勿冬耕，尤其是土壤结冰之后。对于较靠北的茶区，深耕的时间还应提早。而在海南等南方茶区，深耕可在 12 月进行。

二、茶园除草

茶园杂草对于茶树的危害很大，茶园除草是茶园土壤管理中一项经常进行的工作。一方面，杂草与茶树争夺土壤养分，在天气干旱时会抢夺土壤水分；另一方面，杂草还会助长病虫害的滋生蔓延，给茶树的产量和品质带来影响。

（一）茶园杂草的主要种类

茶园中杂草种类繁多，适宜在酸性土壤生长的旱地杂草，通过多种途径传播到茶园中来，并在茶园中生长繁衍。浙江、福建、湖南、台湾等我国主要产茶省均对茶园杂草进行过调查，由于各地生态环境不一致，茶园杂草种类变化较大。

茶园杂草中有一二年生的，也有多年生的；有以种子繁殖的，也有以根、茎繁殖的，甚至有种、根、茎都能繁殖的；有在春季生长旺盛的，有在夏季或秋季生长旺盛的，因而一年四季中杂草种类不尽相同。茶园中发生数量最多、为害最严重的杂草种类有马唐、狗尾草、狗牙根等几种。了解这几种主要杂草的生物学特性，掌握其生育规律，有利于对杂草发生采取有效的控制措施。

1. 马唐　禾本科，1 年生草本植物，它的茎都匍匐地面，每节都能生根，分生能力强，6—7 月抽穗开花，8—10 月结实，以种子和茎繁殖。

2. 狗尾草　禾本科，1年生草本植物，茎扁圆直立，茎部多分枝，7—9月开花结实，穗呈圆筒状，像狗尾巴，结籽数量多，繁殖量大，环境条件较差时也能生长。

3. 蟋蟀草　禾本科，1年生草本植物，茎直立，6—10月开花，有2～6个穗状枝顶，以种子、地下茎繁殖。

4. 狗牙根　禾本科，多年生草本植物，茎平铺在地表或埋入土中，分枝向四方蔓延而生根，以根、茎繁殖，两侧生芽，3月发新叶，叶片形状像犬齿。

5. 香附子　又名回头青、莎草。莎草科，多年生草本植物，地下有匍匐茎丛生，细长质硬，3—4月块茎发芽，5—6月抽茎开花，以种子和地下茎繁殖。

6. 菟丝子　旋花料，1年生寄生蔓草，全株平滑无毛，茎细如丝，无叶片茎上吸盘吸收寄主养分，夏天开花，以种子繁殖。

上述茶园杂草对周围环境条件都有很强的适应性，尤其一些严重为害茶园的恶性杂草，繁殖力强，传播蔓延广，在短期内就能发生一大片的特点，但是各种杂草在其个体发育阶段中也有共同的薄弱环节。

（1）草籽都很细小，顶土能力一般不强，只要将杂草种子深翻入土，许多种子就会无力萌发而死亡。

（2）杂草在其出土不久的幼苗阶段，株小根弱，抗逆力不强，抓住这一时机除草，效果较好。

（3）极大部分茶园杂草都是喜光而不耐阴，只要适当增加种植密度或茶树行间铺草，就会使多种杂草难以滋生。因此，生产上要尽量利用杂草生育过程中的薄弱环节，采取相应措施，就能达到理想的除草效果。

（二）茶园除草技术

1. 人工除草　人工除草目前是我国茶区主要的除草方式，人工除草可采用拔草、浅锄或浅耕等方法。

对于生长在茶苗、幼年茶树及攀缠在成年茶树上的杂草可采用人工拔草，并将杂草深埋于土中，以免复活再生。使用阔口锄、刮锄等人为工具进行浅锄除草，能立即杀伤杂草的地上部分，起到短期内抑制杂草生长的作用。用板锄、齿耙进行浅耕松土同时兼除杂草，能把杂草翻埋入土，除草效果比浅锄削草为好。

2. 化学除草　茶园化学除草具有使用方便、杀草效果好、节省大量人工、经济效益明显等优点。

化学除草剂可以分触杀型和内吸传导型。触杀型除草剂只能对接触到植株部位起杀伤作用，在杂草体内不会传导移动，应用这类除草剂只作为茎叶处理剂使用。内吸传导型除草剂可被杂草茎叶或根系吸收而进入体内，向下或向上传导到全株各个部位，首先使最为敏感部位受毒害，继而整株被杀死，这类除草剂既可作茎叶处理剂也可作土壤处理剂。

除草剂的种类有很多，茶园中使用的除草剂必须具有除草效果好、对人畜和茶树比较安全、对茶叶品质无不良影响、对周围环境污染小的特点。我国茶园应用的有西玛津、茅草枯等。

近年来，欧盟等国家对茶园中除草剂的选用有严格的限制，大部分除草剂不得在茶园中使用。因此，茶园使用除草剂时应谨慎。

3. 其他措施　茶园杂草的大量发生，必须具备两个基本因素：一是在茶园土壤中存在着杂草的繁殖体种子或根茎、块茎等营养繁殖器官；二是茶园具备适合杂草生长的空间、光照、养分和水分等。改变或破坏这两个因素，茶园杂草就会难以发生。茶树栽培技术中很多措施都具有减少杂草种子或恶化杂草生长条件的作用，从而防止或减少杂草的发生。

（1）土壤翻耕。土壤翻耕包括茶树种植前的园地深垦和茶树种植后的行间耕作，它既是茶园土壤管理的内容，也是杂草治理的一项措施。在新茶园开辟或老茶园换种改植时，进行深垦可以大大减少茶园各种杂草的发生，这对于茅草、狗牙草、香附子等顽固性杂草的根除也有很好的效果。浅耕可以及时铲除 1 年生的杂草，但对宿根型多年生杂草及顽固性的蕨根类杂草以深耕效果为好。

（2）行间铺草。行间铺草的目的是减轻雨水、热量对茶园土壤的直接作用，改善土壤内部的水、肥、气、热状况。同时对茶园杂草也有明显的抑制作用。茶园未封行前由于行间地面光照充足，杂草易滋生繁殖，影响茶树的生长。在茶园行间铺草，可以有效地阻挡光照，被覆盖的杂草会因缺乏光照而黄化枯死，从而使茶树行间杂草发生的数量大大减少。茶园覆盖物可以是稻草、山地杂草，也可是茶树修剪枝叶。一般来说茶园铺草越厚，减少杂草发生的作用也就越大。

（3）间作绿肥。幼龄茶园和重修剪、台刈茶园行空较大，可以适当间作绿肥，这样不仅增加茶园有机肥来源，而且可使杂草生长的空间大为缩小。

绿肥的种类可根据茶园类型、生长季节进行选择。在 1～2 年生茶园可选用落花生、大绿豆等绿肥。3 年生茶园或台刈改造茶园可选用乌豇豆、黑毛豆等生长快的绿肥。一般种植的绿肥应在生长旺盛期刈青后直接埋青或作为茶园覆盖物。

（4）提高茶园覆盖度。提高茶园覆盖度不仅是增加茶叶产量的要求，也是提高土地利用率的要求，同时对于抑制杂草的生长十分有效。实践表明，茶园覆盖度达到 80% 以上时，茶树行间地面的光照明显减弱，杂草发生的数量及其危害程度大为减少；覆盖度达到 90% 以上时，茶行就互相郁蔽，行间光照很弱，各种杂草就更少了。

三、茶园间作

茶树在长期的系统发育过程中，形成了耐阴、喜温、喜湿、喜漫射光和喜酸性土壤的生物学特性，这为茶园间作提供了基础。加上旧时茶园多为丛栽稀植、行株距大、空隙多，逐渐形成了茶园间作的特点。

中华人民共和国成立以后，茶园种植多为条栽密植，成园后行间空隙小，无法进行间作，形成了专业化的集约型茶园。但是，即使这种茶园在幼年期或者在茶树改造更新后的 1～2 年，由于树冠覆盖度小、地面空隙大，仍然可以间作。近几年来，随着对茶园生态环境的要求，以及提高土地资源的利用率、增加经济效益和实现可持续农业发展的要求，合理的茶园间作已逐渐成为一项有效的栽培措施。

（一）茶园间作的利弊

茶园合理间作不仅能增加经济效益，而且对改善茶树生长环境、促进茶树生长发育有良好的作用。

1. 改良茶园土境、增加土壤肥力 幼龄茶园间作白三叶草的试验发现，间作白三叶草能显著增加土壤有机质含量；土壤团聚体数量增多，总孔隙度提高了 4.39%，容重下降了 3.05%；茶园土壤结构和物理性状得到了明显改善。同时，白三叶草具有发达的根瘤菌，显著提高了土壤中全氮和水解氮的含量，增加了钾的活性，但白三叶草在生长过程中会消耗部分钾和磷等养分。

另外，在茶园中间种乌桕也发现，间作茶园的土壤容重下降，总孔隙度增加，三相比更趋合理；有机质含量提高，增加达 40%，氮、磷、钾及部分微量元素也明显提高。研究认为，乌桕具有营养泵的功能，茶、桕复合茶园有利于茶树生长。

2. 改善生态环境 茶园内间作树木首先可以遮挡太阳对茶树的直接辐射，同时这些树木枝叶受风力作用，又不断地交换位置和方向而形成大量漫射光，使茶园内光照度大幅度减小。对地表温度测定也发现，茶园间作可以夏季降低土壤温度、冬季增加土壤温度，起到冬暖夏凉的作用。

3. 改善茶园的生物种群 间作茶园中间作作物和茶树成层分布为具有不同生态位的多种生物提供了相适应的栖息空间。在同样大的时空范围内，与纯茶园相比，间作茶园肯定含有较多的物种和个体，具有较大的多样性。为害茶树的主要害虫茶尺蠖、小绿叶蝉和茶蚜明显减少。另外，在间作茶园中还发现，其蚯蚓的数量明显多于不间作茶园。

4. 品质改良和增产效应 茶园间作改良了土壤的物理状况，影响了土壤养分与供应水平，促进了蚯蚓的生长，有效地调节了温湿度，维护了天敌-害虫的生态平衡，使产地环境-茶树-伴生生物群落系统处于良好的动态自我调节，进而促进了茶树生长、改善了茶叶品质、提高了茶叶产量。据研究，茶园中间作白三叶草后，茶叶中氨基酸和水浸出物含量明显提高，茶多酚与酚氨比则降低，茶芽密度、百芽重和产量明显提高。

（二）茶园间作的种类及间作物选择原则

茶园间作的种类目前在生产上非常多。适宜在幼龄茶园和改造后茶园中间作的主要种类有：豆科植物，如白三叶草、绿豆、赤豆、大叶猪屎草等，还有紫云英、苜蓿等；高光效的牧草，如苏丹草、墨西哥玉米、美洲狼尾草和美国饲用甜高粱等。成龄茶园中间作物主要有果树，如梨、板栗、桃、青梅、葡萄、李、柿、樱桃、大枣等；还有经济树种，如杉木、乌桕、相思树、合欢树、橡胶、泡桐、银杏、桑等。有的地方间作芝麻、蓖麻等吸肥力大和高大作物，效果较差。

另外，禾本科的谷物因为根系强大，吸肥、水能力大，也不宜作间作物。种植甘薯需起垄，而且会严重损害茶树根系，不应当在茶园中间作。因此考虑间作物品种时应掌握以下原则：

（1）间作物不能与茶树急剧争夺水分、养分。

（2）能在土壤中积累较多的营养物质，并对形成土壤团粒结构有利。

（3）能更好地抑制茶园杂草生长。

（4）间作物不与茶树发生共同的病虫害。

（三）间作方法

间作方法应视茶树行株距、茶树年龄、间作物种类等来确定。常规种植的茶园，1～2年生茶树可间作豆科作物、高光效牧草等品种；3～4年生茶树因根系和树冠分布较广，行间中央空隙较少，只能间作一行，不宜种高秆作物；成年茶园间作主要以果树和经济林为主。

根据各地经验，一般间作物成年后把茶园遮阳度控制在 30%～40%，如高型树种种植规格为 12.5m×10m，种植密度为 75～80 株/hm²；低型树种种植规格为 6m×6m，种植密度为 300 株/hm² 左右。

四、茶园地面覆盖

茶园地面覆盖是一项保水、保肥、保土的良好措施，并且有冬暖夏凉以及抑制杂草丛生等功效。地面覆盖有生物覆盖和人工覆盖两种，其中以人工覆盖中的铺草综合效果最佳，也是茶区传统的高效栽培技术之一。

（一）生物覆盖

生物覆盖是利用生草（物）栽培，即对某种作物不进行任何方法的中耕除草，而使园地全面长草或种草，并在它的生长期间刈割数次，铺盖行间和作物根部，或者将刈割的草做成堆肥、厩肥，也有作饲料，即在园间放牧。

生物覆盖是我国的一项传统栽培技术措施，已有几百年的历史，在世界各国也有广泛的应用，具有较多优点：

1. 防止水土冲刷　土壤表面如有覆盖物，犹如盖上一层毛毯似的，能防止丘陵或坡地茶园的土壤冲刷。据研究，在 25°坡地上，以中耕区的土壤冲刷为 100%，铺草区为 48%，而生草区仅为 45%。例如，茶园套种牧草能逐年减少园区的土壤流失量，这是由于选用的牧草地下根量大、分布广、地上生物量大、覆盖率高，可有效地防止地表水土流失，增加土层蓄水量。

2. 调节土壤温度　据研究，茶树行间种植白三叶草后，得到土壤降温时增温、保温与升温时降温的双方动态调控效果，增加了同一层次土壤温度的稳定性，延缓了高温和低温的出现时间，缩短了过度高温时间，减少了高温时对茶树生长产生的影响。

3. 保蓄土壤水分　生草栽培实践中，与茶树争夺水分是经常发生的，但据黄东风（2002）三年测定表明，茶园套种牧草能逐渐提高园区土壤的含水量，套种牧草（圆叶决明）的茶园表土（0～30cm）含水量分别比对照有所提高。

4. 提高土壤肥力，促进根系分布　因为牧草的根系深入土壤深处，草根的新陈代谢和根系的死亡再生使孔隙度不断增加。由于土壤通气良好，并分布大量的微生物，如细菌、放线菌、真菌等，可以促进茶树细根生长分布。

5. 节省劳动力　生草栽种后可以不用中耕除草，仅仅在生长期进行几次刈割即可，因此使用劳动力量比中耕除草少，以标准中耕区用工为100％，生草区为55％。

但是，生草（生物）栽培也有其缺点，其中主要的是与茶树争夺水分和养分。特别是5—9月，生草耗水量最多的季节也是茶树耗水的季节。另外，茶树与草间在一块地上生长，生草是病虫害滋生的好场所，故应在旱季对生草进行刈割后铺入园中，同时注意生草病虫害防治，增施用肥30％～40％等措施来补救。

生草栽培以幼龄茶园最为合适，更适宜新开辟的茶园，可有计划地选择2～3种适应性强的草搭配种植。常用的草种，豆科植物有白三叶草、红三叶草、苜蓿、圆叶决明、羽叶决明、黄花羽扇豆、新昌苕子等，禾本科植物有平托花生、百喜草、梯牧草等。由于草种在各地的适应性不同，应因地制宜选择草种。

（二）人工覆盖

人工覆盖的方法有铺草、铺泥炭及覆地膜等，其中最常用的为铺草。

茶园行间铺草是我国的一项传统栽培技术措施，也是一项简单易行、功效显著的茶园土壤管理作业，而且不受气候、地域限制。

1. 铺草的综合效应　茶树行间一经铺草以后，就使土壤处于草料的覆盖保护之下，这样既可以减轻雨水、热量对土壤的直接作用，又可改善土壤内部的水、肥、气、热状况，从而更能适合茶树生长的需要。其主要效应如下：

（1）保水保土，提高土壤含水量。在茶树未封行间的茶园，由于树冠较少，行间空旷，土壤得不到充分荫蔽而处于裸露状态，每逢大雨，就会使土壤大量流失。如果在茶树行间铺盖一定厚度的草料，土壤冲刷即可减轻。同时茶园铺草，大雨之际，雨滴打在草料上，降低了势能，成为缓慢的水流，以利渗入土中，并使土表径流减少，显著提高土壤表层含水量。干旱时期，覆盖使得土壤水分的蒸发强度降低，保蓄土中水分，有效地延缓和缩短干旱时间，减轻干旱对茶树生长产生的影响。

（2）增加土壤有机质，改善土壤理化性状。茶园铺盖草料，如稻草、麦秆、山草等多为粗老有机物，含有大量的木质素、纤维素，有利于土壤有机质的积累，并使土壤结构疏松，土壤养分增加。茶园铺草还可以调节茶园土壤温度，冬季具有保温作用，夏季则有降温作用，具有"冬暖夏凉"的效果，而且其"夏凉"比"冬暖"更明显。

（3）促进茶树生长，提高品质。由于铺草改善了茶园生态条件，从而促进了茶树生长，能提高有效成分含量，提高茶叶产量和品质。

2. 铺草技术　茶园铺草只要时期适当、铺盖的厚度适宜，都能取得良好的效果。

（1）草源。茶园铺草取材应因地制宜，可以利用稻草、麦秆、豆秆、油菜秆、留种绿肥的茎秆及其他山野草。但采用较杂的野草时，应注意在未结实之前刈割，以免将杂草种子带入园中，新鲜草料应先晒瘪后铺入。

（2）铺草时期。铺草时期应根据所要达到的目的而定。以防止水土流失为主的，要在当地常年出现大雨较多的时期之前及早进行铺草覆盖；以保水防旱为主要目的的铺草覆盖宜在旱热季到来之前进行，一般在春茶结束、浅锄施肥之后紧接着进行，此时茶园土壤中的水分还比较充足，不同茶区旱季到来迟早不一，应因地制宜；以防冻保暖为目的的茶园铺草，要在土壤开始冻结之前进行。在高山茶区或高纬度茶区既有旱害也有严重寒害之地，最好全年进行。春夏之交铺的草一般在9—10月结合深耕深埋土中，秋冬铺的草可于翌年春耕时进行翻埋，也可隔年翻埋一次。

（3）铺草标准。从厚度来看，以铺后不见土面为原则，最好满园铺。若草源有限也可只铺茶丛附近，或优先满足土壤保水性差和茶树覆盖度小的茶园。一般每公顷铺鲜草15～45t，厚度为8～12cm。

（4）铺草方法。平地与梯式茶园可随意散铺，稍加土块压镇；坡地茶园宜沿等高线横铺，并呈复瓦状层层首尾搭盖，并注意用土块适当固定、压镇，以免风吹和雨水冲走。除了人工进行外源草料等铺入茶园之外，还应十分重视将茶树本身积累的有机物保留在茶园中，这是增加茶园有机质、提高养分的循环利用、减少元素损失的极好方法。

3. 地膜覆盖　茶园铺草对保持水分、提高土壤肥力、调节土壤温度等具有良好的作用，但在缺乏草源的地区，采用这一技术就有困难，因此就用其他材料来代替，包括用各种地膜。

茶园采用地膜覆盖同样具有调节土壤温度的作用，在早春有利于春茶提早发芽，在冬季有利于预防冻害，在旱季有利于保水抗旱。同时，还能防除杂草，防止雨滴直接打击地面，有避免土壤侵蚀和养分淋失等作用。根据地膜覆盖的经验，在生产上应用时要注意地区和季节变化，冬、春季覆盖地膜对茶树生育有促进作用，而夏季覆盖会伤害茶树。另外，覆膜后不能进行除草施肥等工作，因此在覆盖前要进行中耕除草，施足肥料和灌水。

技能实训

茶园杂草识别

一、实训目的

茶园杂草识别是一项应用性很强的技能。通过实训，学生了解掌握茶园常见杂草的种类、主要杂草的形态特征特点及识别要点，并能指出杂草的分类地位，为茶园化学除草奠定基础。

二、材料与用具

1. 仪器设备　解剖镜、显微镜。

2. 材料与工具　放大镜、镊子、解剖针、载片、盖片、剪刀。

3. 供试植物材料　水莎草、异型莎草、牛毛草、千金子、矮慈姑、藜、狗尾草、鸭舌草、野燕麦、刺儿草、苦荬菜、苣荬菜、问荆、看麦娘、马唐、牛筋草、龙葵、眼子菜、芦苇、香蒲、蒿蓄、打碗花、田旋花等茶园杂草的新鲜幼苗标本或蜡叶标本。

三、实训步骤

1. 了解当地茶园杂草种类　将供试的茶园杂草标本或图片按科分类。通过识别供试标本、田间调查、查阅教材、笔记和有关资料，掌握当地茶园杂草主要种类。

2. 按生物学习性分类识别　按生物学习性将茶园杂草分为一年生、二年生或多年生杂草。

3. 按茶园杂草防除对象肥料识别　在生物学习性分类识别的基础上，进一步按茶园杂草防除对象分类。通过反复练习，达到掌握常见茶园杂草种类。

4. 茶园杂草识别　掌握茶园常见杂草的形态特征，熟练指出供试杂草标本的科、一年生、二年生或多年生杂草等种类名称。

四、注意事项

（1）实训过程中会使用到各种刀具，注意正确使用，做好防护。
（2）实训过程如在野外进行，注意蛇、虫等生物，做好防护。
（3）实训过程注意其他安全事项。

📗 知识拓展

气候变化对茶叶产量的影响

气候变化对茶叶产量的影响既有有利的一面，也有不利的一面。从有利因素来讲，气温和 CO_2 浓度适当升高有利于茶树光合作用，提高茶叶产量。如年平均气温提高 1℃，大于 10℃ 的天数增加 15d，由于 10℃ 是大多数茶树品种的萌动起点温度，如果其中的一半天数，约 8d 分布在春季，则杭州地区的茶叶生产季节可从 193d 增加到 201d，茶叶产量可增加约 4%。但极端天气如高温干旱、低温冻害和洪涝的增加不仅直接导致减产，而且还会引起水土流失、土壤有机质积累减少、病虫害暴发等，从而影响产量。

大气 CO_2 浓度升高对茶树生长发育和茶叶产量的提高也有一定的促进作用。当 CO_2 质量浓度从目前的近 400mg/L 增加到 550mg/L 和 750mg/L 时，茶树新梢净光合速率分别提高 17.9% 和 25.8%，并能缓解和消除光合午休现象，从而有利于提高茶叶产量。研究表明，当 CO_2 质量浓度提高到 800mg/L 并培养 24d 后，茶苗树高、地上和地下部干重、根冠比均有显著提高；进一步研究表明，短期提高 CO_2 浓度增产幅度较大，但随着茶树在高 CO_2 浓度中的时间延长，饱和效应也随之出现。由于大气 CO_2 浓度是逐渐提高的，因此茶叶产量的实际增幅可能没有预想的那么明显。

虽然我国主要茶区年均降水量变化不大，但降雨天数减少意味着雨水相对集中，从而既加剧了季节性干旱，又导致洪涝灾害。另外，光照时数和降雨天数同时减少意味着多云或阴天增多，这对于喜漫射光的茶树是否有利主要取决于茶园所处的地理位置，如果在阳光强烈的热带和亚热带地区，这是有利的，但对于阳光并不强烈的高山和高纬度茶区则可能会降低产量。

气候变化也会增加病虫草的危害。如气温升高会增加害虫的发生代数，提高害虫或病原菌的越冬成活率。如茶尺蠖在杭州一般1年发生6代，但如果10月的平均气温超过20℃则会发生7代；又如茶小绿叶蝉的越冬虫数与日平均气温低于0℃的天数呈极显著负相关。极端天气也容易导致病虫害的大暴发，如2016年8—9月，长江中下游茶区茶尺蠖大面积暴发，主要原因是高温干旱对茶尺蠖天敌绒茧蜂的影响明显较大，从而导致茶尺蠖由于失去了天敌的控制作用而暴发成灾。

气候变化对茶园土壤的影响也是显而易见的。随着气温升高，土壤有机质的矿化速度加快，虽然有利于养分的释放，但不利于土壤有机质的积累，养分利用时间缩短，N_2O的释放量也会明显增加，从而降低氮素养分的利用率；暴雨等极端天气还会加剧水土流失，最终影响茶叶产量和品质。另外，大气CO_2以及SO_2和NO_2等污染气体浓度的提高还会提高酸雨的强度和频度，从而进一步降低土壤pH，对于酸化已经较为严重的茶园土壤来说，这显然不利于其持续健康发展。

研究还表明，随着大气CO_2浓度升高，植物体内的碳浓度显著提高，而氮、磷、钾、钙、镁、硫、铁、铜和锌等其他营养元素几乎全部降低，对水稻等25种作物的测定表明，氮含量的降幅可高达14%以上。可见，为提高植物体内这些元素的含量，保持养分平衡及作物产量，需要使用更多的肥料。

思考题

1. 如何选择适宜茶树生长的土壤？
2. 土壤耕锄的种类有哪些？
3. 茶园保水有哪些措施？
4. 茶园铺草应掌握哪些环节？
5. 茶园间作有何注意事项？

项目七　茶园施肥

知识目标

1. 了解茶树所需的矿质元素。
2. 了解茶树的吸肥特点和茶树施肥的基本原则。
3. 了解茶树主要肥料的作用。
4. 了解茶园绿肥的种类、作用及茶园绿肥的栽培措施。

能力目标

1. 掌握茶树生长发育的营养需求和需肥规律。
2. 能够灵活掌握茶树施肥的时间节点、用量和方法。
3. 知道茶园绿肥的选择、培育和使用方法。

知识准备

任务一　茶树的矿质营养与吸肥特点

茶树体内含有大量的有机物质和无机矿物质元素，理论上所有营养元素都可以从茶园土壤或者环境中获得。茶树需要的营养元素跟其他植物一样，施肥补充的也主要是这些营养成分。

一、茶树所需的矿质营养

构成茶树有机体的元素有40多种，其中从环境中获取必需的营养元素有碳、氢、氧、氮、磷、钾、钙、镁、硫、氯、锰、铁、锌、铜、钼和硼等，此外，铝和氟在茶树体内含量较高，但不是茶树生长的必需元素。这些元素中，碳、氢、氧主要来自空气和水，其他元素则主要来自土壤，各种元素在土壤中的含量见表7-1。

根据植物生长对养分需求量的多少，将必需营养元素分成大量元素和微量元素。矿质营养中的氮、磷、钾、硫、镁、钙等在茶叶中含量较多，一般为千分之几到百分之几，称为大量元素，它们通常直接参与组成生命物质如蛋白质、核酸、酶、叶绿素等，并且在生物代谢过程和能量转换中发挥重要的作用；铁、锰、锌、铜、钼、硼等在茶树体内含量较低，只有百万分之几至十万分之几，茶树生长对它们需求量相当少，故称为微量元素。矿质元素中含量多、作用大，且土壤常供应不足的是氮、磷、钾 3 种元素，称为茶树生长的三要素。

表 7-1　土壤中主要元素含量

元素	含量（占土重）/%	元素	含量（占土重）/%
氮	$0.02\sim0.05$	铁	$1.0\sim10$
磷	$0.05\sim0.3$	锰	$0.02\sim0.4$
钾	$1.0\sim2.5$	铜	$0.001\sim0.08$
硫	$0.1\sim0.5$	硼	十万分之几
钙	$0.2\sim20$	锌	十万分之几
镁	$0.4\sim4.0$	钼	百万分之几

肥料三要素对茶树生理起着重要作用，对茶叶产量、品质也有较大影响。氮素在茶树生理上占有重要地位。增施氮肥可以促进新梢迅速生长，使叶面积增大，叶绿素增多，细胞壁变薄，持嫩性强，并且花蕾减少，茶树开花期延迟，茶籽结实率降低，营养生长优于生殖生长。如果缺氮，开始叶色变淡，失去光泽，叶片变小、变粗、变硬，随后停止生长，顶芽形成驻芽；严重缺氮时，树势显著减弱，叶片细小而黄，光合作用效率减弱，直接影响鲜叶产量。所以，氮是茶树生命活动的重要元素之一。磷素对于嫩梢的形成、根系的扩大起着重要作用，并有助于增强茶树的抗寒、抗旱性以及生殖生长。如果茶树缺磷，则体内引起代谢失常，蛋白质的合成受到抑制，影响叶面积的扩大和新梢育生，从而鲜叶产量、品质下降；严重时，植株生长差，老叶由呈暗绿变黄脱落，根系带黑褐色，生长也差。钾素能促进糖类的转运与贮存，调节茶树吸水与蒸腾作用，提高抗旱、抗寒能力。此外，钾对提高抗病能力也有一定的作用，因此，施用钾肥有事实上的增产意义。当茶树缺钾时，植株枝条细弱、稀疏，叶片常提早脱落，边缘坏死，并且容易感染病虫害和干旱灾害。肥料三要素对茶叶产量的影响，从芽叶的分析看，含氮量最高，一般含量为 4.5% 左右，含磷量（P_2O_5）为 $0.8\%\sim12\%$，含钾量（K_2O）为 $2.0\%\sim2.5\%$。可见，氮、磷、钾，尤其是氮，对茶叶产量有密切关系，中外产茶国家的生产实践和科学实验都一致证明了这点。

氮、磷、钾三要素中氮肥的增产作用最显著，但增产幅度最大的是在施氮肥的基础上配施磷、钾肥。与不施肥比较，10 年平均增产达 76 倍。而氮、钾或氮、磷配合施用，增产效果次之。

二、茶树的吸肥特点

1. 连续性　由于茶树是多年生的常绿植物，它从种子发芽或者插穗生根以后，就开始不间断地从土壤中吸收养分，直到死亡。在年生长周期中，即使地上部已停止生长，但叶片仍在不断地进行呼吸和光合作用，制造糖类。根系也不断地吸收水分和养分，以保证地上部分的生命活动不断进行。茶树一年四季连续不断地进行新陈代谢活动。前期积累供后期消耗，营养条件的好坏不仅关系到当年，而且关系到翌年的茶叶产量及品质。茶树营养的连续性不是一个简单的重复，随着茶树一生中年龄的增长，不但营养的需求量增加，而且在营养元素的要求上也有差别。

2. 阶段性 茶树在不同的个体发育阶段和年生长周期中的不同时期，对养分的吸收是不相同的。如幼龄期茶树对磷的反应较敏感和迫切，在施氮肥的基础上配施磷肥，对生长发育有良好效果，这是因为茶树整个生理状况不同，对氮、磷、钾需要的量也就不同。以采叶茶园讲，在生育期中，都是根系和营养芽最先活动，以营养生长领先继而生殖生长，各个时期对营养物质在数量上各有不同的要求，因而对各种元素的吸收也有所侧重。

据研究，茶树在不同季节里生长，对氮、磷、钾利用的情况不同，长江中下游广大茶区一般在4—9月地上部分处于生长旺期，对氮的吸收占全年吸收量的70%～75%，10月以后开始逐渐转入休眠期，吸收氮素仅占全年吸收量的25%～30%。茶树新梢对磷素的吸收，4—5月春茶期间占吸收总量的1.44%，6—7月吸收33.3%，8—9月和10月上半月吸收57.92%，以后就显著下降。茶树对钾素的吸收量，以夏季最多，秋季次之，春季明显减少。这说明茶树吸收利用营养元素不仅因元素不同而有差异，也因季节不同而有差异，茶树吸肥的这种阶段性特点对于确定施肥的种类、时期，充分发挥肥效很有参考价值。

3. 喜铵性 茶树作为叶用作物，对氮的吸收量大。对氮素的吸收虽与其他作物一样，既能吸收铵态氮，也能吸收硝态氮，但茶树对铵态氮的吸收与其他作物有所不同，根系吸收的铵态氮可以与碳架直接结合加以利用。因此，在土壤中同时存在铵态氮和硝态氮时，总是优先吸收铵态氮。当然，在铵态氮供应不足时，也会对硝态氮进行强制吸收，但这会付出更多的能量和代价。因此，茶树氨基酸的合成状况，总是在铵态氮的条件下比硝态氮要好（表7-2），在生产中，茶叶的产量也总是施铵态氮肥比硝态氮肥高。

表 7-2 不同氮肥形态比例对茶树氨基酸合成的影响

铵态氮：硝态氮	氨基酸/（mg/kg）			
	精氨酸	茶氨酸	谷氨酸	总量
10：0	13 420	16 731	845	21 359
7：3	695	11 890	679	15 075
5：5	301	8 792	566	11 425
3：7	114	3 644	557	6 129
0：10	101	3 593	599	5 586

4. 营养物质贮存和再利用的特性 在长江中下游广大茶区的茶树，在年生长周期中，每到10月以后，茶树地上部生长逐渐减弱，进入越冬。越冬期间茶芽虽停止

生长，但留在树上的叶片仍不断地进行呼吸和光合作用制造养分。这些养分除少量消耗外，剩余的糖类徐徐地向下输送，在根颈中贮存起来，因此在 10 月后根颈部的糖类逐步提高。这时，根系也仍在不断活动，把所吸收的养分除部分输送到地上部分供茶树呼吸和光合作用所需外，大部分在根颈尤其在细根中贮存起来，致使根系中的养分，尤其是氮、磷的含量大为提高。到翌年春天，气温上升，这些物质很快被输送到地上部分，成为春天萌芽生长的重要物质基础。表现出明显的物质贮存和再利用的特性。此外，茶树叶片在生长过程中也表现有这一特征，在其衰老凋谢前总是把自己所贮存的可供新梢再利用的物质尽量转移，然后凋落。在生产中要根据茶树对养分吸收、贮存和再利用的特性，施好基肥，提高茶叶产量和品质。

5. 适应性　茶树对营养元素的吸收表现有明显的适应性。首先，是对土壤反应条件的适应性。茶树属喜酸性作物，它吸收养分对土壤酸度变化的适应能力较弱，一般 pH 为 5.5 时对各种营养元素的吸收较为适应，如对氨态氮和硝态氮吸收的最适 pH 为 5.0，而对磷吸收的最适 pH 为 5.5～6.0，对钾吸收的最适 pH 为 5.0～5.5，对锌吸收的最适 pH 为 5.0 等。当酸度改变时，都会直接或间接地影响其吸收的强度，对有的营养元素吸收可能增加，对有的营养元素吸收可能减少，从而造成体内营养元素不平衡。茶树自身对这种不平衡状态有一个缓冲范围，但超过一定的范围，就会影响茶树正常生长和茶叶产量。例如，茶树对铝和锰的吸收是随酸度的增大而增多，而对钙镁的吸收是随酸度的下降而减少，茶树对铝、锰及钙、镁等的吸收和平衡只能适应在 pH 3～7，超越这个范围，就会导致树体内钙、铝等营养元素比例明显失常，致使茶树无法生长。其次，是养分吸收对土壤湿度的适应性。茶树是喜湿作物，土壤湿度过低和过高都会影响茶树对营养的吸收能力。其吸收养分的最适湿度为土壤田间持水量的 75%～95%。当然，茶树吸收养分对其他条件也表现有一定的适应性，如对温度，吸收铵态氮的最适温度为 35℃，并且其吸收能力表现为 35℃＞25℃＞15℃（依次递减）。对硝态氮吸收的最适温度是 25℃，它的吸收能力表现为 25℃＞35℃＞15℃。

6. 与菌根共生吸收的特性　茶园土壤均为酸性土，土壤中繁衍着许多耐酸性真菌，其中泡囊-丛枝菌根（Vesicular-Arbuscular mycorrhizi，简称"VA 菌根"）是内囊霉科（Endogonaceae）的部分真菌与植物根形成的共生体系，在红壤茶园中发生率很高，对茶根有很强的侵染能力。它的菌丝体和泡囊全部入侵在营养丰富的茶根皮层薄壁细胞中，菌丝体与寄主根系细胞原生质相通，它们吸收根系细胞的养分供自己生长和繁殖。在这些菌丝生长和繁殖过程中分泌出各种酶、有机酸及其他生化物质，这些物质一方面可激活茶树酶活性，促进生长和对土壤养分的吸收；另一方面，这些物质也能促使土壤中某些茶树无法吸收利用的无机物逐步风化，释放出茶树可以吸收利用的养分，提高茶树对无机物营养元素的吸收利用能力。根据中国农业科学院茶叶研究所的研究，红壤茶园接种菌根后对磷、钾、铁、锌等营养元素的吸收大为增强，从而大大提高它们在茶叶中的含量，同时也大大促进茶树光合作用强度和加速茶树生长。有些茶树能较好地生长在贫瘠的酸性土上，虽然这些土壤有效磷等很少，但 VA 菌根十分活跃，对茶树的侵染率也十分高，因而茶园能获得一定的产量。

任务二　茶园施肥技术

一、茶园施肥的基本原则

1. 重施有机肥，有机肥与无机肥配施　有机肥可以为茶树提供成分完全、比例协调的营养元素。大量增施有机肥可促进土壤微生物生长。由于微生物的活动，大大促进了土壤熟化进程，同时在各种微生物的生长和有机质的分解过程中可以形成各种酚、维生素、酶、生长素及类激素等物质，它们都有促进根系生长和吸收的作用。大量施用有机肥，可以增加土壤代换量，提高茶园保肥能力，因为所有的有机肥都具有较强的阳离子交换能力，其交换量相当于茶园土壤无机胶体的 $10\sim20$ 倍，这样就可以吸收更多的氮、钾、镁、锌等营养元素，防止淋失。

茶园土壤酸性强，铝、铁离子含量高，活性强，易与磷结合而使磷肥无效化。有机肥中含有许多有机酸、腐殖质酸及其他含羟基和羧基的物质，它们与活性铁（Fe^{2+}）和活性铝（Al^{3+}）都有很强的螯合能力，可以防止铁和铝与磷结合形成茶树很难吸收的闭蓄态磷。有机肥还有很强的缓冲能力和团聚能力，可以防止茶园自然酸化，且能形成理化性质良好、保水保肥能力很强的有机-无机团聚体，改善不良土壤。所以，茶园施肥必须重施有机肥。但是，有机肥料也有自身的缺点，如有效成分低、养分释放慢、体积大、施肥费工等，因而单施有机肥有时无法保证茶树需肥的要求。所以必须有机、无机肥料配合施用，这样既能满足茶树生长过程对养分的集中需求，又能改良土壤，可以收到良好的施肥效果。

2. 重施基肥，基肥与追肥相结合　在年生长周期中，即使茶树地上部停止生长，根系还在不断吸收养分并贮存在根系、根颈部。这些贮存物质成为翌年春茶萌发的物质基础，贮存物质的多少对翌年春茶萌发早晚、茶芽多少等影响极大，所以茶农说的"基肥足，春茶绿"就是这个道理。春茶产量高，品质好，经济效益也高，尤其是当前随着名优茶生产的发展和开发，对春茶产量和品质追求更为突出，要求春茶能早发、多发、发壮、发齐，其关键是早春茶树体内要有足够的贮存养分。因此，基肥成为名优茶生产和开发的关键措施。

但是，茶树年生长周期中的养分吸收有阶段性，在某一生长时期需肥十分集中，如只施基肥，不加以追肥补充，则不能满足茶树生产对养分集中的需求，就会影响茶树的产量和品质。所以，在施足基肥的基础上，还必须根据茶树生长情况，在生长不同时期按照需肥的实际情况和栽培要求分期追肥，以补充土壤养分，满足各个不同生长发育时期对各种营养元素的需求。

3. 以春肥为主，春肥与夏、秋肥配合　茶园追肥要以春茶追肥为主，春茶追肥与夏、秋茶追肥相结合。茶树经过一个秋、冬的物质积累、休整和恢复，到翌年春季，一旦水分和温度条件适宜，便开始萌发、生长。这时仅仅依靠秋、冬体内所贮存的物质很难维持春茶迅猛生长对养分的需求，必须大量吸收养分，以防体内贮存的养分耗尽，影响春茶生长。春季地上部开始萌发和生长时，根系也迅速吸收养分，这时吸收强度大，施肥效果好，是通过施肥进一步提高春茶产量、优化品质的极好机会。

如果春肥不足，体内积累物质被耗尽，春梢生长得不到必要的物质补充，不仅直接影响春茶产量和品质，同时也会影响茶树的树势，对夏、秋茶生长也极为不利。所以，施足春肥也是为夏、秋茶生长打下良好基础。施足春肥，即使部分肥料未完全被茶树吸收，余留部分在夏、秋茶期间茶树仍可利用。但夏、秋期间，茶树要发好几轮新梢，根系还会有多次的吸肥高峰，仅靠秋冬基肥和春肥的后效是无法保证茶树生长对养分的需求的，还要根据情况，因地制宜地追施夏、秋肥，确保夏、秋期间茶树对养分的需求。

4. 以氮为主，结合磷、钾及其他微量元素肥　茶树是叶用作物，叶片的含氮量较其他无机质营养元素都要高，尤其是春茶含氮量更高。据研究每采 100kg 青叶，要从茶树体内带走 10～15kg 氮。

如果把肥料比作茶树的食粮，氮肥则是它的主粮。所以凡属采摘茶园都要以施氮肥为主。但是，长期大量施用氮肥，不配施其他营养元素肥料，土壤营养元素平衡关系将会遭到破坏，土壤肥力下降，并会引起茶树营养元素缺乏症，氮肥的效果也逐步下降。只有在施氮肥的基础上配施磷、钾及其他微量元素肥料，保证茶树对各种营养元素平衡吸收，才会收到施肥的良好效果。

5. 以根部施肥为主，结合叶面施肥　茶树根系分布深而广，主根可伸展到 2m 以下，吸收根在行间盘根错节，其主要功能是从土壤中吸收养分和水分。茶树施肥无疑应以根部施肥为主，使根的吸收养分功能得到充分发挥。但是茶树叶片多，叶表面积大，除进行光合作用外，还有吸收养分的功能，也是茶树施肥的好场所，尤其是在土壤干旱、湿涝、根病等根部发生吸收障碍时，叶面施肥效果更好。叶面施肥还能促进根部吸收。但叶片的主要生理功能是光合作用和呼吸作用，对养分的吸收不如根系。因此，叶面施肥不能代替根部施肥，只有在根部施肥的基础上结合叶面施肥，相互促进，取长补短，才能全面发挥茶园施肥的作用。

6. 因地制宜，灵活掌握　我国茶区广大，土壤类型繁多，气候条件复杂，生产茶类不同，在确定某地区或某茶园具体施肥技术时，除了要按以上几点原则外，还要根据当地的品种特点、茶树生长状况、茶园类型、气候条件、土壤肥力水平以及灌溉、耕作、采摘等农业技术的实际情况，因地制宜，灵活掌握。如有机质含量高的茶园，在施肥时要适当提高化肥比例；相反，有机质含量低的茶园，要提高有机肥的施用比例；又如生产名优茶的茶园，主要是依靠春茶，较生产大宗茶的茶园更要重视基肥的施用；再如幼龄茶园、留种茶园等，要适当重视磷、钾肥的施用，以利于幼龄根系的生长和留种茶树种子的饱满；还有在干旱季节要多施根外肥、少施根肥等。总之，因地制宜、灵活掌握也是茶园施肥中必须遵循的一条基本原则。

二、茶园主要肥料的种类和作用

茶园肥料品种很多，所含养分各不相同，对培肥土壤的作用也不一样，所以，各种肥料对茶树生长的影响，以及对茶叶产量和品质的作用不尽相同。

（一）茶园有机肥料

茶园常用的有机肥料有饼肥、厩肥、人粪尿、堆肥和沤肥及腐殖酸类肥料等。

1. 饼肥 是我国茶园重要的有机肥料之一，其中施用较多的有菜籽饼、桐籽饼、茶籽饼、棉籽饼等。饼肥的营养成分完全，有效成分高，尤其是氮素含量丰富，除茶籽饼含有的皂素等生物碱对分解发酵有一定的影响外，其他各种饼肥施入茶园都易发酵分解，养分释放迅速，适应性广，既可作基肥，经堆腐后又可作追肥。饼肥的特点是纤维素含量低，碳氮比（C/N）低，因此，通过增加有机成分达到改良土壤理化性质的作用稍差。

2. 厩肥 品种主要有猪栏肥、羊栏肥、牛栏肥和兔栏肥等。由于垫栏材料的不同，其养分含量及性质差异很大。如北方山东等产茶地区，栏底主要是泥土，所以该地栏肥有机质含量较低，质量较差。而长江中下游及南方各茶区，栏底垫的是青草、蒿草等，纤维素含量高，养分丰富，碳氮比远比饼肥大，可作各种茶园的底肥或基肥，尤其是对于新辟的幼龄茶园以及土壤有机质少、理化性质差的茶园，是改土较理想的有机肥料；其缺点是呈弱碱性，对于 pH 偏高的茶园，一般要经过充分堆腐，使垫草发酵后才可施用。

3. 人粪尿 一般呈中性，速效养分含量高，可作基肥和追肥施用。在干旱季节，用腐熟的稀薄人粪尿作茶苗追肥，抗旱保苗效果好。据徐楚生试验，成龄采摘茶园以每亩用 600kg 人粪尿作基肥，两年平均增产 22.6%，如与过磷酸钙或硫酸铵等化肥混合施用，则效果更好，两年平均增产 57.6%～84.6%。

4. 堆肥和沤肥 茶园中可施用的堆肥和沤肥，采用枯枝落叶、杂草、垃圾、污水、绿肥、河泥、粪便等物质混杂在一起经过堆腐或沤泡而成。它取材方便，堆制沤泡方法简单，各茶园边角空地上到处可以利用，所以是茶园有机肥料的主要来源。堆肥和沤肥的纤维素含量高，改土效果好，对茶叶的增产效果也十分显著。

5. 腐殖酸粪肥料 主要是以含有较高腐殖酸的天然资源泥炭、草炭等为原料，通过氨化后制得。由于它含有大量的腐殖酸，对提高茶园有机质含量、改良土壤理化性质、增加土壤含氮量以及减少茶园土壤对磷的固定作用都有良好的效果；同时腐殖酸施于茶园后对增加茶园土壤微生物及茶树根的呼吸作用也有良好的效果。

（二）茶园无机肥料

无机肥料又称为化学肥料，按其所含养分分为氮素肥料、磷素肥料、钾素肥料、微量元素肥料和复混肥料等。

1. 氮素化肥 茶园常用的氮素化肥有硫酸铵、尿素、碳酸氢铵等。硫酸铵是茶园较好的氮肥之一，它是一种生理酸性肥料，对于 pH 较高的茶园，不仅可提供氮素营养，还是土壤酸化剂，但对于土壤本来酸度适中或偏高的茶园，长期大量使用，会使 pH 不断下降，理化性质恶化，钙、镁、锰等一些微量元素被溶解而淋失。尿素属于中性肥料，施用后在脲酶的作用下被氨化成碳酸铵，铵被茶树吸收后，碳酸分解成二氧化碳和水，所以尿素在土壤中不残留其他物质，既不酸化土壤也不碱化土壤，适用各种茶园。尿素虽不挥发，但在脲酶的作用下，转化成易挥发的碳酸氢铵，因此应适当深施。此外，尿素在分解前是极性很弱的分子，土壤对其吸附力差，易被雨水淋失，因此施后不能及时灌水或下大雨，以免影响肥效。碳酸氢铵属生理中性肥，它是一种不稳定性氮肥，容易分解脱氮，造成挥发损失。因此，茶园施用碳酸氢铵时必须做到边施边盖、深施密盖，只有这样才能提高增产效果。

2. 磷素化肥　适合茶园施用的磷素化肥主要有过磷酸钙、钙镁磷肥两种。过磷酸钙为灰色粉末，稍有酸味或酸甜味，也有制成颗粒状的。主要成分是水溶性磷酸钙和 $30\%\sim50\%$ 的石膏。此外，还含有 $3\%\sim5\%$ 的游离磷酸，所以为酸性，为茶园较好的速效磷肥，可作追肥，也可作基肥施用。但因茶园土壤呈酸性，对磷的固定作用较强，所以单独施用效果不易发挥，最好与有机肥料拌匀后作基肥用；钙镁磷肥的主要成分是磷酸三钙，还有钙、镁、硅等的氧化物，为弱碱性，不溶于水，最好用于强酸性土壤的茶园，不宜在微酸性土壤的茶园中施用。

3. 钾素化肥　我国茶园施用的钾素化肥主要有硫酸钾、氯化钾等。在江北茶区，茶园往往为微酸性土壤，施用硫酸钾效果较好。氯化钾中因含有较多氯，所以一般不如硫酸钾好，如果用量低，并和硫酸铵、过磷酸钙混合施用，则氯化钾中氯离子对茶树的危害作用大为减轻，增产效果同施用硫酸钾相当。如果氯化钾单独施用，尤其是在幼龄茶园中施用较多，对茶树有一定的危害性。

4. 微量元素肥料　茶园常用的微量元素肥料有硫酸锌、硫酸铜、硫酸锰、硫酸镁、硼酸、钼酸铵等，可用作基肥或追肥施入土中，生产上多采用叶面喷施。

5. 复混肥料　复混肥料是指含有氮、磷、钾三要素中的两种或两种以上元素的化学肥料，按其制造方法，分为复合肥料和混合肥料。复合肥料又称为合成肥料，以化学方法合成，如磷酸二铵、硝酸磷肥、硝酸钾和磷酸二氢钾等。复合肥料养分含量较高，分布均匀，杂质少，但其成分和含量一般是固定不变的。混合肥料又称为混配肥料，肥料的混合以物理方法为主，有时也伴有化学反应，养分分布较均匀。混合肥料的优点是灵活性大，可以根据需要更换肥料配方，增产效果好。

（三）茶园生物肥料

生物肥料是指由若干种能固定大气中的氮，能使土壤中磷素、钾素由不可利用态变为可利用态，能促进植物吸收其他营养元素的高效微生物组成的活性肥料，也称为微生物肥料。目前茶园微生物肥料归纳起来大致有 3 种类型。①茶园生物活性有机肥。它既含有茶树必需的营养元素，又含有可改良土壤物理性质的多种有机物，也含有增强土壤生物活性的有益微生物体。如中国农业科学院茶叶研究所研制的百禾福（Biofert），以畜、禽粪为主要原料，经过无害化处理后添加菜籽饼肥、腐殖酸、土壤有益微生物活性以及氮、磷、钾、镁、硫等无机营养元素。生物活性有机肥是一种既能提供茶树营养元素，又能改良土壤，既可作追肥，又可作基肥的综合性多功能肥料。②微生物菌肥。即有益菌类与有机基质混合而成的生物复合肥。常用的微生物包括固氮菌、固氮螺菌、磷酸盐溶解微生物和硅酸盐细菌。③微生物液体制剂。目前茶园施用的微生物肥料主要是广谱型肥料，专用肥料很少。生物肥料的施用可改善土壤肥力，抑制病原菌活性，对环境不造成污染，并且使用成本低于化肥。生物肥料既可用作基肥，也可用作追肥施用。

三、施肥的次数和时期

（一）基肥施用时期

幼年茶园不论是新垦土壤还是熟地，一般应大力施用有机肥料和磷肥作基肥，以改良土壤、提高肥力，在较长时间内能保证源源不断地供应茶树养分。

施用基肥的时期，由于各茶区茶季长短不一，因此很不一致，但原则上应根据茶树生长规律和当地气候条件而定。一般在地上部相对停止生长而根系生长旺盛时结合深耕进行，宜早不宜迟。因提早施基肥，在一定土温下肥料分解较快，能提供足够的营养物质，利于根系的生长，利于植株的抗寒越冬和越冬芽的正常发育。对于采秋茶的地区，长江中下游以南广大茶区和云贵高原的部分茶区一般在10月上旬或下旬茶树才停止生长，基肥宜在10月中旬至11月中旬施用；长江中下游以北茶区由于气温低，冻害较严重，宜在9月施用；广东、广西和闽南茶区气温高，茶树生长期长，以11月下旬至12月上旬施基肥为宜；海南茶区则应推迟到上旬后施肥。

（二）追肥施用次数和时期

施用追肥主要是在茶树生长发育过程中不断补充所需的营养元素，以进一步促进当季茶芽的生长，达到持续高产优质的目的。追肥必须及时，要在茶树生长季节里分期施入茶园，通常是结合耕锄进行。全年追肥的次数、时期各地不一。对于幼年茶树，据安徽省的做法：2年生茶树，于3月下旬至4月上旬、5月下旬至6月上旬各施一次；3~4年生茶树，于3月中下旬、5月下旬至6月上旬及7月上中旬分3次施用。对于采叶茶园，一般每年追肥2~4次。

1. 春追肥 茶树经过一冬的"休整"，翌年春天当气温、雨水条件成熟时，长势变猛，但上年施用的基肥分解缓慢，对早春茶发芽的养分供应还是不够的。为了促使茶芽早发、多发、发齐、发壮，及时施用第一次追肥是十分重要的，群众称为"催芽肥"。由于我国茶区广阔，气候、土壤、品种等差异大，催芽肥施用时期也有差异，大部分茶区在3月中下旬至4月初施用。

2. 夏追肥 茶树经过春茶的采养才能保证夏、秋茶的正常生长。因此，春季后结合浅耕应进行第二次追肥，有的地方称这次追肥为"接力肥"，大部分茶区在5月下旬施肥。

3. 秋追肥 夏茶结束后，在采秋茶的茶园就需进行第三次追肥，一般在7月上中旬施肥。在肥料较丰富的地区，一年可进行4~5次追肥，尤其是南方茶区，茶季时间长，萌发轮次多，在茶树生长的各个时期适当增加追肥次数是有利的。

（三）施肥用量

茶园施肥用量的确定是一个复杂的问题，若根据芽叶中氮、磷、钾的含量及其产量去推算，各地丰产茶园的施肥量大大超过芽叶分析的比例，因茶树不仅幼嫩芽叶需要营养元素，而且植株上的枝条、叶片、花、果及根系等增长都需要很多同样的营养元素，不然就无法满足茶树个体生长的需要。同时，土壤本身不是单纯的营养物质的载体和媒介，其基本特征是肥力，施肥是提高土壤肥力的一种手段。因此，不能单纯按茶叶产量去机械推算茶园施肥量，应根据茶园土壤肥力、茶树生长势、茶叶产量、肥料性质、气候条件及其他栽培技术措施等各方面综合影响而定。

1. 基肥的施用量　茶园施基肥，多以迟效性的有机肥料为主。有机肥料含有茶树所需要的有机状态的营养元素，含量虽不高，但较全面。同时，有机肥料受微生物作用，产生的腐殖质能改善土壤的各种理化、生物性质和水、肥、气、热等条件。而化学肥料容易被茶树吸收利用，肥效很快，但对直接改善土壤物理性质的作用不大，如果施用不当，还会引起茶树生长发育不利或使土性变坏。从生产和科研资料分析：有机肥料和无机肥料配合，取长补短，不但提高土壤肥力，而且增产效果较好。

基肥施用的数量，综合各地施肥水平，幼年茶园在正式开采前需全年施肥量，一般情况下，幼年茶园的基肥，每年每亩可施厩肥、堆肥1000～1500kg或饼肥100～150kg，并配施过磷酸钙15～25kg，有条件的增施硫酸钾10～15kg更为理想。

成年采叶茶园基肥的施用量依肥料种类、主要养分含量及茶叶产量酌定。根据各地丰产经验，一般每亩施商品有机肥150～250kg或菜籽饼150～200kg、磷肥25～50kg、钾肥15～25kg。

2. 追肥的用量　确定幼年茶园追肥的用量，一方面要依茶树树龄不同而不同，另一方面要依土壤中养分含量而有差别。追肥以速效氮肥为主，施用量综合各地经验大致如表7-3所示，供参考、选用。

表7-3　幼年茶园氮素追肥用量

树龄/年	每亩施纯氮量/kg
1～2	2～3
3～4	3～6
5～6	6～9

在确定采叶茶园全年追施速效氮肥的数量上，必须辩证地处理肥料量与产量的关系，应该合理施肥、经济施肥，即根据茶树年龄、采叶量与土壤条件等不同而定，不能生硬地统一规定。长期科学实践与科学研究表明，在行距为150cm的条栽采叶茶园中，配合其他农业技术措施，可参考表7-4确定全年化学纯氮肥施用量。

表7-4　采叶茶园化学氮肥施用量

单位：kg/亩

产量	<50	50～100	100～150	150～200	200～250
施纯氮量	5～6	6～8	8～12	12～15	15～20

注：纯氮量是按各种化学氮肥含氮量折算。

在全年各茶季的追肥量应该有个恰当的比例，主要是依据茶树生物学特性和各季茶叶产量来确定。幼年茶树，如果分2次追肥，第一次可施下全年用量的60%，第二次施下全年用量的40%；分3次追肥的，则为50%、30%、20%。对于采叶茶园，长江中下游广大茶区及云贵高原的部分茶区，春茶追肥所占比重大，一般都重施催芽肥，配施夏、秋茶追肥。采春、夏茶地区，春、夏追肥比例常为7：3，在采秋茶地区，常按 4 : 3 : 3 或 2 : 1 : 1 的比例进行追肥。这种分配比例还应考虑当地的气候、土壤、茶树生长情况。有伏旱且雨水多的地方，可适当缩小春肥比例，扩大夏、秋肥比例，以利于增产。追肥三要素的配合是个重要而复杂的问题，必须因树、因地、因时制宜。幼年茶园管理的目的在于培养庞大的根系和粗壮的骨架，这个阶段茶树对磷、钾要求较迫切，氮、磷、钾三要素配合比例：1～2 年生茶苗一般宜采用 1 : 1 : 1 或 1 : 2 : 2；3～4 年生幼龄茶树宜采用 2 : 1 : 1 或 4 : 3 : 3。以后随着茶树长大直至投产，氮素的比重应随之而增加。对于采叶茶园施肥的比例，在我国茶叶生产较集中的浙江、安徽、江西、湖南等红黄壤地区，氮、磷、钾三要素比例一般为 3 : 1 : 1。

安徽、浙江、湖南以南，尤其是广东、广西及台湾等地，土壤酸度大，淋溶作用强，加之磷易被土壤所固定，土壤钾含量低，应适当提高磷、钾肥的施用比例。在江苏、浙江、安徽、湖南以北的茶区，淋溶作用较南方弱，土壤酸度较南方低，钾的含量相对较高，磷的固定作用也较弱，因此，可适当提高氮素的比例。就茶类而言，红茶地区要适当多施些磷，绿茶地区则适当多施些氮，以提高茶叶品质。总之，茶园的肥料三要素的配比要因地制宜。

从近年来复合肥料茶园肥效试验看，不同形态的复合肥料对茶叶有较好的增产效果。在采叶茶园中，施用铵态 2 : 2 : 1 复合肥与单体硫酸铵相比，第一年增产 4%，第二年增产 15%，第三年增产 18%，并对鲜叶品质内含物如儿茶素、茶多酚及水浸出物的增加也有良好作用。又如硝态氮肥 2 : 2 : 3 和 2 : 2 : 1 两种复合肥，在浙江、安徽、福建、广东、贵州等省份多点试验结果证明，前者与单体硫酸铵相比，一般增产 11%～15%，甚至达 28%～29%；后者与单体硫酸铵相比，一般增产 10%～14%，增产幅度高的达 19%～28%，并对鲜叶品质内含物的提高、正常芽叶比重的增加等也有较好的效果。

(四) 施肥方法

1. 根部施肥　不论是基肥还是追肥，根部施肥都是开沟施。根据种植方式不同，施肥沟的形式有条施和环施，条植茶园要条施，丛植茶园要环施。

施肥的深度和位置，根据茶树根系的分布情况、肥料种类和性质以及土壤气候条件等决定，并且基肥和追肥施法也有差别。

基肥一般以有机肥为主，配施磷、钾化肥。有机肥体积大，分解慢，应深施，施肥沟较追肥开得深，一般沟深 20～30cm，沟宽 20cm 左右。追肥深度要依肥料性质而定，如硫酸铵、硝酸铵施肥沟深 5～7cm；氨水、碳酸氢铵、尿素则为 10～13cm；磷肥和基肥一样深施；钾肥和硫酸铵一样要浅施。施肥后均应随即覆土耙平；施用容易挥发的肥料须边施边盖土，以保肥效。

施肥的位置以根系分布情况而定，原则上以树冠垂直向下开沟，并随茶树生长情况，逐渐离树远些，而且深些。未成篷的幼年茶树，离根颈一定距离穴施，1～2 年生茶苗离根颈 10～15cm，3～4 年生茶树距离根颈 20～30cm，4 年生及以上的茶树已初步形成树冠，施肥时可在树冠的外缘垂直处开沟施。同时，考虑到地形，平地条栽茶园应在茶行两边轮换开沟，如已封行，则在行间开沟；坡地条植茶园则在茶园的上方开沟；平地丛植茶园，围绕茶树开环形沟，而坡地则在茶丛上坡开半圆形沟，以利于茶树吸收肥，减少淋失。

2. 根外追肥 茶树除了依靠根部吸收矿质营养，也能通过叶表面吸收矿质营养。将肥料配成溶液喷洒在茶树叶面上的施肥方式称为根外追肥或叶面施肥。

茶树叶片吸收养分的途径有两种：一是通过叶片的气孔进入叶片内部；二是通过叶片表面角质层化合物分子间隙和向内渗透进入叶片细胞。叶面施肥不受土壤对养分淋溶、固定、转化的影响，用量少，养分利用率高，施肥效益好，对于施用易被土壤固定的微量元素肥料非常有利。因而通过叶面追肥可使缺素现象尽快得到缓解，同时还能避免在茶树生长季节因施肥而损伤根系。在逆境条件下，喷施叶面肥还能增强茶树的抗性。例如，干旱条件下叶面施肥可适当改善茶园小气候，有利于提高茶树抗旱能力；而在秋季进行叶面喷施磷、钾肥，可提高茶树抗寒越冬能力。

叶面追肥施用浓度尤为重要，浓度太低无效果，浓度太高易灼伤叶片。叶面追肥还可和治虫、喷灌等结合，便于管理机械化，节省劳力。混合施用几种叶面肥，应注意只有化学性质相同的（酸性或碱性）才能混合。叶面肥配合农药施用时，也只能酸性肥配酸性农药，否则就会影响肥效和药效。叶面追肥的肥液量，以喷湿叶子不滴水为原则。一般生产茶园每亩需 50~100kg 水溶液。茶树芽、嫩叶、老叶、茎和种子等都有吸收养分的能力，但嫩叶角质层薄，营养物质容易渗透，老叶组织老化，角质层厚，营养物质不易透过。就一张叶片来说，正面角质层厚，养分不易透过，而背面角质层薄，营养物质容易渗透，所以，嫩叶比老叶吸收叶面肥的能力强，背面比正面吸收能力强。因此，在生产施用中，要做到嫩叶、老叶一起施，正面、背面一起喷，最终确保施肥的效果。

表 7-5　茶树常用叶面肥种类及浓度

种类	名称	浓度	种类	名称	浓度	种类	名称	浓度
大量元素	尿素	0.5%~1.0%	微量元素	硼砂	0.05%~0.1%	生长调节剂	植保素	900 倍液
	硫酸铵	1.0%~2.0%		硼酸	0.1%~0.5%		农家	1%
	过磷酸钙	1.0%~2.0%		硫酸铵	0.1%~0.5%		叶面宝	125mg/kg
	磷酸二氢钾	0.5%~1.0%		硫酸锌	0.1%~0.5%		爱农	0.2%
	硫酸钾	0.5%~1.0%		钼酸钠	0.1%		健生素	2%
	硫酸镁	0.01%~0.05%		钼酸铵	0.05%~0.1%		赤霉素	50~100mg/kg
	硫酸锰	0.2%~0.3%		硫酸铜	0.05%~0.1%		920	2 500 倍液
生物肥	增产菌	500mg/kg		亚硒酸钠	0.005%~0.01%		茶壮素	1%
	EM	1 000 倍液		复合微肥	0.2%		EF 植物生长剂	70~100mg/kg
	核酸生物	2 000~3 000 倍液	有机液肥	茶叶素	1%			
				氨基酸液肥	300~600 倍液			
				高美施	500 倍液			
				生化有机液肥	300 倍液			

目前，用作茶树叶面追肥的种类有大量元素、微量元素、稀土元素、有机液肥、生物菌肥、生长调节剂以及专门型和广谱型叶面营养物，品种繁多，作用各异。综合各地的实践将一些常用叶面肥的使用浓度列于表7-5。

微量元素及植物生长调节剂通常每季喷1～2次，以在芽初展时喷施为好；而大量元素可每7～10d喷施1次。由于早上有露水，中午有烈日，喷施时易使浓度改变，因此宜在傍晚喷施，阴天则不限。下雨天和刮大风不能喷施。

任务三　茶园绿肥

一、茶园绿肥的作用

茶园间作绿肥，尤其是豆科绿肥，对改良茶园土壤有良好作用。首先是绿肥的有机质含量丰富，含氮量高，并能固定空气中的氮，将其转为有机态氮，从而提高土壤有机质和含氮水平。其次，茶园间作绿肥，可以减少地表径流，防止水土流失。特别是幼年茶园由于茶树覆盖面小，间作绿肥是土壤冲刷的重要措施之一。

茶园合理间作绿肥对促进幼龄茶树生长的效果也是十分明显的，尤其在我国华南地区，由于气温高，太阳辐射强烈，夏季常易将茶树灼伤，茶园间作高秆绿肥后能起到遮阳、降温和改善茶园小气候的作用，从而防止茶树灼伤现象。

由于上述原因，茶园间作绿肥一般都具有促进茶树生长、提高茶叶产量和改进品质的良好作用。广东、福建、安徽、浙江、河南等省份有关部门的试验表明，茶园间作绿肥翻埋入土后，茶叶产量比不间作的增加11％～75％，对夹叶比例减少，正常茶叶比例增加，茶叶原料品质明显改善。

二、茶园绿肥的主要品种

适合茶园种植的绿肥品种很多，按绿肥作物播种期、生长期分为夏季绿肥、冬季绿肥和多年生绿肥等几种。

(一)茶园夏季绿肥

1. 豇豆　又称为饭豇豆。豆科豇豆属，1年生蔓生草本植物。适宜在长江中下游广大地区种植。喜温暖湿润气候，在20℃以上温度时生长迅速。生长期短，在浙江、江西、湖南等省份一年可种两季，耐旱性强。其中乌豇豆的耐旱、耐瘠性最好，株型矮小，与茶树生长矛盾不大，是茶园较好的夏季绿肥。

2. 大叶猪屎豆　又称为响铃豆。豆科，1年生或多年生灌木状草本植物。长江中下游地区和华南茶区都有广泛种植。耐旱、耐瘠性强，有再生能力，一年可割多次，产量高，是茶园理想的夏季先锋作物。此外，在幼龄茶园中间作的还有三尖叶猪屎豆、三圆叶猪屎豆，但由于株型高大，生长季节易与茶树争肥、争水和争光。所以，一般只能在1～2年生幼龄茶园中间作。

3. 柽麻　又称为太阳麻。豆科百合属，1年生草本植物。株型直立，高2m左右。在长江中下游地区被广泛引种，其中在安徽省的一些幼龄茶园中间作最普遍。喜温暖湿润气候，适宜生长温度为 20～30℃，耐旱又耐涝，但茎叶比大，茎秆木质化程度高，肥效不如大叶猪屎豆，同时因株型高大，容易影响茶树生长，种植时密度应适当缩小。

4. 花生　俗称落花生、地果子。豆科落花生属，1 年生草本植物，是油料作物。在山东、安徽、河南等省份茶园中较多间作。其抗旱能力强，适宜栽种于沙性土壤中。花生品种较多，以栽伏花生最好，营养成分高，株型矮小，保土保水性能强，在春季干旱的江北茶区间作更为适宜。

5. 绿豆　豆科豇豆属，1 年生草本植物，是粮肥兼用的豆类作物。喜温暖湿润气候，种子在 8～10℃时开始发芽，生育期间要求有较高的气温，最适生长温度为 25～30℃。作茶园绿肥的绿豆有小绿豆和大绿豆两种。小绿豆植株矮小，生长期短，产量低，抗逆性差，适于台刈改造后第 1～2 年的茶园中间作，在长江中下游地区种植较普遍。大绿豆植株高大，半匍匐型，抗性强，长势好，生长期长，产量高，为避免生长过旺而影响茶树生长必须及时刈割。

（二）茶园冬季绿肥

1. 紫云英　又称为红花草子。豆科黄芪属，1 年生或越年生草本植物。主要栽培于长江以南地区和华南茶区。喜凉爽气候，适宜于水分条件优越、肥力水平较高的幼龄茶园中栽培。最适生长温度为 15～20℃，1 月平均气温不低于 0℃，最低温度不低于 −15℃ 的茶区间作，一般都可获得较好的效果。

2. 金花菜　即黄花苜蓿，又称为黄花草子。豆科苜蓿属，1 年生或越年生草本植物。主要栽培于浙江、安徽、江苏等省份，近年来除山东省外，全国各地茶区都有种植。它适宜于排水良好的茶园种植，耐寒性较紫云英差，抗旱性较紫云英强。

3. 苕子　又称为兰花草子。豆科巢菜属，1 年生或越年生匍匐草本植物。主要栽培于安徽、江西、陕西、甘肃等省份。在温度为 10～17℃ 时生长迅速。目前在长江以南茶区、华南茶区的一部分高山茶园也有引种。由于它抗旱、抗寒，耐瘠性强，适应性广，所以是肥力和水、热条件较差茶园的冬季绿肥的较好选择。但它生长期长，并有藤蔓缠绕茶树，会影响茶树生长。因此，间作后必须加强茶园清理，及时埋青。

4. 豌豆　俗称冬豆、料豆等。豆科豌豆属，1 年生或越年生草本植物，是粮、菜、肥兼用作物。除山东外，全国各茶区都有种植。豌豆有白花豌豆和紫花豌豆两种。白花豌豆为早熟种，产量低；紫花豌豆为迟熟种，分枝多，产量高。适宜于冷凉而湿润的气候，种子在 4℃ 左右即可萌芽，能耐 −8～−4℃ 的低温。耐旱、耐瘠、耐酸能力强，是茶园较好的冬季绿肥。

5. 肥田萝卜　俗称满园花、茹菜。十字花科萝卜属，1 年生或越年生直立草本植物。在湖南、浙江、江西、广东、广西、贵州等地广泛种植。喜凉爽气候，当气温4℃时即可发芽生长，15～20℃ 为最适生长温度。耐旱、耐瘠力强，对土壤要求不严格，吸磷能力强，产量高，它不仅是茶园种植前较好的先锋作物，而且也可作幼龄茶园的间作绿肥。

(三) 茶园多年生绿肥

1. 爬地木兰　又称为铺地木兰或九叶木兰。多年生豆科草本植物。抗性强，耐高温，耐刈割，产量高，适宜于华南茶区种植。由于它是匍匐型的，根系庞大发达，固土能力强，是较好的护梯绿肥。但抗寒性差，在长江中下游地区不能越冬。

2. 紫穗槐　又称为棉槐。多年生，豆科灌木。抗旱、抗瘠性强，株型高大，耐刈割，产量高，养分含量丰富。根系深，固土能力强，能耐低温。在我国北方产茶区种植最多，近年来南方产茶省份也有引种，是较好的坎边绿肥。

3. 木豆　俗称蓉豆。豆科小灌木型植物。在广东、广西、云南以及福建南部等地都有种植。耐寒性差，在长江中下游地区不易越冬。其茎、叶细嫩，容易腐烂，肥效好，是华南地区较好的坎边绿肥。

茶园多年生绿肥还有很多，如长江以北茶区的草木樨，华南茶区的山毛豆，长江以南茶区的双落红、大叶胡枝子等都有利用价值。

三、茶园间作绿肥的栽培技术

茶园间作绿肥，首先要选择好绿肥的品种，其次是合理间作，同时还要正确使用，才能提高绿肥肥效，发挥绿肥的最大增产效果。

(一) 茶园绿肥品种的选择

茶园种植的绿肥要避免与茶争肥、争水、争光等现象的发生，必须因地制宜地选好绿肥种类和合适的品种。生荒土在种茶前以及老茶园换种改植时为进一步熟化土壤或改变衰老茶园土壤微生物区系，促进残留物质迅速分解，往往要种植1~2季先锋作物。先锋作物的绿肥要选用抗性强、根深、株高、枝叶茂盛、产量高的高秆绿肥，如大叶猪屎豆、柽麻、木豆、山毛豆、田菁、肥田萝卜、苕子等。对1~2年生的幼龄茶园要选用矮生或匍匐型绿肥，如伏花生、绿豆等，既不妨碍茶树生长，又有利于水土保持；对于3~4年生茶园，可选用早熟、矮生的绿肥，如乌豇豆、黑毛豆、小绿豆等，以防与茶树生长相矛盾。在华南茶区，作为茶苗遮阳绿肥，要选用秆高、叶疏、枝干呈伞状的山毛豆、木豆等；在长江以北茶区，作为土壤保温用的，可选用毛叶苕子等。坎边绿肥以选用多年生绿肥为主，长江以北茶区可种紫穗槐、草木樨；华南茶区可选用爬地木兰、无刺含羞草；长江中下游广大茶区可选用紫穗槐、知风草、双落红、大叶胡枝子等。此外，在选择茶园绿肥时，还要注意茶园土壤肥力、地形特点、茶区的气候条件及绿肥本身的生长习性，并加以综合考虑。

(二) 茶园绿肥的栽培

茶园间作绿肥的主要目的是改良茶园土壤理化性质，不断提高茶园土壤肥力，从而促进茶树生长，为茶树高产优质创造良好的土壤条件。茶园间作绿肥，既要使绿肥高产优质，又不妨碍茶树本身的生长发育，因此必须合理间作。具体的栽培技术如下：

1. 不误农时，适时播种　适时播种是茶园绿肥高产、优质的重要环节。我国大部分茶区冬季少雨，气温较低，茶园冬季绿肥如果播种太晚，在越冬前绿肥苗幼小，根系又浅，抗寒抗旱能力弱，易遭冻害，影响苗期成活率，也影响产量。我国茶区辽阔，气候条件复杂，绿肥种类繁多，各地绿肥的最适播种期差异很大。在适宜的播种期内，如果水分和气候条件许可，要力争早播，有利于提高产量和品质。

2. 不碍茶树，合理密植　因地制宜、合理密植是茶园间作绿肥成败的关键。如果间作密度过大，虽然可以充分利用行间获得绿肥高产，但会影响茶树的生育，造成不良后果。反之，如果间作太稀，则不能充分利用行间空隙，绿肥产量低，改土效果受影响。如何正确处理茶树与绿肥两者之间的关系？实行合理密植极为重要。多年的实践证明，茶园间作绿肥宜采用绿肥行间适当密播，绿肥与茶树之间保持适当距离，尽量减少绿肥与茶树之间的矛盾。长江中下游茶区的条栽茶园夏季绿肥宜采用"1，2，3 对应 3，2，1"的间作法，即 1 年生茶园间作 3 行绿肥，2 年生茶园间作 2 行绿肥，3 年生茶园间作 1 行绿肥，4 年生以后的茶园不再种绿肥。冬季由于茶树与绿肥之间矛盾少，可以适当密播。如采用油菜、肥田萝卜、紫云英、苕子混播或采用豌豆、肥田萝卜、黄花苜蓿混播，绿肥之间可取长补短，互相依存，有利于抗寒和抗旱，产量可比单播高出 40%～70%。

3. 根瘤菌接种，提高绿肥品质　在新垦茶园或换种改植茶园土壤中，能与各种豆科绿肥共生的根瘤菌很少，茶园间作绿肥产量不高，品质也差，因此在茶园间作绿肥时，要选用相应的根瘤菌接种。此外，在一般红壤茶园土壤中，由于钼的含量低，导致绿肥根瘤菌发育不良，固氮能力弱。例如，在根瘤菌接种时拌以钼肥，可大大提高绿肥固氮能力。

4. 以中肥养大肥，以磷增氮　一般茶园土壤瘠薄，间作绿肥时仍然要施少量肥料，尤其是磷肥。绝大多数茶园绿肥对磷肥的反应十分敏感，少量磷肥可大大促进茶园豆科绿肥的固氮能力，同时也可大大提高其产量和品质。据广东、浙江、福建、江西等省份有关单位研究，绿肥施磷，产量可提高 13% 以上。此外，夏季绿肥苗期成活率低，蹲苗时间长，适当追施肥水，可促进绿肥生长；冬季绿肥适当施些草木灰，有利抗寒保苗。

5. 及时刈青，减少矛盾　各种绿肥，尤其是夏季绿肥中的高秆绿肥，株型高大，后期生长迅速，吸肥力强，常会妨碍茶树正常生长。这时，就需要通过刈青来解决。此外，冬季绿肥要及时防寒防冻，确保安全越冬。如果发现病虫为害绿肥，要及时防治，以争取高产优质。

（三）茶园绿肥的利用

绿肥利用方式很多，主要有以下几种：

1. 直接埋青　当冬季绿肥生长到盛花期或夏季绿肥生长到上花下荚时，结合茶园耕作，直接埋入行间。为了防止绿肥发酵发热"烧伤"茶根，施肥沟以远离茶树根颈 40～50cm 为宜。

2. 制堆肥、沤肥　为了提高绿肥肥效，可把各种绿肥收集在一起，与厩肥、海肥、塘泥等一起堆腐或沤泡，待有机质腐解后，作茶园基肥用，沤泡的肥水可作追肥用。

3. 作茶园覆盖物　茶园覆盖是茶树高产优质的技术措施之一，但在生产实践中，由于受覆盖物来源的限制，运用尚不普遍。把茶园绿肥刈青后直接作茶园覆盖物，这样取材方便，省劳力，效果好。绿肥作幼龄茶园覆盖物对提高土壤含水量、防止水土流失、提高茶苗的成活率都有显著的效果。

4. 作沼气原料和牲畜饲料　各种绿肥营养丰富，有机质含量高，不仅是制沼气的原料，也是各种牲畜的好饲料。通过绿肥发酵和饲喂牲畜，再用发酵料、畜粪等作茶园基肥、追肥，可充分利用茶园绿肥的生物能，是茶园绿肥的最佳利用方式。

技能实训

茶园施肥实践

一、实训目的

肥料提供茶树生长所需要的营养元素，是茶树有机体新陈代谢的物质基础，也是进行营养生长和生殖生长的物质基础。施肥技能与整地、灌溉排水、茶树苗情诊断、病虫害防治等技能密切相关。通过实训，理解茶树需肥规律和特点，熟练掌握茶树施肥技术，为茶树丰产丰收奠定基础。

二、内容说明

1. 茶树需肥的特点　根据茶树的吸肥特性及时补充茶树所需的养分，茶树所需的大量营养元素为氮、磷、钾，简称肥料三要素，三要素的配合比例一般采用3：1：1。磷肥是一种迟效肥，一般在深耕改土重施有机肥时配合施入。氮肥和钾肥在各季节按比例施入茶园。

2. 施肥量的计算　一般按产量的大小来计算施肥量，每生产100kg干茶应施追肥30kg尿素，配施8～10kg硫酸钾。

三、实训条件

1. 材料　厩肥、堆肥、粪尿、饼肥、尿素、过磷酸钙、钙镁磷肥、复合肥等。
2. 设备　塑料桶、铁锹、耙子及运输工具等。
3. 实训场所　实习茶园。

四、操作步骤

1. 肥料种类
（1）有机肥。厩肥、堆肥、粪尿、绿肥、饼肥等。
（2）无机肥。尿素、过磷酸钙、钙镁磷肥、复合肥等。

2. 施肥次数和时间　茶树施肥分为施基肥和追肥两种。每年施基肥 1 次，在茶树接近停止生长的 11 月进行。追肥 1 年施 3 次，第一次在春茶前施 1 次催芽肥，第二次在夏茶萌发前 5 月施用，第三次在夏茶后期 7—8 月施用。

3. 施肥量　根据茶树树龄大小、产量多少确定施肥量，氮、磷、钾三要素配合使用。

1～2 年生茶树每亩施纯氮 2～4kg，氮、磷、钾比例为 1∶2∶1；3～4 年生茶树每亩施纯氮 5～6kg，氮、磷、钾比例为 2∶2∶1；5～6 年生茶树每亩施纯氮 7～9kg，氮、磷、钾比例为 3∶1∶1。

4. 施肥方法　茶园施肥一般采用开沟施肥、覆土埋盖的方法，施肥沟开在树冠边缘垂直的地方。施肥沟深度为：基肥 18～21cm，追肥 6～9cm。

5. 茶树根外追肥　把肥料按浓度兑入清水，配好的液体肥料，用喷雾器喷洒在茶树叶片背面，以喷湿为度。目前普遍使用的肥料有尿素、硝酸铵、过磷酸钙、生物肥料等。

6. 注意事项

（1）在实训过程中要做好记录，出现问题及时解决。

（2）有机肥应充分腐熟，以防杂草和病虫传播。有机肥堆底要铲净，防止茶树徒长。

五、技能考核标准

技能考核标准具体见表 7-6。

表 7-6　技能考核标准

考核内容	要求与方法	扣分项	扣除分值	需要时间	熟练程度	考核方法
有机肥施用（30 分）	结合耕地或整地施用有机肥	1. 有机肥未充分腐熟； 2. 施用方法不正确； 3. 施肥不均匀	10 10 10	3 学时	熟练掌握	分组实训或模拟考核以报告评分
化肥施用（70 分）	结合整地、合理施用化肥作基肥	1. 施用量计算不准确； 2. 撒施不均匀； 3. 施肥后不能及时整地； 4. 施用时期不合理； 5. 施用方法不正确； 6. 根外追肥不正确	10 10 10 15 15 10			

📖 知识拓展

茶园高效施肥技术

施肥在茶叶生产中具有十分重要的作用，据联合国粮农组织对中国、印度、斯里兰卡和肯尼亚四国的调查表明，肥料投入对茶叶增产的贡献率高达 41％，超过土地（25％）和劳动力（8％）的贡献率。由于肥料在提高茶叶产量和品质中的特殊地位，茶农对施肥十分重视。据对全国典型产茶县区的调查表明，茶园平均施氮量高达 553kg/hm^2，其中 93％ 来自化肥，个别茶园施氮量甚至超过 2 100kg/hm^2，导致大量的氮素通过二氧化氮或一氧化氮形式进入大气或水体中，不仅浪费了宝贵的肥料资源，而且污染了环境。因此，对于施肥量偏高的茶园采取减量施肥，提高肥料利用率，对于降低茶叶生产成本，改善茶区生态风环境，促进茶叶生产的持续健康发展具有十分重要的意义。

茶园高效施肥的目的首先是为了提高肥料养分的利用率和施肥效益，施肥时还必须综合考虑茶园土壤养分资源现状，茶树对养分的需求和吸收规律，肥料的性质和作用，等等，确定肥料的种类、数量、施肥的时间和方式等。其次，施肥应维护和改善茶园生态环境，不断提高土壤肥力水平，避免施肥不当引起的土壤严重酸化、重金属累积和茶园附近水体富营养化等，实现茶叶生产的持续健康发展。为了达到这些目的，茶园施肥必须做到"一深、二早、三多、四平衡、五配套"。

"一深"是指：肥料要适当深施，以促进根系向土壤纵深方向发展。茶树种植前，底肥的深度要求在 30cm 以上；基肥达到 20cm 左右；追肥也要在 5～10cm。切忌撒施，否则遇大雨导致肥料冲失，遇干旱造成大量的氮素挥发而损失，还会诱导茶树根系集中在表层土壤，从而降低茶树抵抗旱、寒等自然灾害的能力。

"二早"是指：①基肥要早。进入秋冬季后，随着气温降低，茶树地上部逐渐进入休眠状态，根系开始活跃，但气温过低，根系的生长也减缓，早施基肥可促进根系对养分的吸收。长江中下游茶区 9 月中旬开始施肥，10 月底前结束；江北茶区可提早到 8 月下旬开始施用，10 月上旬施；而南方茶区则课推迟到 9 月下旬开始，11 月中旬结束。②催芽肥也要早。以提高肥料对春茶的贡献率。催芽肥要求在春茶开采前 1 个月施入。

"三多"是指：①肥料的品种要多。不仅要施氮肥，而且要施磷、钾肥和镁、硫、铜、锌等中微量元素肥料以及有机肥等，以满足茶树对各种养分的需要和不断提高土壤肥力水平。②肥料的用量要适当多。每公顷施氮量控制在 300～450kg，每次化学氮肥的施用量（以纯氮计）不得超过 225kg/hm^2，年最高用量不得超过 600kg/hm^2。③施肥的次数也要多。做到"一基三追十次喷"，对于采摘大宗茶为主的机采茶园，每次采摘后施一次。

"四平衡"指：①有机肥和无机肥平衡。有机肥不仅能改善土壤的理化性状，而且能提供协调、完全的营养元素。但有机肥养分含量低，需配合养分含量较高的无机肥，以达到既满足茶树生长需要，又改善土壤的目的。基肥以有机肥为主，追肥以化肥为主。②氮与磷钾、大量元素与中微量元素平衡。茶树是叶用作物，需氮量较高，但同样需要磷、钾、钙、镁、硫、铜和锌等其他养分，只有平衡施肥，才能充分发挥各种养分的效果。要求氮磷钾的比例在 2∶1∶1 至 4∶1∶1 之间。③基肥和追肥平衡。茶树对养分的吸收具有明显的贮存和再利用特性，秋冬季茶树吸收贮存的养分是翌年春茶萌发的物质基础，所以要重施基肥，但茶树生长和养分吸收是持续不断的，只有基肥与追肥平衡才能满足茶树年生长周期对养分的需要。一般要求基肥占年总施肥量的40%，追肥占60%。④根部施肥与叶面施肥平衡。茶树具有深广的根系，其主要功能是从土壤中吸收养分和水分。但茶树叶片多，表面积大，除光合作用外，还有养分吸收的功能，尤其是在土壤干旱影响根部吸收或施用微量营养元素时，叶面施肥效果更好。另外，叶面施肥还能活化茶树体内的酶系统，加强茶树根系的吸收能力。因此，在根部施肥的基础上配合叶面施肥，能充分提高肥料利用率。

"五配套"是指：茶园施肥要与其他技术配合进行，以充分发挥施肥的效果。①施肥与土壤测试和植物分析相配套。根据对土壤和植株的分析结果，制订正确的茶园施肥和土壤改良计划。一般要求每2年对茶园土壤肥力水平进行一次监测，以了解茶园土壤肥力水平的变化趋势，有针对性地调整施肥方案。②施肥与茶树品种相配套。这一点在季节性干旱明显，土壤黏重的低丘红壤茶区显得尤其重要。如天气持续干旱，土壤板结，施入的肥料不易溶解和被茶树吸收；雨水过多或暴雨前施肥则易导致肥料养分淋溶而损失。根据肥料种类采用不同的施肥方式则可提高肥料的利用率，如尿素、硫酸铵等氮肥在土壤中溶解快，容易转化为硝态氮，而硝态氮又不是茶树喜欢的氮素来源，又易渗漏损失。因此，茶园施氮肥时不能一次性施用过多，以每亩每次不超过15kg为宜。磷肥则相反，在土壤中极易吸附固定，集中深施有利于提高磷肥利用率。③施肥与土壤耕作和茶树采剪相配套。如施基肥与深耕改土相配套，施追肥与锄草结合进行，既节省成本，又能提高施肥效益；采摘名优茶为主的茶园应适当早施肥料，采摘红茶的茶园宜适当多施钾肥和铜肥，幼龄和重剪、台刈改造茶园应适当多施磷、钾。④施肥与病虫防治相配套。一方面茶树肥水充足，易导致病虫为害，要注意及时防治；另一方面，对于病虫害严重的茶园，特别是病害较重的茶园适当多施钾肥，并与其他养分平衡协调，可明显降低病害的侵染率，增强茶树抗病虫害能力。

思考题

1. 茶树需肥有何特性？
2. 茶园施肥应遵循哪几条基本原则？
3. 如何制订茶园年施肥计划？
4. 简述茶园基肥的施用方法。
5. 简述茶园根外施肥技术。
6. 简述茶园间作绿肥的作用。

项目八　茶树修剪技术

知识目标

1. 了解茶树修剪的生理作用及不同茶树修剪的方法。
2. 了解茶树修剪与耕锄肥培技术的配套知识。
3. 了解茶树修剪与采摘留养技术的配套知识。
4. 了解茶树修剪与病虫害防治的配套技术。

能力目标

1. 能够熟练地对不同时期、年龄的茶树进行修剪。
2. 掌握修剪技术与耕锄肥培技术的配套运用。
3. 熟练运用修剪与采摘留养的配套技术。
4. 掌握修剪技术与病虫害防治技术的配套运用。

知识准备

任务一　茶树修剪的目的意义和生理作用

一、茶树修剪的目的和意义

1. 经济生产芽叶的栽培茶树不修剪不行　栽植茶树若不经修剪，任其自然生长，一般的灌木型树高可达 2～3m，半乔木型树高可达 5～6m 甚至 10m 以上。这种茶树不但枝条生长散乱，分布不均匀、不合理，而且枝梢常不壮实，也不密集，每年的萌发轮次也较少，对光能和土壤养分利用率低，难以形成健壮密集的树冠而生产既多又好的新梢芽叶。此外，经短短几年的营养生长后，就进入漫长绵延的生殖生长期，在既进行生殖生长又进行营养生长的情况下，茶树就形成生长衰弱现象，使新梢发生少，展叶数量少，叶片变小，叶质变差，枝条短小细弱，树体衰败不壮，易于未老先衰，不能保持树冠有较长的健壮时期而获得较长时期的好收益。综合来看，栽培茶树若要经济生产茶树芽叶，不进行修剪是不行的。

2. 修剪是实现茶树经济栽培的必要技术手段之一　人类在栽培茶树中，应用修剪技术实现经济生产的历史已有上百年了。经不断地生产实践和科学研究，世界各主产茶国在经济生产茶叶过程中都已把修剪作为培养良好的树冠、实现高产优质持久的必要技术手段。理论和实践都已证明，对茶树进行科学合理的修剪是获得高产、优质、高效、持久的关键技术措施，成为近现代茶树栽培上必不可少的一项技术。

在中华人民共和国成立前，进行茶树经济栽培时，除杭州等少数地区有打顶养蓬和科学台刈修剪培养及更新树冠的习惯外，多数地区为自然生长，无法形成高产、优质、高效、持久的良好树冠，因而栽培的茶树单产低、品质差、高效期短，生产效率不高。

中华人民共和国成立后，我国茶区人民在党和政府的领导下，重视科学种茶，茶树修剪已成为广大茶区培育高产、优质、高效、持久树冠的一项重要技术手段，且收到了良好的经济效果。

现代，包括我国在内的世界各主产茶国，都对采用修剪培养良好经济树冠这一技术措施极为重视。尽管各主产茶国所采用的具体修剪技术有所不同，但总体情况大致相仿。对幼龄期茶树，采用定型修剪技术，进行多次定型修剪，迅速形成理想的经济树冠；对成龄期茶树，采用轻深不同程度的修剪，刺激新梢生长，抑制花果发育，修饰和复壮树冠生产枝，维持茶树的稳产高产；对衰老期茶树，多用重剪或台刈来更新改造树冠，实现重新高产。

总之，茶树修剪技术已日益被人们认识和掌握，它对于经济栽培茶树，培养高产、优质、持久、高效型树冠的作用及其重要。科学合理的修剪茶树能有效地提高茶园单产，提高茶叶品质，维持较长时期的经济生产，适应人工及机械作业，便于采摘和培育管理，提高劳动生产率。

据浙江农业大学和杭州茶叶试验场试验，对生产茶园进行轻度修剪，当年增产18.6％，翌年增产14.8％～27.3％，第三年增产7.2％～11.0％。

据湖南农业科学院高桥茶叶研究所试验，台刈老茶树后所产茶鲜叶的品质成分茶多酚、水浸出物都有所增加。

3. 修剪可控制茶树的适当树高和适宜蓬宽　栽培的茶树若不进行修剪，形成过高的树冠，既不便于采摘及其他培育管理的人工或机械作业以提高劳动效率，也不利于茶树体内水分和养分的运送供应以提高光能和养分利用率，以及茶树新陈代谢水平。

通过对茶树进行科学合理的修剪，可控制适当的茶树高度，促进茶树蓬面宽度扩大，形成矮壮宽广的树冠，所获得茶叶的产量要高、品质要好、持续效益要长久，也便于采摘及修剪和其他培育管理的人工或机械操作以提高劳动效率，实现经济栽培。一般树高以控制在60～90cm为宜。

在对茶树进行科学合理的修剪，以控制适当高度范围的同时，会扩大茶树树冠的幅度，形成较宽的蓬面，产生较高的树冠覆盖度，带来茶树的高产优质。但茶蓬过宽，供采摘及其他作业的操作道会丧失或太窄，不便于茶园作业工作。茶蓬过于荫闭，也不利于茶蓬下面通风透光，易滋生病虫害。若茶蓬过窄，操作道太大，对茶园土地利用会不经济，相应的采摘面也不大，难以实现高产。因而应通过修剪等技术，控制适当的蓬面宽度。一般蓬宽宜控制在100～120cm，操作道宽控制在30～50cm，茶园树冠覆盖度控制 70%~80%。

在控制茶树适宜高度和适当蓬宽的情况下，也应注意冠面形状。适当的弧面可增加采摘面积，有利于增产。

4. 修剪能培育良好的分枝结构、促进分枝健壮　总结各地高产、优质、持久、高效茶园的栽培技术经验，人们发现进行过科学合理修剪的茶树，其分枝结构良好，分枝层次多而清楚，枝干粗壮且分布均匀，采摘面下的生产枝茂密而壮实。

在茶树的分枝系统中，分枝的结构和层次，分枝的粗细和长短，分枝的分布和数目，都与茶树生长年龄和分枝系统部位有关，一般随树龄增长而增长，随分枝系统高度增加而减小。在越接近树冠表面的分枝，就越细小短弱，而数目则越多。越接近主干，离冠面越远的分枝越粗壮，它的寿命也越长。茶树分枝达到一定层数后，分枝的层数就不再增加，只是更新而已。所以采摘面下的生产小枝出现较多结节枝或枯枝时，表明树冠面生产枝层需要更新，就要采取较深的修剪，剪去结节枝或干枯枝密集的枝层，人为地使生产枝层得到更新。

据观察，自然生长的茶树，当生长到壮年期时有 8~9 层分枝，其分枝层数已基本固定。经修剪的茶树，到壮年期 8~9 年时有多达 12~14 层分枝，才保持分枝层固定，保持这样多分枝层数的茶树，其产量水平才最高，生长势才最旺。各地高产茶园的茶树树冠中，在中下部都有多达 5 层以上的强壮分枝，在中上部还有 5 层以上粗壮分枝。

据福建省农业科学院茶叶研究所对王家茶场的 10 足龄，亩产干茶高达 512.3kg 的高产茶园树冠结构调查结果表明，在离地 50cm 以下（第二次剪口以下）的 1~2 级骨干枝径粗达 2~3cm，每丛有 9~14 条。在离地 50cm 以上到采摘面以下的 3~5 级骨干枝径粗平均达 1.5cm 左右，每丛有 15~25 条之多。说明高产树冠的分枝不仅层次多而分明，而且枝条多而粗壮。只有这样的分枝结构骨架，才能支撑育孕上面壮实而密集的生产枝，形成宽广厚实的绿叶层。

高产茶园的实践经验表明，高产优质茶园的树冠生产枝层都有一定厚度的健壮绿叶层。一般中小叶种高产茶园的树冠绿叶层厚度达 10~15cm，而大叶种高产茶园的树冠绿叶层达 20~25cm。以叶面积而论，一般叶面积与地面积之比在 3~5 时为好，处于树冠骨架培养阶段的幼年茶树或重剪及台刈茶树，由于树幅尚小，枝条较疏，叶片较大，就应有较厚的绿叶层。在萌芽至采摘期的茶树上有一定数量的老叶的，茶树的芽叶生长发育期就长，所发芽叶就大而粗壮。因此保留一定数量叶子，无论对当年茶树的安全越冬还是对保证来年春茶的产量，都起着十分重要的作用。春季待新芽大量萌发生长后，老叶脱落会逐渐增多，故在生长季节中，应相应保留新叶来接替、补充脱落的老叶，以利于日后茶芽的健壮生长。因此，无论采摘或轻修剪，都不宜把绿叶层采光。

二、茶树修剪的生理作用

1. 去除顶端生长优势，促进侧芽萌发和侧枝生长　茶树和其他树木一样，其顶端枝条和芽叶，总比侧枝侧芽生长要迅速，呈现明显的顶端优势生长规律。形成顶端优势生长规律的原因目前有 3 种理论。

第一种理论是营养物质供应差异引起。该理论认为茶树叶子制造的有机养料和茶树根系吸收的无机养料，常优先供应代谢水平高、生长旺盛的顶芽主枝，使顶芽生长迅速，主枝生长粗壮。而在它下面的腋芽和侧枝，因得不到足够的养分，就影响其萌发和生长。这从一些生长健壮的茶树枝条的顶芽和腋芽几乎一起萌发的现象中得到印证。

第二种理论是顶芽产生的生长素下传浓度差异引起。该理论认为，在顶芽中会产生一种称为生长素的微量生物活性物质。这种生长素在顶芽中产生后，通过韧皮部向下传导，形成在顶芽中浓度低、在腋芽中浓底高的状况。而这种生长素在低浓度时能刺激细胞分化，产生组织器官的生长，而在高浓度时则起着抑制细胞分裂和阻止侧芽维管束形成，使侧芽不能得到足够的营养物质而阻止其生长。

第三种理论是根尖合成的细胞激动素上传，对抗高浓度生长素的抑制作用引起。根尖合成的细胞激动素沿木质部外围组织极性地向上传导，最后在分生组织中促进蛋白质的合成，对抗高浓度生长素对侧芽的抑制作用，便促进了侧芽的生长。近代国外试验表明，对侧芽施以细胞激动素后可促进侧芽生长，把被抑制的侧芽从停止生长中解脱出来。从而印证细胞激动素对抗高浓度生长素对腋芽的抑制作用。

当茶树主枝顶芽经修剪或采摘去除后，首先改变了营养物质的供应对象，使优先供应顶芽的营养物质主要流向了侧枝侧芽；其次，解除了自顶芽高浓度生长素对侧芽的抑制；再者细胞激动素对高浓度生长素的对抗使侧芽细胞开始分裂，侧芽组织得到分化，联系侧芽的维管束得以形成，综合作用促使侧芽和侧枝的萌发和生长。这就是修剪或打顶采，除去顶端优势，促进侧芽生长形成侧枝的生理作用机制。

2. 打破地上部分与地下部分相对平衡，促进长势增强　茶树在生长发育过程中，地上部分树丛和地下部分根系是彼此相互联系、相互促进并相互制约的。就如俗话所说"叶靠根养，根靠叶长"一样。在自然生长的正常状态下，茶树地上部分的茶丛和地下部的根系，其生长是相对平衡的，表现在根系和冠丛的重量比是相对稳定的。

在茶树的幼苗期，其生长优势集中在地下部分，因而其根系重量大于冠丛，根冠比常大于 1。在茶树进入壮年期后，根系和冠丛生长较为平衡，根冠比常在 1 左右。茶树进入衰老期后，对物质同化能力减退，生理代谢水平递降，根系和冠丛的生育机能均大为减退，这时根冠比又比壮年期为大，比值大于 1。每当人为地对地上部分枝叶进行修剪后，茶树的地上部冠丛枝叶减少，打破了原有地上部和地下部之间的平衡状态，使地下部根系贮存的有机养料和所吸收的无机养料集中向地上部分运送，促使地上部分的营养芽和新梢生长，以求得根系和冠丛获得新的平衡。新的树冠生长得茂盛，会产生更多的同化物质，供应根系很好地生长，两者相互促进，并在肥、水等条件配合下，促使茶树生长势的旺盛。

3. 改变树体内碳氮比，减低生殖生长，增强营养生长　茶树的生长和休止是由茶树体内养分的积累与消耗决定。在茶树体内养分的积累和消耗过程中，以碳氮含量比率关系最为密切，左右着茶树的生殖生长与营养生长。一般茶树体内碳素营养较多时，生殖生长占优势，开花结果就较多；茶树体内氮素营养偏多时，营养生长占优势，叶芽生长加强。

　　茶树如果长期不进行修剪，枝叶相对较多，合成的碳水化合物积累也较多，而相对的氮素营养含量就偏少，茶树体内碳氮营养比值就大，生殖生长变强，开花结果变多，营养生长变弱，枝梢生长少，逐渐趋于老化，茶树的长势就差。通过对茶树的修剪，不但剪除了形成花芽的顶部枝梢，减少了花芽，去除了一些营养生长，而且减少枝叶，减少了碳水化合物的合成，降低了茶树体内碳氮营养物的比例，相对提高了氮素营养的含量，促使氮素代谢旺盛，使茶树营养生长变强，营养芽大量形成和生长，树势变旺。

　　4. 降低茶树枝条发育的阶段性，复壮树冠　茶树和其他高等植物一样，在其树冠的上下不同部位的枝条，其发育阶段性是有区别的。表现在它们不仅在形态上有差异，而且在发育的本质上也有差别，即所谓的茎枝阶段发育上的异质性，处于植株茎下部的细胞组织，按其生长年龄上来说是比较老的，但按其发育阶段性来看，是比较幼嫩的。而在植株茎上部的细胞组织，从年龄上来说是比较幼小的，但其阶段发育是比较老的，与茎下部的状况则恰恰相反。所以茶树茎枝所处的高度不同，其细胞组织会具有不同的发育阶段性。

　　据浙江嵊州原三界茶场对老茶树进行不同高度修剪试验结果，剪去茶树地上部的1/4，在当年萌发的枝条上开花了；剪去茶树地上部的1/2，在当年萌发的枝条上也开花了；而剪去茶树地上部的3/4，到第二年才开花；剪去茶树地上的全部，则要长到第三年才开花。这说明修剪程度轻，在离地较高处修剪的茶树，新生枝条发生在阶段性发育较老的部位，所以当年就开花了；而修剪程度重，在离地较低处修剪的茶树，其新生枝条发生在阶段性发育较幼的部位，所以要第二年或第三年才开花。

　　由于高等植物各部位阶段性发育具有顺序的不可逆性和所处部位的局限性规律，使植物不同部位的组织在阶段发育上具有异质性。处在植物茎下部的组织在发育时间上虽然最先形成，但在发育阶段性上确是幼嫩的。不同阶段性组织的质变只能发生在不同阶段分生组织的细胞中，所以植物茎的下部组织始终保持原来所具有的幼龄阶段状态。而分生较晚，在茎上的组织细胞，起源于较老的分生组织，其细胞的阶段性比下部茎上细胞的阶段性更为成熟。因此，对茶树进行修剪，尤其是重修剪或台刈，可以降低更新枝条的发育阶段性，使更新的枝条具有旺盛的活力而复壮树冠。

任务二　茶树修剪技术

　　经济栽培茶树生产茶鲜叶的茶园，其茶树修剪的技术主要有修剪适宜时期的选择、幼龄期的定型修剪、成龄期的轻修剪和深修剪、衰老期的重修剪和台刈。

一、茶树修剪适宜时期的选择

　　1. 修剪适宜期选择原则　从栽培茶树一生的修剪适宜期看，茶树栽培最初几年的幼龄期是定型修剪时期。待培育修剪为成龄茶树后，常是轻修剪和深修剪的交替修剪期。到茶树衰老，产量下降到一定程度，是进行重修剪和台刈时期。

　　栽培茶树的年修剪适宜时期主要取决于茶树生长期、气候水肥条件、茶树品种、生产状况及病虫害情况等。

2. 修剪的年适宜时期选择 茶树一年的生长时间可分为生长期和休眠期。茶树的修剪适宜时期原则上应在年生长结束后的休眠期或季节生长的休眠期进行。

在茶树地上部分的休眠期里，地上部分枝中的有机养料大部分已转移到根部贮藏起来了，待翌年或第二季时茶树地上部分生长时再从根部逐渐向地上部分的生长芽叶供应。因而在茶树地上部分休眠期里，茶树枝叶所含养分最少，此时期修剪可减少茶树养分的无谓损耗。而根部贮藏较多养分又可供剪后萌发生长新梢之用。另外，茶树的生长发育是地上部分和地下部分交替进行的，茶树地上部分生长的休眠期，正是地下部分根系生长旺盛期，能对地上部分提供较多养分，供修剪后的新梢萌发生长所需，此期修剪有利于剪后萌发生长新枝叶。在四季分明的广大茶区，茶树休眠期是修剪最为适宜的时期。

3. 修剪的气候及水肥条件的选择 茶树修剪时期的选择与当地气候条件有较大关系，尤其是气温和降雨影响较大。气温是决定茶树生长与否及生长快慢的主要因素。降雨是影响茶树生长状况的重要因素。为了获得较好的剪后生长恢复效果，宜在气温较高、雨量充沛的初期修剪。根据这一原则，各地在选择修剪适宜时期时应因地制宜灵活掌握。

根据气候的南北差异性，我国南方各省份，如广东、云南、福建等，终年气温偏高，没有冻害，修剪的适期可在每年或每季生产结束时进行。对冬季有冻害威胁的地区或北方茶区，为防止寒流袭击，春季修剪就应推迟，秋季修剪宜提早。有一些地区为防止树冠表面枝条受冻，用剪齐树冠面或降低树冠高度的办法来提高抗寒力时的修剪就宜在秋末进行。一般丘陵地区的修剪宜迟于高山地区。南方地区的修剪宜迟于北方地区，在旱季和雨季明显地区，修剪不应安排在旱季来临之前，而应安排在雨季来临之前，否则剪后发芽生长困难，新枝细弱短小修剪效果差。另外，修剪后茶树的生长恢复需要有充足的水、肥供给，因而修剪适期应考虑水肥条件的准备情况，剪后切实跟上，才能获得较好的效果。

4. 修剪适期与品种、生产、病虫害有一定关系 修剪适期与茶树品种也有一定关系。茶树品种不同，生长季节的茶芽萌发期、休止期也有所不同。所以不同品种的修剪期也应不同。发芽早的品种修剪期应提前，反之推后，具体应在茶芽萌动前结束修剪工作。如果茶芽萌发后再进行修剪，必然会无谓地消耗树体营养物质，导致修剪效果差或者减产等。

茶树修剪适期与茶叶生产也有一定关系。在实际生产中，人们为增加当年收益，特别是春茶季节的高收入，往往在春茶后修剪，以便收获一季春茶，获得多半年的收入，这对成龄茶园及衰老茶园的修剪是有利的。

茶树修剪适期与病虫害情况也有一定关系。病虫害严重、产量低的宜早剪，反之可迟剪。

二、幼龄茶树的定型修剪技术

对幼龄茶树或台刈茶树进行定型修剪的目的是控制树高，促进侧芽萌发，增加茶树分枝，加速茶蓬扩展，增加骨干枝层数和粗壮度，形成高产茶树树形骨架。

茶树的定型修剪方法常有多次平剪法、分段修剪法和弯枝替代法等几种，具体技术如下。

1. 多次平剪法　多次平剪法定型修剪，一般要进行 3 次，每次的修剪技术略有不同（图 8-1）。

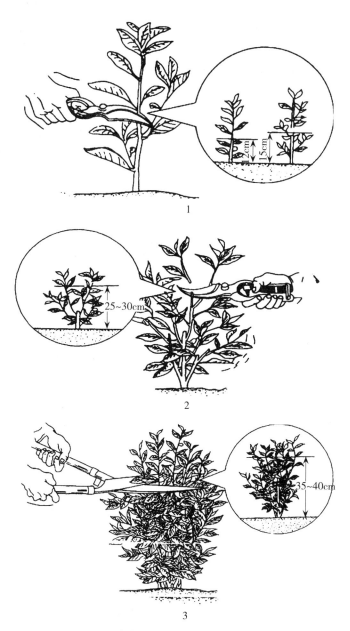

图 8-1　茶树多次平剪法定型修剪技术
1. 第一次平剪　2. 第二次平剪　3. 第三次平剪

（1）第一次平剪技术。第一次平剪树龄指标主要是茶苗生长高度和茎粗度等。一般灌木型茶苗达 1～2 足龄并有 75%～80% 的茶苗高度达 25～30cm，离地 5cm 处茎粗超过 0.3cm 并有 1～2 个以上分枝时，可开剪。一般乔木型或小乔木型及台刈的幼龄茶树 1 足龄时，离地 5cm 处茎粗达 0.4～0.5cm，75％～80％茶苗高度达 25～30cm，可开剪。

高度和茎粗达不到这一指标，就要推迟到翌年春茶生长休止后进行。第一次开剪离地高低与剪后分枝的多少、强弱有密切关系。剪得较低时，分枝常较少，但由于养分集中使用，所形成的分枝比较粗壮。剪得较高时，分枝常较多，由于养分分散，所形成的分枝比较细弱。一般而言，第一次平剪离地高度在 10～15cm 较适宜。乔木、半乔木型品种分枝部位较高，宜剪得高一些。灌木型品种分枝部位较低，应剪得低一些。气候温暖，土壤肥沃，茶苗长势旺盛的应剪得高一些；高寒山区，土壤瘠薄，茶苗长势较差的应剪得低一些。

第一次平剪质量的好坏对茶树骨架形成十分重要，应精细进行。宜用锋利的整枝剪，逐株依次进行修剪。只剪主茎，不剪侧枝，且留桩适当，避免留桩过长而损耗养分。尽量保留外侧腋芽，以便发生新枝向外伸展，剪口要光滑，切忌剪裂，以免雨水浸渍伤口而难愈合。

（2）第二次平剪技术。一般在第一次平剪 1 年后，苗高达到 35～40cm 时进行第二次平剪。修剪高度可在第一次剪口上提高 10～15cm，在离地 25～30cm 处用篱剪平剪后再用整枝剪修去过长的桩头，注意同样要保留外侧腋芽，以利分枝向外伸展。如果茶苗生长旺盛，苗高提前达到修剪高度，可提前一季进行。如果茶苗生长较弱，在第一次修剪一年后，苗高达不到 35cm 的指标，应当推迟修剪。

（3）第三次平剪技术。一般在第二次平剪 1 年后，苗高达到 50cm 以上时进行第三次平剪。如果茶苗生长旺盛，可提前；如果茶苗生长较差，可推后。修剪离地高度在上次剪口基础上提高 10～15cm，宜在离地 35～45cm 处，先用篱剪将蓬面剪平，再用整枝剪剪去细弱分枝和病虫分枝，以减少养分消耗，促进三级骨干枝粗壮。

（4）剪后要求及整枝补剪。定型修剪的目的是培育出健壮的骨干枝群，因而每次定型修剪后所发生的新梢是培育各级骨干枝的苗子，不可以采摘，否则就难以培育出好的骨架，造成难以弥补的损失。

一般经过 3 次定型平剪的茶丛，其树冠会迅速扩展，并已形成坚强的骨架，这时可适当留叶采摘或打顶采摘，待第三次剪后的一个或两个生长季结束后，茶蓬高度达 50～60cm，茶蓬宽度在 60cm 以上，即可正式投产。如果生长较差或采摘较重，茶蓬高度和宽度不够，可在第三次剪口基础上提高 5～10cm 进行一次补充性整枝修剪，并使树冠略带弧形，达到投产茶园茶蓬的高、宽度，可正式投产。

（5）失剪幼龄茶园的补剪定型。在播种或栽苗后 3～4 年里还未修剪的失剪幼龄茶园，如不抓紧补剪定型，会影响成园投产，故应分别情况进行补剪。

这类失剪茶园，如果大部分茶苗已有 3～4 层分枝，而且比较健壮，可直接在离地 35～40cm 处剪第一次。分枝少而细弱的，可离地 20～30cm 处剪第一次。之后根据生长和分枝情况，选择适当高度再补充修剪 1～2 次，待养成较好骨架后，开始投产采茶。

2. 分段修剪法　分段修剪法适用于南方茶区或小乔木型品种茶园，在茶苗定植后半年或直播后 1 年进行，当茶苗基部离地 5cm 处茎粗≥0.4cm 时进行第一次定型修剪，在离地 10～15cm 处剪去主茎。以后对萌发的侧枝达到修剪指标后即修剪，没达到修剪指标的，待长到修剪指标时再修剪。每层每次枝条长到茎粗 0.4cm 以上，展叶数达 7～8 叶，枝条上绿下红、半木质化时为修剪指标。经 2～3 次修剪完成一层的修剪任务，每年可修剪 2～3 层，每层修剪在上一层的剪口基础上提高 8～12cm。

除了夏季干旱无灌溉条件的地区和冬季易受冻地区之外，在全年所有生长周期内均可进行分段修剪。分段修剪法与多次平剪法相比，其优点是能充分利用生长量，能及时促进分枝，较快培养出骨干枝系结构。

南方茶产区的气候温暖，雨量充沛，年生长量较大，可利用这种分批多次的分段修剪法充分发挥生长量大的优势，较快培养出树冠，进入成龄，提早投产。

另外，这种分段修剪法对改变小乔木及乔木树型茶树的分枝习性、增加分枝数量、压低分枝部位、促使分枝均匀都有较好的作用。此法可在南方有条件的茶区采用。

3. 弯枝替代法 弯枝替代法是一种用弯枝技术配合修剪打顶等法来培育树冠、代替定型修剪的方法。弯枝替代法适用于小乔木型和乔木型等分枝能力弱的茶树品种。弯枝替代法在幼龄茶园和台刈茶园的树冠培养上的效果优于定型修剪法。

弯枝的原理是利用茶树顶端生长优势，人为地将生长旺盛的枝条弯向茶行外侧，以改变强壮枝条下部腋芽和顶芽的相对位置，促使腋芽较多萌发，较快生长，加速了树冠的扩大，促使茶园较早投产。

一般茶苗长到 1 足龄、茎粗达 0.5cm 左右、新梢已木质化时即可进行第一次弯枝扩蓬。弯枝宜在秋冬季进行。即将直立的主干和分枝向茶行两边呈平卧状弯曲固定，主要用竹片、竹钩小桩和细绳等进行固定。弯枝扩蓬后经一个冬季的生长，到翌年春季，被压枝上各部位的腋芽都会破鳞而出。第一次弯枝的第二年可根据新生枝条的覆盖度大小情况来决定是否进行第二次弯枝。生产上常有 1 弯 1 剪和 2 弯 2 剪及配合采养达到快速培养成投产茶园树冠的做法。

弯枝替代法扩展树冠时，除保留了全部叶片增强了光合强度外，也使顶芽产生的抑制腋芽萌发的激素作用得以改善，这就使腋芽大量萌发长成新梢而迅速扩大了蓬面宽度高度和枝条数量。另外，弯枝替代法还克服了定型修剪削弱树势、降低长势的问题。因此，弯枝替代法的枝条和根系生长量均优于定型修剪法。

4. 剪芯法 剪芯法是日本应用于幼龄茶树早期成园的一种定型修剪方法。它是一种对 1～2 龄幼树重剪主干枝和轻剪或留养侧枝的修剪方法。

剪芯法具有打顶促侧和保留光合面的双重效果，其优点是比弯枝替代法省工。从茶树生长特性来说，该方法对树冠的培养较为有利。

5. 其他定型修剪技术 在我国的老茶区，还长期存在着打顶养蓬的定型修剪法。主要是通过一定高度的打顶采来实现定型修剪，以扩大蓬面培养采摘面。这种方法对茶树损伤小，为许多茶农自家建茶园所采用。

此外，在我国一些茶区存在着定剪和定面采摘相结合的方法。定面采摘即在规定采摘高度的采摘面范围内采摘，这种方法有利于分段修剪，效果较好。

三、成龄茶树的修剪技术

成龄茶树的修剪技术主要以轻修剪和深修剪为主。此外，还有抽枝剪、边缘剪、留边剪等局部修剪法，现介绍如下，可因地制宜的选用。

1. 成龄茶树的轻修剪技术

（1）轻修剪的目的和作用。成龄青壮年茶树经过 1～2 年的不断采摘，树冠枝梢越来越细，育芽能力逐渐减弱，冠面上也长出了徒长枝，采面不整齐，同时有些欠成熟的秋梢及徒长枝，常受冻害，使叶片发黄甚至枯死，如果不及时对其进行修剪，就会影响发芽的密度和苗壮度，使茶叶产量和品质下降。在采摘旺季因劳动力跟不上失采而生长使茶蓬面过高的，需要适当轻修剪降低茶蓬高度到原定高度。因此轻修剪的目的和作用就是控制一定的茶蓬高度，使树冠蓬面整齐，保持一定树型，解除茶蓬蓬面枝条的顶端生长优势，刺激侧芽萌发，促进蓬面分枝健壮，增强育芽能力，便于采摘管理，等等。

（2）轻修剪的时节和程度。轻修剪的时节常在茶树定型修剪完成后和深修剪之间。青壮年茶树每年或隔一年要进行一次轻修剪。南方茶区，某些良种丰产茶园生长量大的，也可以每年轻修剪 2 次左右。一般在春茶前后或秋季生长刚停止时进行。

轻修剪的程度常要根据茶树类型、品种、新梢生育情况，以及气候条件和管理水平来综合考虑。所采用的轻修剪程度要达到提高育芽能力、增加发芽密度、促进芽头粗壮、保持一定树型、有利于提高产量和品质的目的。茶区轻修剪程度的经验，在上次修剪面上提高 3～5cm，剪去细弱枝的上段，保留春夏梢基部 1～2 个节间，作为翌年春季发芽的基础较为适合。通过多年试验可知，不宜单纯追求芽壮而使修剪程度偏重，当然也不是剪得越轻越好。

（3）轻修剪应保持的树冠形状。轻修剪时还必须考虑保持一定的树冠形状，以最大限度地利用环境条件，得到最佳覆盖度以及最好受光势态。

目前轻修剪所能保持的树冠形状很多，有水平形、斜坡形、弧形、椭圆形、屋脊形、三角形等。

一般生产上应用最多、效果较好的树冠形状是水平形和弧形两种。芽重型品种的冠面形状以水平形为好；芽数型品种的冠面形状以浅弧形为好；机采茶园的树冠面以椭圆形为最理想；乔木型或小乔木型品种则以水平形或稍凹形树冠面为好，可抑制其顶端生长优势。

2. 成龄茶树的深修剪技术

（1）深修剪的目的和作用。成龄青壮年茶树经几年采摘和轻修剪的刺激作用之后，常使分枝密集短小细弱，形成大量"小结节枝"，造成养分供给不畅，使枝条短小细弱，着叶很少且叶片变小，发芽瘦小易散，对夹叶增多，发芽迟结束早，树冠枝条育芽力降低，产量及质量明显下降。另外，茶树经几年的生长和轻修剪，形成太高的茶蓬冠面，较难采摘及管理，就需进行深修剪。深修剪的目的和作用就是剪除"小结节枝"层，降低冠面高度，更新生产枝，畅通营养供应，恢复育芽能力，等等。

（2）深修剪的做法和深度。深修剪是一种改造采摘蓬面的修剪法，也称深剪。一般经几次轻修剪之后就需进行一次深修剪，深修剪后又进行轻修剪，如此交替进行多次，以保持茶蓬旺盛的生长势，获得持续丰产（图8-2）。

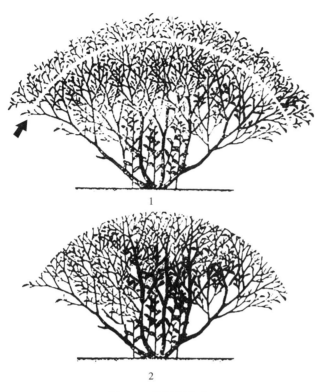

图 8-2　茶树深修剪
1. 深修剪前　2. 深修剪后

　　深修剪的深度常视品种及树冠小结节枝层深浅而定，一般大叶种结节枝层深，就要剪深些。一般中小叶种结节枝层较浅，可剪浅一点。适宜的深修剪深度：自冠面向下 10～15cm，以剪尽结节枝为度。

　　（3）深修剪的季节安排。深修剪的季节安排应因地制宜。按树体营养损失少的原则应在春茶前，但这样会推迟春茶季节，也减少春茶产量。为收获一季春茶，在春茶后夏茶前进行深修剪易受茶农接受，春茶后深剪，并留养一季夏茶，秋季可采很好的秋茶。但春茶后三夏大忙，劳动力紧缺，就有在夏茶后深剪，留养一季秋茶，秋茶后或翌年春茶前或春茶后轻修剪能取得较好的春茶收益。常有伏旱的地区不宜在夏茶后深剪，以免干旱影响新梢萌发，进而影响改造生产枝层的效果。

　　3. 成龄茶树的局部修剪技术

　　（1）抽枝修剪技术。在我国福建等青茶产区，采摘是在枝条开展 5 片叶以上形成驻芽时，采摘顶上近成熟带 2～3 片叶的新梢，较红绿茶产区，采摘 1 芽 2～3 叶新梢的采期要短，批次要少，而单次采量较多，采后留下的叶数通常多于红茶、绿茶产区。因而采后留桩就长，使养分分散，不利于次轮新梢的萌发，因而宜适当修剪，而不宜进行平剪损失枝条及功能性成熟叶片引起早衰。

　　抽枝修剪的方法因茶树品种、树势、肥培等不同而异。但其基本做法是：重剪主枝，轻剪侧枝，压强扶弱，诱导分枝；或剪弱留强，以培养骨干枝树型骨架。对一些分枝性能强、枝条稠密的品种，如毛蟹、大叶乌龙等，就可不必进行深修剪，而用抽枝修剪来代替，再与轻修剪交替进行，培育成龄茶蓬。对一些直立型、顶端优势强枝叶较稀少的品种，如福云七号、水仙、梅占、福鼎大毫等，就可采用压低主枝为主的抽枝修剪，重剪主枝，剪除茶蓬内结节枝和细密枝，而对有效分枝和充实健壮枝保留不剪。抽枝修剪的优点是有利于保留光合面，比失去树冠的上中层大部分成熟叶片要好得多。

抽枝修剪的时期一般认为在春茶前后为好，其依据是：在茶树年生长周期中，根系的淀粉和总糖含量以 1—2 月和 5—6 月春茶前后贮藏量为最多。茶树根系的这些养分是剪后生长萌发所必需的。为照顾一季春茶的好收益，生产上多采取在春茶后修剪的做法。

（2）边缘修剪技术。茶树的茶行接近封闭时，或坡地茶园梯坎外侧茶行因漏采过多，蓬面过宽不易采摘时，需要进行边缘修剪。

边缘修剪的方法是：剪去茶行两侧或一侧的部分枝条，以形成行间 30～50cm 的行间，便于采茶和管理行走。梯地茶园梯坎边沿一行茶树的外侧树冠进行边缘修剪方法是：剪去突出的部分枝条或过宽的部分枝条，以收窄蓬面，平整冠面，便于采摘管理。

（3）留边修剪技术。留边修剪又称肺型修剪或预修剪。在热带及亚热带茶区，由于茶树生长期冗长，休眠期短暂，在轻修剪期结束后，树体茎干和根系所贮存的养分不足，加上季节性干旱明显，因而采取留边修剪方法代替深修剪。

留边修剪法在 20 世纪 60 年代印度和斯里兰卡曾做过报道。报道这种方法代替正常深修剪时，对剪后树势恢复和抗旱能力都较好，其芽叶产量也较高，其原理是留下边上的枝条为树体枝条更新生长提供光合养分之故。

留边修剪法是先剪去冠面中心部分的枝叶，留下边上大部分或全部枝条不剪，对靠近主干基部的枝条也全部保留，待中心部分长出枝条后，再剪去边上的枝条，之后边上更新出枝条后，完成冠面更新工作。

四、衰老茶树的修剪技术

衰老茶树的修剪应根据拟剪茶树衰老程度的不同状况因地因树制宜地进行。其技术方法主要有重修剪和台刈。

1. 重修剪技术

（1）适宜重修剪的茶树状况。一些衰老茶园的茶树年龄不一定很老，但由于放松耕锄肥培管理或采摘养护不合理等原因，导致树冠矮小，分枝稀疏，结节枝多，芽叶瘦小稀少对夹叶多，树势衰弱，产量明显下降，但其多数主枝尚有一定生活力。这就是所说的半衰老和未老先衰茶树。这类茶树就可采用重修剪技术方法，使其更新复壮。

（2）重修剪的技术方法。重修的高度，应科学确定，一般是剪去树冠的 1/3～1/2，以离地 30～45cm 处剪去为宜。对树型较人，骨干枝不太衰老的，可剪高一些。

树型较小、枝条衰老的，应剪得低一些。修剪过高，衰老枝剪不尽，大结节枝尚留，就达不到更新复壮目的。修剪过低，枝条剪得多，留下的骨架窄矮较小，则恢复得慢，复壮成壮龄茶蓬需要的时间就长。在实践中，在剪尽衰老枝和大结节枝的情况下，以尽量留高为好，这样改造后恢复得较快。对同一地块或同一行茶树，修剪的高度应大体一致，这样就要就低而不就高，对高的就宜多剪掉一点。茶丛内的个别枯老枝、细弱枝、病虫枝、斜叉枝都应从基部或地面剪除。经重剪后再经打顶或轻修剪培育可更新复壮（图8-3）。

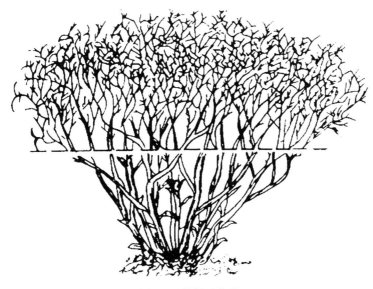

图8-3 茶树重修剪

（3）重修剪的季节和工具。重修剪原则上以在茶树休眠期为好，应在春茶前。但春茶前重剪后，春茶的好收入就没有了。考虑到收获一季春茶，在春茶后修剪也很好，修剪后气温高，加之雨水多，生产更新恢复得较快，经夏、秋两季生长和适当打顶采与肥培管理，翌年春茶会增产明显。若在夏茶后重剪，剪后只有秋季一个生长季，如果再遇伏旱，当年生长量少，恢复就较差。如北方茶区，秋季生长的枝条不够充实，常易受冻害，因此不好。一些茶场在秋茶后重剪常造成整个冬季较长时间树干光秃，树体贮存营养少，翌年萌发生长差，还不如春茶前重剪。

重修剪的工具可选择锋利的镰刀，不易弄破留下的枝干。割后用整枝剪对茶丛内的细弱枝、枯老枝、病虫枝、斜叉枝进行剪除。也可用短刃园艺剪进行重剪。

2. 台刈改造技术

（1）适宜台刈改造的茶树状况。一些树势已十分衰老的茶树，其枝干枯秃，多数枝条丧失了萌发新枝芽叶的能力，有些枝干上布满苔藓地衣，着叶很少，叶片很小，全是对夹叶，茶叶产量也很低，质量差，同时其根系也已枯老，吸收能力很差，即使增施肥料，也很难提高产量，对这类十分衰老的茶树，宜进行台刈改造。

（2）台刈改造的技术方法。台刈改造的高度一般以离地5～10cm为宜。主干不老，萌发力强的可高一些。萌发力差的主干留茬高则发芽不壮，新枝纤细，改后复壮不佳。如果留茬过低则有发芽部位少、新枝数量少的问题（图8-4）。

台刈切口处

图 8-4　台刈 1 年后的茶树生长状况

台刈时可用锋利的镰刀自下而上进行提割台刈，这样使切口呈斜面形且光滑平整不裂留茬，以利于留茬上不定芽萌发更新。但对粗大的枝条镰刀常割不了，这时可用台刈剪或短刃长柄园艺剪进行台刈，但不应弄破桩头，否则裂口不利于萌发或桩头腐烂导致难以愈合，造成改造更新效果不佳。采用台刈机时，能避免留桩撕裂破口等，效率也很高。

有些老茶树，由于自然更新，已从根颈处发出一些枝条来代替枯老的主干，使一丛茶蓬中既有枯老主干，又有已更新的健壮枝干，这种茶园就可以选择抽刈的办法，剪去枯老主干，保留健壮枝干，适当整形修剪，可不太影响当年产量。为使抽刈后的茶树冠面整齐宽广，可在抽刈后进行重修剪或轻修剪等，使之改造成壮年树冠。

（3）台刈季节和刈后培育。台刈季节以早春较好，这时茶树根部积累养分较多，能使刈后萌发的有力。另外其生长期长，全年都在生长，有利于形成健壮骨干枝群。但有些为了照顾当年一季春茶，也可以在春茶采收结束后台刈。

台刈后发出新枝，芽叶肥壮，生长旺盛，易被采摘，这是造成台刈改造效果差的重要原因之一，应坚决克服。台刈后应适当疏枝和定型修剪，以培育出健壮丰产的树冠骨架，或打顶采并结合修剪培育树冠。一般春茶前台刈的，第二年可打顶养蓬培育，第三年可投产。

任务三　茶树修剪的配套技术

一、修剪与耕锄肥培技术的配套

对茶树来说，各种修剪都是"创伤手术"。每经一次修剪，都要剪去一批枝叶，树体相应地要损耗许多养分。修剪后又要大量萌发生长新梢，就需要消耗树体根系贮存的一批营养。因此，茶树修剪前后的耕锄肥培技术的配套尤显重要。

对茶树进行修剪前除保证良好耕锄没有草荒外，要增施深施较多的有机肥和磷、氮肥，以保证茶树根系自身生长和供应枝干生长所需肥料。修剪后，待茶树新梢萌发后应及时追施催芽肥，促使新梢生长健壮，并尽快转入旺盛生长，以充分发挥出修剪应有的效果。尤其是对衰老茶树的重修剪和台刈茶园，茶树经多年的生长，园地土壤已趋于老化，表土冲刷和土壤中盐基流失，肥力下降，土层变薄，经修剪更新后，茶树萌发就主要靠其根颈及根系贮存的养分，以此维持和恢复生机，形成树冠，显然需求更多养料。所以，土壤的营养状况在某种程度上是决定衰老茶树修剪后能否迅速恢复树势，并达到高产的重要条件。在肥水缺少的情况下进行修剪，只能消耗茶树体内更多养分，加速茶树衰败，达不到改树复壮的目的。因此在生产实践中，常常是"缺肥不改树"，没有足够的肥料准备，一般不宜用台刈或重修剪。

二、修剪与采摘留养技术的配套

茶树的骨干枝和骨架层的培养，主要靠在幼龄阶段的3次定型修剪来实现。对幼龄茶树实施定型修剪后，在采摘留养技术上要采用"分批留叶"的采摘方法来培养树冠。如果不适当地进行早采或强采，就会造成茶树枝干细弱、树势早衰的状况。这样不但产量上不去，而且茶树像"小老头"一样，难以达到壮年成龄茶树树冠的高宽程度。这样的"小老头"茶树，即使进入壮年期，它的单产也不会高。反之，只留不采，实行封园养蓬，就会使茶树枝条稀疏，在树冠的采摘面上，生产枝不多也不密，实现高产就很困难。

对进行过深修剪的成龄茶树，更要重视留养。由于深修剪降低了叶面积，减少了光合同化面。树体为尽快恢复同化面，会从剪面下的生产枝上抽发出新枝。这种新枝一般都较为稀疏，形不成采摘面，需要通过留养一季，增加枝条的粗度长度，并在此基础上，萌发出次级生产枝，之后经轻修剪后才能形成采摘面。一般深修剪后的茶树需经过一季或两季的留养打顶才能逐步投产。如果剪后不注意留养，甚至强采，很容易引起树势早衰。

重修剪和台刈更新后的茶树，特别是更新的当年，生长比较旺盛，在当年的生长周期内，新梢生长几乎无休止期，萌发的新枝节间长、叶片大、芽头粗壮，对培养树冠十分有利。在生产实践中，台刈或重剪后的1~2年，是培养更新树冠的重要时期，要特别强调以养为主、采养结合的采摘留养技术。在树冠尚未培育成功前，打顶采摘的目的不是收获茶鲜叶，而是配合修剪，养好树冠。重修剪和台刈后，茶树一般要经过2~3年打顶留养采摘后才能正式进行投产。

三、修剪与病虫害防治技术配套

茶树经修剪后再留养一段时间，特别是重修剪或台刈更新后，植株枝叶较为繁茂，芽叶新梢幼嫩，是各种病虫害滋生的良好场所，特别是茶蚜、茶尺蠖、茶细蛾、茶卷叶蛾、茶梢蛾、小绿叶蝉和芽枯病、茶饼病等易发生为害。必须及时检查和防治。

修剪下来的枝叶必须及时清理出园或就地及时处理，并对树冠及茶丛周围地面进行一次彻底喷药防除，以消灭病虫繁殖基地。

由于重剪或台刈后有一段时间不采茶叶，因此用药范围较宽，对一些安全间隔期要求长的药物，在不采茶的情况下可以允许使用。

◤ 技能实训

茶树修剪技术

一、实训目的

通过对幼龄茶树的定型修剪和成龄茶树的轻深修剪实训，掌握茶树修剪操作的基本方法。体会定型修剪对培养适宜高度幅度和较强育芽力冠面的作用。体会轻修剪对整齐冠面、促发茶芽的影响。体会深修剪对更新树冠生产枝层的作用。

二、内容说明

定型修剪是对幼龄茶树进行树冠培养的多次修剪，对衰老茶树的重修剪、台刈、复壮、茶蓬的培养也可应用，以期达到压低分枝部位、促发新枝、增粗骨干枝、培养良好的树冠和育芽冠面等目的。具体根据茶苗长势及培育骨架要求而定。

轻修剪和深修剪是对成龄茶树采茶冠面的常规修剪，以期达到整齐和复壮采摘层面、便于采摘及管理工作等目的。具体应根据茶树长势和育芽能力来确定。

三、材料与用具

（1）幼龄即将进行定型修剪的茶园一块。
（2）成龄需轻修剪的茶园一块。
（3）成龄需深修剪的茶园一块。
（4）枝剪、篱剪、钢卷尺等工具。

四、实训步骤

1. 定型修剪　采用 3 次平剪法完成。第一次在定植或出苗后一年（特别旺盛的茶苗可 2～3 个生长季）进行，待茶苗（离地表 5cm 处）茎粗达 0.4cm 以上、苗高 25～30cm、有 1～2 个分枝时，离地面 10～15cm 剪去。第二次在苗高达到 30～40cm 时，在第一次剪口上提高 10～15cm，离地面 20～25cm 处剪平。第三次在苗高 45～50cm 时，在第二次剪口上提高 10～15cm，离地面 30～40cm 处剪平。

2. 轻修剪　一般每年或隔年修剪一次，每次在上次剪面上提高 3～5cm。保留大部分叶层，用篱剪剪平。

3. 深修剪　一般每 3～5 次轻修剪后，茶蓬内结节枝很多，育芽力很低时进行一次深修剪，剪去绿叶层内结节枝，剪去绿叶层的 1/3～2/3，深度自冠面到冠内10～15cm。

五、实训作业

（1）将定型修剪和不修剪茶树的生长情况填入表 8-1。

表 8-1　幼龄茶树定型修剪与不修剪生长情况调查

处理	树高/cm	树幅/cm	主干粗/cm	分枝数/条	分枝层数
定剪					
不剪					

（2）调查成龄茶园轻修剪、深修剪与不修剪的效果，填入表 8-2。

表 8-2　轻修剪、深修剪与不修剪生长情况比较

处理	营养芽展鱼叶期密度/（个/m²）	新梢展叶数/张	树冠高度/cm	树冠幅度/cm
轻修剪				
深修剪				
不修剪				

知识拓展

古代茶树修剪

修剪是茶树优质高效树冠培养最重要的手段之一。我国推广应用最多的修剪方法有定型修剪、轻修剪、深修剪、重修剪和台刈 5 种。追述其历史，清初才见于记述。

清代黄宗羲《匡庐游录》："一心（注：僧名）云：山中无别产，衣食取办于茶。茶树皆不过一尺，五六年后，梗老无芽，则须伐去，俟其再蘖。"清代方以智《物理小识》："（茶）树老则烧之，其根自发。"至 19 世纪中叶，茶树台刈技术成熟，1858 年张振夔文："先以腰镰刈去（茶树）老本，令根与土平，旁穿一阱，厚粪其根，仍覆其土而锄之，则叶易茂。"其法与今茶树台刈无异。清代杞庐主人《时务通考》："种理茶树之法，其茶树生长有五六年，每树既高尺余，清明后则必用镰刈其半枝，须用草遮其余枝，每日用水淋之，四十日后，方除去其草，此时全树必俱发嫩叶，不惟所采之茶甚多，所造之茶犹好。"中国茶树修剪自台刈始，而后有重修剪及程度不同的其他修剪。

思 考 题

1. 茶树修剪的目的意义是什么？
2. 茶树修剪的生理作用是什么？
3. 简述平剪法定型修剪技术。
4. 简述成龄茶树轻修剪技术。
5. 简述成龄茶树深修剪技术。
6. 简述茶树衰老后的重剪技术。
7. 简述茶树衰老的台刈技术。
8. 简述茶树修剪与其他技术的配合。

项目九 鲜叶采摘技术

知识目标

1. 了解茶叶合理采摘的基本理论和采摘方法。
2. 了解常见采茶机械类型和机械采摘技术。
3. 了解鲜叶常见的分级标准和验收方法。

能力目标

1. 能根据采摘需求及茶树生育情况制订合理的采摘方案。
2. 能正确选择手工采茶开采和停采的时机、采摘标准和留叶标准。
3. 能正确掌握机械采茶技术。
4. 能正确对鲜叶进行分级和保鲜、贮运。

知识准备

任务一 采摘原理

一、采摘与茶树生育的关系

鲜叶采摘与茶树的生长发育有着密切的关系，长期的生产实践和科学试验证明，采摘能促进茶树芽叶萌发。这是因为通过采摘摘去顶端芽叶解除了顶芽对侧芽的抑制作用，打破了顶端优势，人为地缩短了新梢的生长过程，迫使茶树体内养分输送的方向改变，使侧芽获得较多的水分和养分，加速分化生长。摘去顶端芽叶，在一定程度上打破了茶树地上部与地下部的平衡，促进了芽梢的生长。摘去顶端芽叶后，由于改变了养分输送的方向，能削弱生殖生长，使营养生长获得加强。所以，不断采摘能不断刺激侧芽萌发，加快芽梢生长速度，形成更多嫩芽叶。茶区群众常说的"头茶不采，二芽不发"有一定的科学道理，它揭示了采摘与新梢生育的关系。

鲜叶采摘能不断刺激侧芽的萌发生长，是建立在加强肥培管理和适当留叶这个基础上的。众所周知，叶片是茶树进行光合作用的重要器官。据研究，茶树体内有 80% 左右的有机物质是由叶片通过光合作用所形成的糖类构成的。叶片也是蒸腾作用的主要器官，而蒸腾作用又是茶树吸收和运输水分、矿质养料的主动力。所以，在采摘过程中，如果不管茶园管理水平，不顾茶树生长情况，一味地强采，没有一定的成熟叶片进行光合作用，即使增施肥料和土壤中有充足的水分，也不能为茶树所吸收利用，采摘不但不会达到促进芽叶萌发的目的，还会影响茶树的生长发育，致使茶树早衰。

二、采摘与鲜叶产量及品质的关系

采与留的关系处理正确与否不仅直接影响到各轮及全年鲜叶的产量和质量，而且影响到后期的产量与品质。据试验，不留叶采摘，在短时期内虽然产量较高，但随后逐步下降；留鱼叶采摘，增产幅度小，产量不稳定。但是如果不根据茶树生长情况和采留需要，一律采用春茶留2叶，夏茶留1叶，秋茶留鱼叶采摘，虽然叶片肥大，大小均匀，鲜叶品质较好，但产量不高。所以，只有根据茶树生长的具体情况和不同茶类的要求，按采摘标准适当留叶，采大留小，分批勤采，才能达到增产幅度大、鲜叶品质优良的目的。

采摘对茶叶产量的影响还表现在全年的产量分布上，由于采摘的方法不同，茶产量所占的比重也不同。不留叶采摘，产量主要集中在春、夏季，不利于茶叶加工的劳动力安排。留叶分批多次勤采，全年产量分布均衡，能延长采摘期，增加产量，并能压低"洪峰"，缓和劳动力矛盾。

鲜叶采摘标准，对鲜叶收获量的影响很显著。研究表明，在条件相同的茶园和同一留叶标准的基础上，采1芽3叶与采1芽2叶比较，云南大叶种增产47.97%，水仙种增产52.91%。但并不等于采摘越老越好，如果说采1芽4叶比1芽3叶的重量暂时有所增加，但在品质上却有很大差别。上海进出口商品检验局对浙江的鲜叶品质曾做过分析，具体如表9-1所示。

表9-1　茶叶化学成分含量

单位:%

芽叶部位	咖啡碱	多酚类	水浸出物
芽	3.78	24.00	47.47
第一叶	3.61	24.61	47.52
第二叶	3.19	22.18	46.90
第三叶	2.62	20.11	45.59
第四叶	2.49	17.66	43.70

表9-1表明，不论新梢生长程度如何，近顶芽的1~2片嫩叶所含的有效成分都比新梢下部的叶片高。所以，一般情况下，留叶采摘的有效成分比不留叶采摘的高，细嫩芽叶较粗老芽叶的有效成分高。因此，在采摘中应处理好产量与品质的相互关系。

三、合理采摘的概念

茶叶采摘过程中的采与养、高产与优质存在着对立统一的辩证关系。合理采摘的基本点就是要用对立统一规律正确处理采摘中的这些辩证关系,根据茶树不同阶段的生长特点和人们需要,因时、因地、因树、因枝制宜地采摘茶叶,掌握以采促养、以养保采、采养结合、量质兼顾的原则,以达到既能提高当前的产量和质量,又能促进茶树的旺盛生长,向稳定丰产的方向发展,不断提高今后的产量与品质的目的。合理采摘应起着以下良好作用:通过采摘能不断促进新梢的萌发生长,维持茶树旺盛的生理机能;从新梢上采下的芽叶能适应所制茶类加工原料的基本要求,并能兼顾同一茶类不同等级对原料的要求;通过采摘能调节当地采茶劳动力的安排,提高劳动生产率。其主要的技术内容,可概括为标准采、留叶采和适时采。

1. 留叶采 根据茶树不同生育时期,不同发育状况,留一定数量真叶进行采摘,以培养树势、延长采摘期和高产期,这是合理采摘的中心环节。

2. 标准采 根据所制茶类加工原料的基本要求按一定的数量和嫩度标准进行统一采摘。

3. 适时采 根据新梢生育状况和采摘标准,及时、分批、多次采摘。

任务二   手工采摘技术

我国茶类丰富,采摘标准各异,尤其是各地名茶对鲜叶采摘要求很高。手工采摘茶叶的效率虽然很低,但能满足各类茶叶的标准采摘要求,同时能根据茶树生长情况进行留叶养树。因此,手工采摘仍然是一项不可忽略的采摘技术。手工采摘主要的技术环节有采摘标准、采摘时期和采摘方法 3 个。

一、采摘标准

茶叶采摘标准包括留养与采摘两方面的标准。要获得持续的高产、优质和高效益,就需要根据茶类生产的原料要求、茶树的生长状况以及新梢特点合理地确定留养标准与采摘标准。

(一)留叶标准

采摘与留养是矛盾的对立统一,采摘必须考虑留叶,留叶是为了更多地采叶。但留叶又不能太多,留叶过多不仅不利于当季的采叶,使收获量减少,而且会多消耗水分和养分。同时,由于叶面积过多,茶蓬郁闭,下层叶片处于过分荫蔽的情况,光合作用弱,营养生长差,发芽稀少。留叶过多还会使茶树趋向生殖生长,出现花果增多,抑制茶芽萌发。

1. 留叶标准 留叶标准指采去芽叶后留在新梢上叶片的多少(图 9-1)。按留叶数量不同,留叶标准可分为:

(1)打顶采。新梢展叶 5~6 片叶子,或新梢即将停止生长时,采去 1 芽 2~3 叶,留 3~4 片真叶,一般每轮新梢采摘 1~2 次。这是一种以养树为主的采摘方法。

(2)留真叶采。新梢长到 1 芽 3~4 叶或 1 芽 4~5 叶时,采去 1 芽 2~3 叶,留 1~2 片真叶。这是一种采养结合的采摘方法。

（3）留鱼叶采。采下 1 芽 1~2 叶或 1 芽 2~3 叶，只留鱼叶。这是一种以采为主的采摘方法。

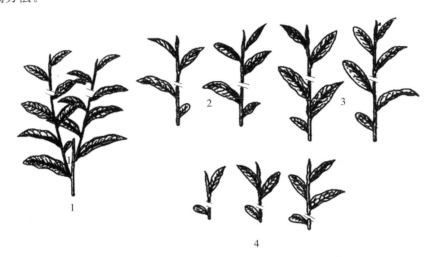

图 9-1　留叶标准
1. 打顶采　2. 留 1 叶采　3. 留 2 叶采　4. 留鱼叶采

2. 留叶标准的确定　在生产实践中，根据树龄、树势、气候条件以及加工茶类等具体情况选用不同的留叶采摘方法，并且组合运用，才能达到高产、优质，又能维持茶树正常而旺盛的生长。

（1）幼年茶树。以养分主，以采为辅。2 足龄时，在春、夏两季留养，秋季树冠高度超过 60cm 时打顶采。3 足龄时，春茶末时打顶采，夏茶留 2~3 叶采，秋茶留鱼叶采。4 足龄时，长势好，荫蔽度大已进入投产期的茶园，春季留 2 叶采，夏季留 1 叶采，秋季留鱼叶采。

（2）成年茶树。以采为主，以养为辅。投产初期，春季留 2 叶采，夏季留 1 叶采，秋季留鱼叶采。长江中下游绿茶区，春、秋留鱼叶采，夏留 1 叶采。华南红茶区，第一、第二轮茶留 1 叶采，第三轮茶以后留鱼叶采。管理水平高、茶树长势好、叶片多的茶园全年留鱼叶采。管理水平一般的茶园春、夏留 1 叶采，秋留鱼叶采。

（3）更新茶树。以养为主，采养结合。重修剪茶树，当年留养春梢不采，夏茶打顶采，秋茶留鱼叶采。台刈茶树，当年参照 2 足龄幼年茶树留养方式，翌年春茶前进行第一次定型修剪，夏茶末期打顶采，秋茶留鱼叶采。

（二）采摘标准

1. 采摘标准的确定　茶叶采摘标准主要是根据茶类对新梢嫩度与品质的要求和产量因素确定的。在执行过程中，必须考虑茶树新梢的生物学特性，以及茶树的年龄与生长势。就产量而言，根据湖南省农业科学院茶叶研究所测定，在同一块茶园内，采摘标准与产量的关系大致情况是：若以 1 芽 1 叶为 100%，则 1 芽 2 叶为 250%，1 芽 3 叶为 400%，1 芽 4 叶为 500%，对夹叶为 200%。根据程启坤的测定，新梢生育过程中，与茶叶品质有密切关系的一些内含物质，诸如茶多酚、水浸出物、氨基酸、儿茶素等，其含量的变化都具有明显的规律，大致是新梢伸展到 2～3 叶时含量最高（表 9-2）。所以，在现实生产中，对于比较多的茶类而言，当新梢长到 1 芽 3～4 叶时，采去 1 芽 2～3 叶是有根据的。

表 9-2　成熟春梢不同叶位内含物质的变化

成分	第一叶	第二叶	第三叶	第四叶	第五叶	茎
茶多酚/%	16.97	20.08	18.22	16.05	12.88	10.39
水浸出物/%	46.61	45.16	44.60	43.05	40.45	38.04
氨基酸/ (mg/kg)	1.51	1.46	1.28	1.00	0.95	1.47
叶绿/ (mg/kg)	1.52	2.09	2.13	2.17	2.06	
儿茶/ (mg/kg)	124.25	112.58	101.45	101.45	—	62.94
还原糖/%	0.46	1.34	2.39	2.39	2.80	0.80

此外，制订采摘标准还必须与新梢生育强度和气候条件结合起来。这是因为各茶区的气候条件是不同的，所以，新梢的生育强度也不相同。在这种情况下，有的茶区为平衡全年的产量和质量，提高经济效益，在年生育周期内的同一茶园上可以在不同时期有不同的采摘标准，制造不同的茶类。即使是生产同一茶类，也往往由于新梢生育的强度不同，采用不同的采摘标准，以制成不同的茶叶花色。如我国著名的龙井茶产区，在清明前后以采高档龙井茶原料为主，一般采摘标准为 1 芽 1 叶；谷雨前后以采中档龙井茶原料为主，一般采摘标准为 1 芽 2 叶；立夏前后以采低级龙井原料或炒青原料为主，采摘标准为 1 芽 2～3 叶或幼嫩的对夹 1～2 叶。

影响茶叶经济价值的因子是多方面的，除了加工条件外，主要取决于芽叶的嫩度与质量，而这两个因子与采摘标准密切相关。一般来说，比较细嫩的芽叶，重量较小，内质较好；反之，比较粗老的芽叶，重量较大，内质较差。掌握好采摘标准，在于因时、因地制宜地权衡两者的利弊关系，以获得最佳经济效益。

2. 不同茶类的采摘标准　我国茶类丰富多彩，品质特征各具一格，因此对鲜叶采摘标准的要求差异很大。归纳起来，大致可分为 4 种情况。

（1）细嫩采。指茶芽萌发膨大或 1～2 片嫩叶初展时就采摘。为高档名优茶的采摘标准，如高级西湖龙井、洞庭碧螺春、君山银针、黄山毛峰、金骏眉等名茶。这种茶的采摘花工多，茶叶产量不高，季节性强，大多在春茶前期采摘。

（2）适中采。指当新梢伸长到一定程度时，采下 1 芽 2～3 叶和嫩的对夹叶。为大宗茶类的采摘标准，如眉茶、珠茶、工夫红茶、红碎茶等。这种茶叶产量比较高，品质也好，经济效益也较好，是目前较普遍的一种采摘标准。

（3）成熟采。新梢基本成熟时，采 1 芽 4～5 叶和对夹 3～4 叶。为边销茶的采摘标准，如砖茶。

（4）开面采。新梢长到 3～5 叶快要成熟时采下 2～4 叶。这种采摘标准用于我国一些传统的特种茶，如乌龙茶，它要求有独特的香气和滋味。但在这种采摘标准下，全年采摘的批次不多，产量不大。

二、采摘时期

采摘时期是指茶树新梢在生长期间，根据采摘标准、留叶要求，确定每年、每季茶叶的开采期、停采期以及全年采摘期。

茶树芽叶萌发的迟早，新梢生长的快慢、长短等都受气候、品种、茶园管理水平等因素的影响，且有很大的差异，特别是受当时气温与雨量的制约。因此，不同地区的采摘期不一样，即使同一地区，甚至品种、管理水平相同，也因气候的影响，每年各季的采摘期也不尽相同。掌握好适宜的采摘期是提高鲜叶产量、茶叶品质的一个重要方面。

1. 开采期　茶树新梢具有强烈的季节性，采摘不及时就会严重影响鲜叶的产量和品质，农谚说"早采三天是个宝，迟采三天便是草"，说明了及时开采的意义。

我国茶区辽阔，气候条件不一，开采时间差别很大。在气候温暖的海南茶区，除了修剪季节外，全年均有茶叶采摘。广西茶区多在2月中下旬开采，云南茶区多在3月上旬开采，福建以及长江中下游的大部分茶区在3月上中旬开采，较北的山东胶南4月下旬才萌芽，比南方茶区的开采时间迟得多。上述是指一般红茶、绿茶区的大概开采时间。在实践中，要根据当地的气温、雨量情况，茶树新梢受气候条件影响后的生长状况及时开采。根据生产实践，一般认为手工采摘的大宗红茶、绿茶区，春茶当茶园中有10%～15%的新梢达到采摘标准即可开采，夏、秋茶以5%～10%达到采摘标准时即可开采。

此外，同一地区，由于茶园环境条件的不同，茶园小气候有差异，开采期也不一样。坡地茶园开采早，山坞茶园日照短，气温低，开采迟。阳坡开采早，阴坡开采迟。

在相同的气候条件下，茶树品种、发育阶段、茶园管理水平不同，开采期也不同。早芽种开采早，迟芽种开采迟。幼年茶树以养为主，采摘轻，开采迟。成年茶树为了多收叶，开采早。管理水平高、土壤肥沃的茶园，萌发早，生长快，开采早。总之，要因树、因地制宜适时开采。

2. 停采期　茶园的停采期是指一年中结束某一茶园的采摘工作的时间，有的地方称为封园。停采期的迟早关系到当年产量，也关系到茶树生长和下年产量。为此，必须依据候条件、管理水平、茶树年龄等不同的年实际生长期、可采轮次，确定不同的停采期。以各地气候条件而言，我国浙江、湖南、江西、安徽等茶区都在10月上旬停采。南方的广东、福建茶区，可采至12月；在海南，如肥培管理条件较好，同时年年进行轻修剪，还可以实现全年采茶。此外，对于肥培管理条件差，茶树树势衰弱，或需要培养树势、留养秋梢的茶园，宜适当提前封园。

3. 全年采摘期　全年采摘期可根据茶树新梢生育的规律，分为轮次。因我国各地开采、停采期不同，因此，全年采摘期的长短也不一致，短的有5～6个月，长的可达10个月，甚至10个月以上。采摘期有差异，全年萌发的轮次也就有多有少，如海南地区全年可采7～8轮，广东的英德地区6～7轮，四川、福建等地4～6轮，长江中下游茶区则采3～5轮。

在我国的气候条件下，茶树各轮新梢的萌发伸长具有一定的集中性和延续性，因此，轮次间是互相交错的。2～3轮尤其是3～4轮的界限很不明显。所以，许多主要产茶区则以季节来划分采摘期，称为春茶、夏茶、秋茶。

在同一茶树上的芽叶，因生长部位不同，发芽有先有后，一般的规律是顶芽先发、侧芽后发；强枝先发，弱枝后发。同一茶园内的茶树，品种不同，新梢的萌发和生长也有先有后、有快有慢。因此，除及时开采外，为增加全年采摘轮次，还要分批多次采摘，做到先发先采、后发后采，尚未达到标准的待长到标准再采。这样不仅有利于采养结合，合理留叶养树，促进树势的旺盛生长，而且能使采下的鲜叶嫩度一致，有利于提高成茶品质，还可调节缓和"洪峰"，克服茶叶加工和劳动力不足的矛盾。同时，及时采去先发芽叶，能加快侧芽的萌发生长，使采摘期长。

分批采摘应隔几天采一批为好，无一定的准则，必须考虑茶树年龄、新梢生长的速度、制茶原料的要求及劳动力等情况。如海南茶区，根据该地气候温暖，雨量充沛，茶树生长迅速，生长期长，生长量大，连续生长的特点，除修剪季节外，全年实行4～5d轮采制，每隔4～5d采一次。广东英德等地的丰产园，头轮茶每隔3～4d采一次，2～4轮每隔2～3d采一次，5～7轮每隔4～5d采一次。浙江杭州茶叶试验场，在分批下强调勤采，实行春茶每隔2～3d采一批，夏茶每隔3～4d采一批，秋茶每隔6～7d采一批。嫩度要求高的高档名茶，采摘周期则缩短为1～3d。

三、采摘方法

鲜叶的合理采摘主要是通过人工手采实现的。而人工手采手法的好坏将影响到茶叶的品质，也影响到茶叶产量。采摘手法根据手掌的朝向及指头采摘新梢着力的不同分为以下3种采法。

1. 掐采 主要用于名贵细嫩茶的采摘。具体手法：左手按住新梢，用右手的食指和拇指的指尖把新发的芽和细嫩的1～2叶轻轻地用手掐下来。注意切勿用指甲切下芽叶。这种采法鲜叶质量好，但工效低。

2. 提手采 主要用于大宗红、绿茶的采摘。这种采法依手掌的朝向和食指的着力不同可分为横采和直采。直采：用拇指和食指挟住新梢拟采摘部位，要求掌心向上，食指向上稍着力采下。横采：与直采基本相式，只是掌心向下，用拇指向内或左右用力采下新梢。这种采法的鲜叶质量好，工效也较高。

3. 双手采 左右手同时放在采面上，同时用横采或直采手法把符合标准的新梢采下这种采法工效高，质量好，是生产上应大力提倡的一种采摘方法。

另外，在采摘技术上，应该注意以下几点：一是随时注意观察茶树新梢的生长动态，根据季节和标准开采，及时分批多次留叶采；二是要尽量做到在采面上采，树不够高、新梢不达标准的不采；三是采时注意不要采伤芽叶，不要采碎片、老叶、老梗等；四是采下的芽叶在手中不能握得过紧，应及时放入篮中，篮中的芽叶也不能压得过紧，避免发热引起鲜叶变质；五是每季开采前尽量先采下对夹叶。

任务三　机械采摘技术

茶叶采摘是一项季节性很强的工作，所花工时也最多，据统计用手工采摘大宗茶所花工时占茶园管理用工的50%以上，许多茶叶生产企业在茶叶生产旺季要从各地招收采茶工，为解决采茶工的吃、住、行等问题，投入大量的人力、物力，致使生产成本提高，另外，采茶工流动性大，在采茶高峰期有时很难保证充足的采茶用工。因此，机械化采茶越来越被人们所重视。近些年来，机械化采茶面积迅速扩增，缓解了劳动力不足的矛盾，保证了大宗茶的及时采摘，降低了生产成本，提高了生产效益和经济效益。

一、采茶机类型及机械采摘的经济效益

（一）采茶机类型

采茶机种类可根据不同的操作方式、切割方式、切割后树冠形状等进行分类。

1. 根据操作形式分类　可分为单人背负式、双人抬式、自走式和轨道式等（图9-2）。单人背负式采茶机使用灵活，适用于地块小、坡度较陡的茶园；双人抬式采茶机使用效率高，采摘质量好，适用于规模经营的平地或缓坡地茶园；自走式和轨道式采茶机对机械、茶园各方面要求都较高，在我国目前使用较少。单人背负式采茶机有电动和机动两种类型，双人抬式采茶机均为机动。

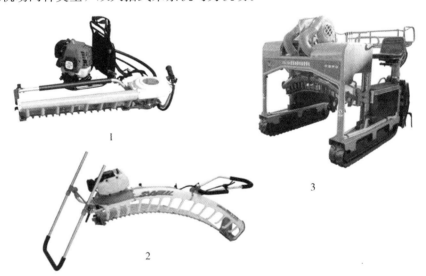

图9-2　采茶机类型

1. 单人背负式采茶机（4C-50A6型）　2. 双人抬式采茶机（SV100型）　3. 自走式采茶机（3TG-1500型）

2. 根据切割方式分类　可分为往复切割式、螺旋滚刀式和水平度勾刀式。由于往复切割式采茶机采摘质量好，在生产上应用最广泛。

3. 根据切割后树冠形状分类　可分为弧形与平形两种。单人背负式采茶机均为平形，其他类型采茶机有平形与弧形两种类型。

此外，采茶机根据动力配置不同，可分为机动、电动和手动，以机动使用最为广泛。

（二）机械采摘的优点

机采解决了劳动力紧张的问题，也解决了因劳动力紧张而带来的采摘不及时、采摘粗放、品质下降等一系列问题，获得了良好的社会效益和经济效益。

1. 提高工效　经浙江新昌累计超 2 300hm² 机采实践证明，单人采茶机工效比手采提高 10 倍以上，双人采茶机工效比手采提高 20 倍以上。

2. 降低成本　使用机械采茶对降低采茶成本效果十分显著。湖南省农业科学院茶叶研究所的试验表明，全年采茶用工，手采为 1 185～2 370 人/hm²，占全年茶园管理用工的 68.4％～81.02％，机采约为 334.5 人/hm²，采茶成本大大降低。

3. 保证质量　人工采摘受多因素制约，如劳动强度大，采茶工不足而延误生产季节；刮风下雨，影响采工出勤；人工采摘会因为管理疏忽而老嫩一把抓，影响成茶品质等。一些生产单位在茶叶生产季节，常常会因为劳动力不足而滥采或不能及时采下芽叶，不仅使芽叶产量和品质下降，且影响下轮新梢的萌发生长。

机械采摘虽缺乏人工的可选择性和灵活性，但只要给予科学的栽培管理，培养合理的树冠，运用熟练的采摘技术，就能使采摘质量和产量都得到保证，甚至在一定程度上能超过手采。采用机采，生产更具计划性，可根据茶厂生产能力、茶园面积合理安排鲜叶采收，不会因人工采收时多时少而造成多时加工不了，少时又不能满足生产的困境。机械采摘节省了大批劳动力，提高了生产效率，相对降低劳动强度，促进茶叶生产管理水平的提高，能产生较好的社会效益和经济效益。

二、机采技术

机采茶园采摘批次少，每次采摘量大，科学掌握采摘适期、采摘标准和操作方法，对产量、品质、茶树生长、安全作业均有着十分重要的作用。

（一）机采适期

就茶园产值而言，春茶标准新梢 80％开采，夏、秋茶因持嫩性差，标准新梢达到 60％时开采。考虑到茶叶市场有向高档、优质化方向发展的趋势，一般认为红茶、绿茶类标准新梢达到 60％～80％时为机采适期。

此外，春茶开采期迟早对夏茶生育及全年产量也有一定影响。随着春茶采摘期的推迟，夏梢的萌发期逐渐变晚。上轮茶开采期对下轮茶新梢密度的影响表现在开采期适中的下轮新梢密度较大。开采期适中，对全年产量有利；开采期过早，不仅当季产量低，而且也会影响全年产量；开采期过迟，虽当季产量高，但影响了下轮茶的生长，全年产量反而下降。

（二）机采标准

机采标准依茶类不同而有很大差异。浙江省福泉山茶场珠茶机采标准除对新梢物候期有要求外，还有芽叶长度的要求。一般适宜加工珠茶的芽叶长度为 5cm。结合新梢长度与物候期两个因子，提出机采开采期标准为：5～6cm 长的 1 芽 2～3 叶和同等嫩度的对夹叶比例，春茶达 70%～75% 时开采，夏茶达 60%～65% 时开采，秋茶达 50% 时开采。通常情况下，机械采摘标准可以参照手工采摘标准实施，机采鲜叶可以按照手采鲜叶的进厂验级标准予以定级。

（三）不同树龄茶园的机采方法

幼龄茶园属树冠培养阶段一般经过 2～3 次定型修剪，当树高达 50cm、树幅达 80cm 时就可以开始进行轻度机采。在茶树高度/幅度尚未达 70cm×130cm 时，用平形采茶机，每次提高 3～5cm，留下 1～3 张叶片采摘。开采期比成龄茶园迟。

更新茶园的采摘方法需根据修剪程度而定。一般做法是：修剪程度重的茶园，如台刈、重修剪，在当年只养不采，翌年春茶前进行定型修剪，以后推迟开采期，每轮提高采摘面 5cm 左右采摘春、夏、秋茶；第三年每轮采摘提高 3cm 左右；当茶树高度×幅度在 70cm×130cm 以上时才能转入正常采摘。

壮龄期茶园是稳产、高产阶段，在机采时，春、夏茶留鱼叶采，秋茶根据树冠的叶层厚薄情况适当提高采摘面，采养结合。必要时秋茶可只留养不采。

（四）机械采茶作业

1. 双人采茶机的操作　双人采茶机可由两人操作，即一名主机手，一名副机手，集叶袋拖拽前进。为提高机采工效，减少集叶袋的损坏，一般 5 人组成一个机组，3 人同时操作，2 人轮换休息与运送采下的鲜叶。操作方法是主机手（非动力端）背向采茶机的前进方向，副机手（动力端）面向主机手前进作业。在作业时，主机手应时刻注意刀片的剪切高度与鲜叶的采摘质量，使刀片保持在既采尽新梢，又不采入老梗、老叶的位置。副机手应密切配合主机手作业，在一般情况下由于采茶机墙板的遮挡，副机手看不到刀片的运动情况。但采茶机在动力端墙板的下方设有一个红色的标志，这一标志正好与刀片的高度一致。副机手在作业时应观察标志的位置，确定切割面的高度。另外，将采茶机的导叶板托在茶蓬上前进，也是掌握切割面高度的好办法，这样既方便于高度的掌握，又可由茶蓬支撑一部分重量，减轻劳动强度。集叶手手持集叶袋尾端，面向采茶机随主机手前进。当集叶较多时，集叶手应用右手持集叶袋的尾端，左手托起集叶袋的中部，随主机手前进，这样既可减少两名机手前进时的负荷，又可减少集叶袋的磨损（图 9-3）。

双人采茶机在前进时应与茶行走向成一定角度，角度大小由采摘面的宽度与采茶机切割幅度来确定。150cm 行距的弧形茶树，行间留 15～20cm 操作间隔，树幅为 130～135cm 时，若使用切割幅度为 100cm 的采茶机，适宜的前进夹角为 60°。

双人采茶机需要来回两次才能采完一行茶树，去程应采去采摘面宽度的 60%，即剪切宽度超过采摘面中心线 5～10cm，回程再采去剩余的部分。回程时副机手应特别注意两点：一是使回程的剪切面高与去程一致，采摘面两边不形成阶梯；二是既采尽采摘面中央部位的新梢，又尽可能减少重复切割的宽度，降低鲜叶中的碎片比例。

采茶机在操作时，还应注意前进速度不可太快或太慢。太快虽工效高，但采摘净

图 9-3 双人采茶机的操作

度低，采摘面不平整，而且操作不安全，容易使操作者致伤或损坏采茶机。太慢既降低采摘工效，又增加了重复切割概率，碎片增加，鲜叶采摘品质降低。适宜的前进速度是匀速前进，动力转速为 4 000～4 500r/min，即采茶机中速运转时，机采前进速度以 30m/min 为宜。

    2. 单人采茶机的操作   单人采茶机一般由两人组成一个机组，一人操作，一人托扶集叶袋。操作方法为一人背负汽油机，手持机头，左手握住机头前侧的手柄，右手握住机头后侧的手柄与集叶袋的尾端，面朝采茶机，沿茶行前进作业，集叶手手持集叶袋尾端，面向采茶机随机手前进（图 9-4）。单人采茶机能适应于较复杂的地形，但操作难度较大。在作业时，采摘弧形茶树应保持机头的前进方向与茶行走向垂直，每刀均从树冠边缘，采至采摘面的中心线。同时，应注意尽量减少两刀之间及采摘面中央部位的重复切割面积，以提高鲜叶完整率。采摘平形茶树时，虽不要求机头前进方向与茶行走向绝对垂直，但为了减少重复切割、提高采摘效率，仍以垂直为宜。

图 9-4 单人采茶机的操作

三、与机采相适应的栽培技术措施

    连续多年的机械采摘可使茶树的叶层变薄，新梢密度急剧上升，导致芽叶变小，对夹叶增多。在栽培技术上采取相应的措施，可以减少或避免机械采摘带来的不良影响。

1. 留蓄秋梢　留蓄秋梢的目的是增加叶层厚度与茶园留叶量。它能较好地缓解连续多年机械采摘使叶层变薄、叶面积指数变小及留叶量减少的问题。根据湖南省农业科学院茶叶研究所试验，对树高未超过 80cm 的茶树，实行 2～3 年留蓄一季秋茶不采，叶层可增加 82.72%，茶园留叶量增加 42.5%，叶面积指数增加 61.71%。从留蓄当年的秋梢算起到第三年止，茶叶产量增加 6.58%。此外，留蓄秋梢对增强茶树生长势、防止早衰、延长茶叶高产年限也具有较好的效果。

2. 合理修剪　机械采摘茶园的现行修剪制度一般是采用整枝修剪与深修剪相结合的办法。具体做法是每年春茶前行一次整枝修剪，修平采摘面。机械采摘 5～7 年后做一次深修剪，壮年茶树深修剪的间隔年限可适当延长。

3. 增施肥料　机械采摘强度大，芽叶损伤严重，使茶树养分消耗多。增施肥料，尤其是增施氮肥，能增强茶树生长势，提高单产。根据中国农业科学院茶叶研究所的研究发现，同样为机械采摘的茶园，每年增施 2/3 基肥，生长期内增施 1 倍氮肥，旱季浇水，8 年平均年增产茶叶 15.44%，特别是秋茶增产较多，达 28.93%。由此可见，加强肥水管理可使茶树发芽增多，新梢增粗，生长加快，从而达到使机械采摘茶园增产的目的。

4. 选用良种　目前我国部分老茶园是用种子直播的实生茶园，又多属群体品种，茶树个体间差异大，生长势差，以致新梢生长参差不齐，芽叶大小不一，对夹叶多，这些都给机械采茶带来困难。选用再生力强、适应机械采摘的茶树良种如龙井 43、福鼎大白茶等建立的茶园，使用机械采摘，鲜叶匀净度高，老嫩混杂少，漏采率低，这不仅提高了茶叶的产量和品质，还可减轻或避免由于机械采摘而造成的对茶树的不良影响。

任务四　鲜叶的验收与贮运

鲜叶质量直接影响到成茶品质，做好鲜叶采回后的验收分级、运输途中和进厂后的保鲜工作是一项十分重要的工作。它也是指导按标准采茶、按质论价、明确生产责任的具体措施。

一、鲜叶验收与分级

生产过程中因品种、气候、地势及采法的不同，所采下的芽叶大小和嫩度是有差异的，如不进行适当分级、验收，就会影响茶叶品质。因此，对于采下的芽叶在进厂付制前进行分级验收极为重要。鲜叶验收各茶厂都设有专人进行。验收时，根据鲜叶老嫩度、匀度、净度、新鲜度 4 个因子，对照鲜叶分级标准，评定等级，并称量、登记。对不符合采摘要求的，要及时向采茶工提出指导性意见，以提高采摘质量。

嫩度是鲜叶验收分级的主要依据。根据茶类对鲜叶原料的要求，依芽叶的多少和大小、嫩梢上叶片数和开展程度以及叶质的软硬、叶色的深浅等评定等级。匀度是指同一批鲜叶的物理性状的一致程度。凡品种混杂、老嫩大小不一，雨、露水叶与无表面水叶混杂的均影响制茶品质，评定时应根据鲜叶的均匀程度适当考虑升降等级。净度是指鲜叶中杂物含量的多少。凡鲜叶中混杂有茶花茶果、老叶、老梗、鳞片、鱼叶及非茶类的沙石、杂草等，均属不净，轻者降低等级，重者应剔除后再验收，以免影响品质。鲜度是指鲜叶的新鲜度，叶色光润是新鲜的象征，凡鲜叶发热、发红、有异味的，应视情况降级处理或拒收。

在鲜叶验收中还应做到不同品种鲜叶分开，晴天叶和雨水叶分开，隔天叶与当天叶分开，上午叶与下午叶分开，正常叶与劣变叶分开。并按级归堆，以利于初制加工，提高茶叶品质。

我国茶类繁多，鲜叶分级没有完全统一的标准。龙井茶的鲜叶分级标准如表 9-3 所示，四川省大宗红、绿茶鲜叶评级标准如表 9-4 所示。

表 9-3　龙井茶的鲜叶分级标准

等级	要求
特级	1 芽 1 叶初展，芽叶角度小，芽长于叶，芽叶匀齐肥壮，芽叶长度不超过 2.5cm
1 级	1 芽 1 叶至 1 芽 2 叶初展，以 1 芽 1 叶为主，1 芽 2 叶初展在 10% 以下，芽长于叶，芽叶完整、匀净、芽叶长度不超过 3cm
2 级	1 芽 1 叶至 1 芽 2 叶，1 芽 2 叶在 30% 以下，芽与叶长度基本相等，芽叶完整，芽叶长度不超过 3.5cm
3 级	1 芽 2 叶至 1 芽 3 叶初展，以 1 芽 2 叶为主，1 芽 3 叶不超过 30%，叶长于芽，芽叶完整，芽叶长度不超过 4cm
4 级	1 芽 2 叶至 1 芽 3 叶，1 芽 3 叶不超过 50%，叶长于芽，有部分嫩的对夹叶，长度不超过 4.5cm

注：资料来源于国家标准《地理标志产品　龙井茶》（GB 18650—2008）。

表 9-4　四川省大宗红、绿茶鲜叶评级标准

级别	感官指标				芽叶组成/%		
	嫩度	匀度	净度	鲜度	1 芽 2～3 叶	1 芽 3～4 叶	单片
1 级	色绿微黄，叶质柔软，嫩茎易折断。正常芽叶多，叶面多呈半开面状	匀齐	好	新鲜，有活力	>60	>35	<5
2 级	绿色稍深，叶质稍硬，嫩茎可折断。正常芽叶尚多，叶面呈展开面状	尚匀	较好	新鲜，尚有活力	>45	<40	<15
3 级	深绿稍暗，叶质硬，有刺手感。单片叶较多	欠匀齐	尚好	尚新鲜	<30	>50	<20

注：资料来源于四川省地方标准《茶叶鲜叶采摘技术规程》（DB 51/T 2482—2018）。

二、鲜叶贮运与保鲜

为了保持鲜叶的新鲜度，防止发热红变，采下的鲜叶要及时按不同级别、不同类型快装快运给茶厂付制。这是因为鲜叶从茶树上采下来以后失水加快，使呼吸作用有所加强，结果使叶内糖分分解，并释放出大量热量，在这种情况下，使得制茶的成品

率下降。同时，呼吸作用产生的热量在鲜叶挤压或通透不好的情况下不能及时散发掉，将更加促进呼吸作用，有机物质分解相应加快，多酚类不断氧化，以致鲜叶逐渐红变。鲜叶在堆积过厚、挤压紧实的情况下，还会因氧气供应不足而进行无氧呼吸，产生酒精味，如情况加剧，还会产生酸馊味，严重时会变为废品。所以，鲜叶采下后，应该尽快地将其运往茶厂。

装运鲜叶的器具必须通透性良好，以利于散热，目前广泛使用的竹编网眼篓筐是比较好的盛装鲜叶的器具，其大小一般以篓筐散装 50～60kg 为宜。盛装时，切忌紧压。另外，装运鲜叶的器具必须保持清洁干净，不能有其他沾附物。每次装运后，器具必须清理干净，不能留有过夜叶，这样既可防止细菌繁殖，不使鲜叶腐烂；又可避免茶叶中含有的烯萜类物质吸附异味分子而使茶叶产生异味。

鲜叶贮放的环境条件以温度在 15℃ 左右，相对湿度在 90% 左右，且阴凉、清洁、空气流通的场所为好。一般要求春茶摊放鲜叶保持在 25℃ 以内，夏、秋茶鲜叶不超过 30℃。鲜叶贮放的厚度，春茶以 15～20cm 为宜，夏、秋茶以 10～15cm 为宜，具体可根据气温高低、鲜叶老嫩和干湿程度而定。气温高需要薄摊，气温低可略厚些；嫩叶摊放宜薄，老叶摊放宜厚；雨天叶摊放宜薄，晴天叶摊放可略厚。

总之，鲜叶的验收与分级、贮运与保鲜是鲜叶管理工作中的重要环节，技术措施得当与否，直接关系到茶叶品质与茶厂经济效益，在生产上应引起高度重视。

技能实训

鲜叶采摘技术

一、实训目的

茶树采摘的主要技术环节是留叶采、标准采和适时采 3 项。通过实训，掌握茶叶采摘标准、采摘时间、采摘方法，为提高茶叶质量及培育丰产茶园奠定基础。

二、内容说明

1. 采摘期与采摘时间　茶树的萌芽生长是有季节性的，而且与品种、海拔高度、气候条件及茶园管理等有一定的关系。优质高档生态茶叶的采摘应选择晴天，时间最好是 9：00—16：00，俗称"午青叶"，质量最好；9：00 以前采的茶叶称为"早青叶"，质量次之；16：00 以后采的茶叶称为"晚青叶"，质量较差。

2. 采摘方法

（1）手摘法。采用横采或直采手法进行双手采摘。

（2）机采法。采用双人抬往返切割式采茶机采茶。

3. 采摘标准

（1）细嫩采。采用这种采摘标准采制的茶叶，主要用来制作高级名茶。如高级西湖龙井、洞庭碧螺春、君山银针、黄山毛峰、庐山云雾等对鲜叶嫩度要求很高，一般是采摘茶芽和1芽1叶，以及1芽2叶初展的新梢。这种采摘标准花费工夫，产量不多，季节性强，大多在春茶前期采摘。

（2）适中采。采用这种采摘标准采制的茶叶，主要用来制作大宗茶类。如内销和外销的眉茶、珠茶、工夫红茶、红碎茶等，要求鲜叶嫩度适中，一般以采1芽2叶为主，兼采1芽3叶和幼嫩的对夹叶。这种采摘标准茶叶品质较好，产量也较高，经济效益也不差，是中国目前采用最普遍的采摘标准。

（3）成熟采。采用这种采摘标准采割的茶叶主要用来制作边销茶。采摘标准需待新梢成熟、下部老化时才用刀割去新枝基部1～2片成叶以上的全部枝梢。这种采摘方法采摘批次少，花费工夫并不多。茶树投产的前期产量较高，但由于对茶树生长有较大影响，容易衰老，经济有效年限不很长。

（4）特种采。这种采摘标准采制的茶叶，主要用来制造一些传统的特种茶。如乌龙茶，它要求有独特的滋味和香气。采摘标准是待新梢长到顶芽停止生长，顶叶尚未开面时采下3～4叶比较适宜，俗称"开面采"或"三叶半采"。

4. 采摘注意事项　一是鲜叶成熟度要适宜，鲜叶不宜太嫩或过于粗老；二是春茶持嫩性较强，可适时分批采即"初期适当早，中期刚刚好，晚期不粗老"。以夏茶适当嫩、秋茶适度老为原则。

三、实训条件

1. 设备　采茶机、背篓。
2. 实训场所　校外（或校内）茶园。

四、技能考核标准

技能考核标准具体见表9-5。

表9-5　技能考核标准

考核内容	要求与方法	扣分项	扣除分值	需要时间	熟练程度
采摘时期30分	1. 掌握适宜的开采期；	1. 开采期不适宜；	10		
	2. 掌握适宜的采摘周期；	2. 采摘周期不合理；	10		
	3. 掌握停止采茶的时期	3. 封园期控制不好	10		
采摘方法70分	1. 掌握留叶时期；	1. 不按季节进行留叶采摘；	15	4学时	熟练掌握
	2. 掌握留叶数量；	2. 留叶数量不适中；	15		
	3. 掌握留叶方法；	3. 青年茶树没有分批留叶；	15		
	4. 掌握标准采方法；	4. 壮年茶树没有进行集中留叶；	15		
	5. 注重适时采摘	5. 不注意新梢的采摘嫩度	10		

知识拓展

古代的采茶技术

茶叶采摘也称"摘山""摘茶""采茶"。古代采茶做药时，并无采摘技术。后采茶为饮品时，茶叶成为商品，采摘技术才得以逐渐发展。

关于采摘时期的记述，唐代陆羽《茶经》："凡采茶在二月、三月、四月之间。"当时采茶仅在春、夏两季，并且强调"其日有雨不采，晴有云不采，晴，采之"。到了宋代开始有采秋茶的记载，宋代苏辙《论蜀茶五害状》："园户例收晚茶，谓之秋老黄茶。"至明代，采秋茶已较普遍。清代，采春、夏、秋茶已成惯例。清代郭柏苍《闽产录异》："武夷采摘以清明后谷雨前为头春，香浓味厚；立夏后为二春，无香味薄；夏至后为三春，颇香而味薄；至秋，则采为秋露。"

关于采摘标准的记述有唐代陆羽《茶经》："茶之芽者，发于丛薄之上，有三枝、四枝、五枝者，选其中枝颖拔者采焉。"宋代赵佶《大观茶论》："凡芽如雀舌谷粒者为斗品，一枪一旗为拣芽，枪两旗为次之，余斯为下茶。"清代张振夔文："摘法，但取其顶尖数叶，须留三四叶，令更抽顶。地暖谷雨可采，地寒则立夏采之。"

思 考 题

1. 简述鲜叶合理采摘的内涵。
2. 为什么说鲜叶采摘也是茶树增产提质的一项技术措施？
3. 按照采下鲜叶老嫩不同，采摘标准如何分类？
4. 按照留叶数量不同，留叶标准如何分类？
5. 确定采摘标准的依据是什么？
6. 确定留叶标准的依据是什么？
7. 不同茶类茶树的采摘有什么不同？
8. 手工采摘与机械采摘的开采适期有何不同？
9. 怎样做好鲜叶贮运与保鲜工作？

项目十　茶树保护

知识目标

1. 了解茶树旱害发生的原因、症状及防护方法。
2. 了解茶树湿害发生的原因、症状及防护方法。
3. 了解茶树冻害发生的原因、症状及防护方法。
4. 了解茶树病虫害发生的原因、症状及防护方法。

能力目标

1. 能根据茶树不同受旱害症状采取及时有效措施进行挽救。
2. 能根据茶树不同受湿害症状采取及时有效措施进行挽救。
3. 能根据茶树不同受冻害症状采取及时有效措施进行挽救。
4. 能根据茶树不同受病虫害症状采取及时有效措施进行挽救。

知识准备

任务一　茶树旱害

　　茶树旱害是指在长期无雨或少雨的气候条件下，茶树体内水分亏缺、生理代谢失调，造成茶叶减产、生长受阻或植株死亡的气象灾害。其直接原因是降水量偏少，土壤含水量不能满足茶树正常生理代谢的需求，而使茶树受害。茶区旱害往往是由于温度高、蒸发大、光照强、天然降水少造成的。

　　一般江南、华南等茶区的 7—8 月和西南茶区的 4—5 月部分茶园容易发生旱害。茶园一出现旱情，由于茶树芽叶吸水能力强于老叶，旱害症状首先表现为老叶开始枯萎，逐渐向幼嫩部位延展。严重时，茶树叶片全部凋落，直至枯死。

一、茶树旱害的发生原因

　　茶树在系统生长发育过程中，形成了耐阴和需水较多的特性，茶树在逐步北移的过程中，这些特性虽发生了一定变化，但较之某些作物来说，对水分的需求还是较高的，所以在长期无雨或少雨的情况下易产生旱害。加之我国茶区季节分明，春暖、夏热、秋燥、冬寒，太阳辐射能和雨量的周年分布不均，6—9月常常高温少雨、日照强烈，许多茶区都会先后出现或大或小的伏旱和秋旱。

1. 大气和土壤干旱的影响　大气干旱和土壤干旱是茶树旱害的直接原因。由土壤缺水引起的干旱称为土壤干旱；高温少雨季节，由于空气湿度低，即使土壤不缺水，茶树也会产生明显的旱害症状，即所谓的大气干旱。大气干旱加速水分蒸发与蒸腾，一方面导致茶树生理缺水，另一方面引起或加重土壤干旱。茶树出现旱害，往往是大气干旱和土壤干旱共同作用的结果。大气干旱时，茶园土壤不一定缺水，但大气干旱能加速土壤水分蒸发和茶树水分蒸腾，使土壤水分迅速减少，持续的大气干旱必然出现土壤干旱，而土壤干旱又进一步导致大气湿度降低。目前一般以干湿指数 K 值表示大气的干燥度，实践表明，当某阶段 $K \geqslant 2$ 时，即为干燥气候，对茶树即能造成旱害。此外，土壤质地不同，持水保水能力也不同，以壤土为例，其耕作层的含水量在田间持水量的60%时，即产生旱害。

2. 不同茶树品种的影响　不同茶树品种的抗旱能力不同，这主要与植株本身的生长特性有关。此外，抗旱能力还与茶树植株的形态特征有关，据调查，叶大柄长、叶脉稀疏、叶肉肥厚、质地柔软的福建水仙和政和大白茶品种受害率较高；而角质层厚、叶小柄短、叶脉较密、栅栏组织较厚的梅占、鸠坑、龙井品种等受害率较低。

3. 不同茶树树龄的影响　茶树随着树龄的增大，其抗旱能力也随之增强。茶树叶片对旱害的抵抗能力也随着叶龄的增大而递增。其原因是根系逐年深扎，利用土壤深层水分的能力较强。一般1～2龄茶树根系主要分布在15～30cm深的土层范围内，而成年茶树的根系主要分布在30～60cm深的土层范围内，主根可达1m以上。因此，1～2龄茶树最易受旱，成年茶树抗旱能力较强，但进入衰老期后抗旱能力又逐渐降低。在生产实践中还可看到，采用台刈或重修剪改造的茶树，当年抽发新枝后，如遇较强的干旱天气，茶树也易受害，这是由于当年抽发的新枝，其茎叶娇嫩，抗旱能力不如成年期强。

4. 不同立地条件的影响　一般阳坡茶园比阴坡茶园受旱害程度显著增大，土壤过黏或沙性过重的茶园，比质地疏松、结构良好的受害重；洼地要比平地受害程度重；肥力与有效持水力较高的土壤受害轻；生态条件优越的茶园，茶树受旱危害的程度较轻。另据胡海波、姚国坤调查表明，茶树西侧的叶片和枝条的受害率超过东侧的，南北向排列的条栽茶园表现尤为明显，这与茶树树冠东西侧的小气候情况有关。

5. 茶树栽培技术的影响　合理的栽培技术可以提高茶树对旱害的抵抗能力，缓和干旱对茶树的危害程度。

（1）种植方式。据调查，条栽茶树比丛栽茶树的植株和叶片受害率，分别要增加20%和10%左右。多条栽的茶树又比单条栽或双条栽的受害严重，是因为前者的茶树根系生长受到一定程度的影响，蒸腾面积加大，行间较小，太阳辐射热不易散发。此外，有性系比同类无性系种植的抗旱性强，同一品种同一生育年龄的幼年茶树，直播的比扦插的抗旱能力强。

（2）采摘程度。分批合理采摘是茶树高产优质、增强茶树长势的技术措施之一，而"一扫光"的强采茶园，不仅产量低、品质差，而且由于树势受到摧残，在出现旱情时，受害率要比分批合理采摘的茶园高 40％ 以上。

（3）施肥条件。长期不施肥或单一施用化肥的茶园，由于土壤理化性状差，会使茶树根系生育不良，树势衰弱，易遭受旱害。化肥施用过多，有机肥施用少的茶园，土壤缺乏有机质，易板结或缺磷，也会使茶树根系发育不良，易受旱害。

此外，由于耕作时期不当，耕作技术不善，也能加深旱害的程度。我国部分地区有伏耕的传统管理技术，但伏耕时期过迟或已出现旱情后再行耕作，则可引起土壤水分的急剧蒸发而加深旱害的发生。在进行伏耕时，要掌握茶行中部深、靠近茶树根颈处浅的原则，这对 1～2 年生茶树尤为重要，否则会使旱害加重。

二、茶树旱害的症状

茶树受高温干旱侵袭，持续 7d 左右，土壤水分即迅速减少，茶树出现受害症状。茶树旱害症状始于冠面的叶片，受害叶出现赤红色焦斑，其界线异常分明，但发生部位不一。茶树旱害的发生程序是：先叶肉后叶脉，先成叶后老叶，先叶片后茶芽，先地上部后地下部。随着部分叶肉红变与支脉枯焦，继而逐渐由内向外围扩展，由叶尖向叶柄延伸，主脉受害，整叶枯焦，叶片自行脱落。与此同时，枝条下部成熟较早的叶片出现焦斑焦叶，顶芽、嫩梢也相继受害。随着高温、旱情的延续，植株受害程度不断加深、扩大。因此，茶树旱害的发生症状可归纳为两点：一是叶片焦斑界限分明，部位不一；二是受害过程是先叶肉后叶脉，先嫩叶后老叶，先叶片后顶芽、嫩茎，先上部后下部。

三、茶树旱害的防护

对茶树旱害的防护，除选用抗旱能力较强的茶树品种建园外，主要从调控外界环境条件、合理运用栽培技术着手，并密切注意旱情的发生发展，掌握"旱前重防，旱期重抗，旱后重护"的原则，这样才会取得理想的效果。

（一）茶树旱害的防救

1. 选育抗旱性较强的茶树品种　茶树抗旱能力的强弱取决于茶树品种。茶树扎根浅的无性系品种对干旱较敏感，而扎根深的品种则较耐旱，且浅根性无性系茶树的抗旱能力随根入土的深度而增加。据报道，耐旱品种叶片上表皮蜡质含量高于易旱品种，在蜡质的化学性质研究中，发现了咖啡碱这一成分，以耐旱品种含量为高，所以茶树叶表面蜡质及咖啡碱含量与抗旱性之间有一定的关系。另据研究，茶树叶片的解剖结构，如栅栏组织厚度与海绵组织厚度的比值、栅栏组织厚度与叶片总厚度的比值、栅栏组织的厚度、上表皮的厚度等均同茶树的抗旱性有一定的相关性。因此，在易遭受旱害之处，应选用抗旱性强的品种。

2. 植树造林，创造良好的生态环境　优良的生态环境对茶树实现高产优质是显而易见的，近年来，生态环境的优劣与灾害性天气对茶树生长的影响已为世人所关注。我国杭州西湖龙井茶产地、福建武夷岩茶产地、湖南君山银针茶产区都有"山清水秀，茶绿林茂"的优良生态环境条件，其年平均相对湿度均在 80% 以上，这些地区均是我国的名茶产地，而且由于生态条件优越，旱害影响较小。因此，在发展新茶园或综合改造旧茶园时，要考虑恰当的林茶比例。

3. 合理密植　合理密植能有效利用土地，促进茶树个体对土壤养分、光能的合理利用。双行排列的密植茶园，茶园群体结构合理，能迅速形成覆盖度较大的蓬面，从而减少土壤水分蒸发。同时茶树每年以大量的枯枝落叶归还土壤表层，对土壤有机质的积累、土壤结构改良、土壤水分保持均有良好作用。但是，如果种植密度过大，茶树蒸腾作用旺盛，耗水量大，土壤水湿条件不能满足茶树生长需要，表现为易遭旱害。因此，合理密植可以提高茶树的抗旱能力。

4. 兴建水利配套设施　与植树改善生态环境条件一样，水利配套设施的兴建也是茶区永久性的基础建设。茶园大都建在山区，建造水库、塘堰的条件较好，再配建部分沟渠，就形成了茶园排灌系统，在出现旱情时可进行灌溉，抵御旱害的发生。

5. 地面覆盖，减少蒸发　地面覆盖主要有茶园铺草和地膜覆盖两种。据福建茶叶研究所报道，铺草 0～50cm 土层的茶园，全年土壤平均含水率比对照提高 1% 以上，伏旱期间则可以提高 4%。另据山东日照测定，铺草 0～30cm 土层的茶园，含水量比对照提高 1.5% 以上。覆盖地膜的作用要优于铺草，但成本较高。

为防止和减轻旱害对茶树的危害，覆盖时期也极为重要，应在旱情发生前进行铺草或覆盖地膜，否则会影响效果。如防止伏旱，宜在 6 月底至 7 月初覆盖；而常有冬旱的地区宜在茶园封园后立即进行。此外，铺草厚度一般不少于 10cm，地膜覆盖应布满行间。在 1 龄茶园中铺草时要防止"蒙头盖"，否则在高温下茶苗会产生黄萎现象，不利于茶苗生长。应注意地膜内温度调节，避免因膜内温度过高灼伤茶树。覆盖还可以防止土壤冲刷，减少杂草生长，稳定地温，增加土壤有机质，等等。

6. 遮阳，防止阳光直射　遮阳保苗对当年播种出土的幼苗和移栽苗效果比较理想，可防止阳光直射，降低热辐射，减少茶树蒸腾和土壤水分蒸发，从而起到抗旱作用。遮阳材料可就地取材，如选用麦秆、松枝、榨树枝等，在旱季来临前，插在离茶苗 10～15cm 的西南方，这样可在每天 10：00—15：00 高温时段起到保护茶苗的作用。据调查，采用遮阳的茶苗，旱季茶苗受旱率比不遮阳的降低 20%～40%。

7. 加强管理，提高茶树抗旱能力　通过灌溉、覆盖和遮阳等抗旱措施提高茶树抗旱能力，力争茶树幼苗达到早、壮、齐的要求，这将会大大提高茶苗的抗旱能力。从旱害调查中可以发现，受害较重的茶苗往往是出土较迟或旱情来临后正在破土生长的幼苗。首先，采用秋播或春播前浸种催芽后再进行播种，将可提前出苗 15～20d。其次，中耕除草可减少杂草争夺水分，中耕深度不宜超过 10cm。除草可以常年进行，总的原则是使茶园不发生草荒。再次，增施液肥，不仅能补给养分，同时能增加水分。

8. 喷施维生素 C　反复试验表明，用适当浓度的维生素 C 对茶树叶面喷施，可以诱导和提高茶树的抗旱性。这是因为维生素 C 能提高茶树体内有些酶的活性，从而使细胞和组织内游离氨基酸含量增加，并能增加原生质的黏性和弹性，使细胞内束缚水含量增加，提高胶体的水合作用。通过抗蒸腾剂的使用，可以改善幼龄和成龄茶树的水分状况，提高植株的水势。近几年，一种新型生物制剂——壳聚糖在作物上使用，不仅可以调节植物的生长发育，还可以诱导植物产生抗性物质，提高植物的抗逆性，具有广阔的应用前景。

（二）旱害的挽救

对于已经遭受旱害的茶树，应积极采取挽救措施。灌溉抗旱是最直接有效的措施，建立灌溉系统是设施栽培的最重要技术，可根据当地条件采用喷灌、自流灌溉和滴灌等灌水方法，其中以喷灌效果较好。此外，还可以采取以下措施进行挽救：视受害程度的轻重，对焦叶枯枝进行不同程度的修剪；加强肥培管理，及时施用速效性氮肥和钾肥，使受害茶树迅速恢复生机，促进新梢萌发，培育秋梢；根据当年受害程度，秋季可采取留叶采摘或提早封园的办法恢复树势；秋季结合深耕，增施基肥，增强茶树抗旱能力。受害严重的幼年茶园，应采用补植或移栽归并。

任务二　茶树湿害

茶园湿害是指因排水不良或地下水位过高而致茶园土壤水饱和或接近饱和对茶树产生的危害。茶树属旱地栽培的多年生经济作物，与某些旱作比较，它喜水但又忌过湿，只有在水分充足而又透气良好的土壤环境中才能正常生长，实现茶园高产优质。反之，如果茶园土壤长期呈过湿状态，则会造成茶树湿害。

一、茶树湿害的发生原因

茶树湿害的根本原因是土壤水分的比率增大，空气水分的比率减小，土壤的空气状况、土壤温度和农作活动都受到影响。从而诱导茶树产生的次生胁迫阻碍其生长发育。土壤水分过多主要原因有以下几个方面：

1. 气候原因　如果当年雨水多或常有暴雨出现，可能造成积水，使茶园土壤湿度过大，水分过多，土壤固相、液相、气相三相比严重失调，在这样的土壤环境中，空气严重不足，根系正常呼吸受到抑制，茶树生长受到阻碍，形成湿害。严重时可使茶树窒息死亡。

2. 地形地貌原因　分布在丘陵山区的坡脚洼地或在两山出口处低洼平台上的茶园，由于土层下常有不透水的岩层，加上地形关系，上方雨水常常沿着坡面径流或潜水暗流汇集，不易排除，如果水流前进的方向受到阻挡（如路基、水稻田等），则滞水聚积，使茶园土壤湿度增大，空气减少，茶树根系呼吸困难，水分、养分的吸收代谢受阻，产生茶树湿害。在水塘、河流、水库附近的低地茶园，由于坝身透水或地下水外渗等原因，使低地茶园常年水位较高，土壤底层逐渐形成潜育化，亚铁反应强，加害茶树根系，也易形成茶树湿害。

3. 土壤质地原因　我国茶区，尤其是在红黄壤地带的茶园，土体构造不良，在土层下都有一层不易透水的垆层存在，这种硬垆层有黏土层、铁锰结核层、死僵土及母岩等，如果此垆层位置高，耕作层浅，又出现在平坦地或蝶形洼地。当雨水无法向深层渗透，地表流速小，大量雨水就会潴积，造成茶树湿害。

渍水土壤中的 pH 一般向中性发展，随时间的延长，酸性土壤的 pH 随之升高；有机质氧化缓慢，分解的最终产物是二氧化碳、氢、甲烷、胺类、硫醇类、硫化氢和部分腐殖化的残留物，主要的有机酸是甲酸、醋酸、丙酸和丁酸。铁、锰以锈斑、锈纹或结核的形态积淀，永久渍水层由于亚铁化合物的存在而呈蓝绿色，由于缺氧，好气性生物死亡，嫌气微生物增殖，加速土壤的还原作用，导致各种还原性物质产生。在这种条件下，土壤环境恶化，有效养分降低，毒性物质增加，茶树抗病力低，因此造成茶根的脱皮坏死、腐烂。

茶园湿害发生的原因与类型如表 10-1 所示。

表 10-1　茶园湿害的原因与类型

土壤	原因			湿害类型
	地形	降水	地下水位	
质地黏重		强度大而集中		地表渍水型
质地黏重		降雨或雨水渗流		地表渍水型
网纹层（浅/深）	地势低洼集水面大	降雨量大	高	地表/地下渍水型
铁、锰沉积层（浅/深）		降雨量大		地表/地下渍水型
石砾胶结层（浅/深）		降雨量大		地表/地下渍水型
黏盘层（浅/深）		降雨量大		地表/地下渍水型
犁底层（浅/深）		降雨量大		地表/地下渍水型

二、茶树湿害的症状

（一）茶树湿害的表现

1. 轻度湿害　茶树吸收根显著减少，且集中分布在土壤表层；输导根粗短，呈水平状伸展，分布较浅；主根难以深扎，群众形象地称之为"萝卜根"；有些侧根不是向下伸展，而是向水平方向伸展，甚至向上伸展。受害主根及输导根的表面呈灰褐色，且有腐死现象，须根呈黄褐色，吸收能力明显减弱。

2. 严重湿害　根系变黑、根皮不光滑，有许多呈瘤状的小突起。地上部分枝少，芽叶稀，生长缓慢以致停止生长，叶色黄，树势矮小、多病，枝条发白甚至出现灰枯死亡现象，产量低，品质差。

（二）茶树遭受湿害的先后顺序

茶树遭受湿害后，损害从茶树根系开始，进而影响地上部生长。深处的细根先受害，而后较浅的细根也开始受伤，粗根表面变黑，继而细根开始腐烂，粗根内部变黑，最后粗根全部变黑枯死，新根先受害，老根后受害。根系的损害导致地上部由嫩到老、从叶到茎的损害，最初表现为嫩叶失去光泽变黄，进而芽尖低垂萎缩，最后成叶失去光泽而凋萎脱落。

三、茶树湿害的防护

茶树湿害症状由地下部开始，且茶树湿害的症状发展快，显现慢，不易被发现。因此，事先预防，及早发现，及时排除极为重要。对有迹象或已产生湿害的茶园，应积极做好调查研究，找出产生湿害的原因，对症施治，因园制宜采取不同的开沟排水技术；视茶树受害程度，进行树冠改造；加强肥培管理；采取换种改植等措施。

1. 集水型湿害茶园　这类茶园的改造措施，首先是在该茶园上坡地段按等高线挖好横截水沟，以拦断由上坡流下来的径流与潜水，并连接纵向排水沟。为缓冲水势，纵向排水沟可随道路盘曲而下，形成梯级形排水沟，每级水沟的外缘应高于内侧，以防止水土流失。其次，在每级梯台内侧，开深 20～30cm、宽 30cm、长不等的台后"竹节"沟，使台后"竹节"沟与排水沟连接，在其出水口做一小土坝，土坝的高度应低于台面，做到水少时可以利用台后"竹节"沟蓄水，水多时将水排到排水沟。同时还要在茶园最下方低处开挖明渠或暗沟排水，降低茶园土壤水位。

2. 不透水型湿害茶园　改造不透水型湿害茶园，首先要破垆深耕，挑培客土，改良土壤，同时开设暗沟（或明沟）排除积水。暗沟一般开在 1m 左右土层以下，底部用块石砌成桥洞形排水孔，上面再放碎石或沙石，然后填土。杭州茶叶试验场的经验是，为增加茶园土层排水效果，在靠近暗沟两侧的土壤要开得深些，渐远渐浅，使硬垆层至排水沟处之间至少应有 1m，以提高排水效果。对明显的洼地渍水茶园，除了破垆深耕、加土改良外，还应围绕茶园开设排水明沟（深 1m 以上），并与其他排水沟渠连通。

3. 地下水位型湿害茶园　对这类茶园的改造，要在水塘、水库等的下侧和茶园的上方开挖横截水沟，切断径流与坝身潜水渗透，降低茶园土壤地下水位。在新园规划时就规划好建立良好的茶园排水系统。如山区茶园附近的山塘、水库与环山渠道在雨季可蓄水防洪，旱季又能引水灌溉，做到蓄、排、灌兼顾。使沟、渠、塘、库及机埠等设施有机地连成一体，除了可减少与避免茶园低处渍水现象，还可减少水、土、肥的流失。

此外，还应加强栽培管理，对于受害茶园，茶园排水后要对受湿害的土壤进行深翻，去除因积水而产生的有害物质，同时根据危害程度进行适当修剪。然后加强肥培管理和留养，使其复壮，逐步恢复生长。对建园基础差、湿害严重茶园，应结合换种改植，平整土地，重新科学规划，建立新园。不宜种茶的可改种其他适生作物。

任务三　茶树冻害

冻害是指茶树在越冬期间遇到 0℃ 以下低温或剧烈变温或较长期在 0℃ 以下低温中，造成的茶树冰冻受害现象。我国茶区面积大、分布广，气候因子、地理条件复杂，特别是高纬度、高海拔的地区，茶树越冬很易遭受冻害。茶树上常见的冻害有冰冻、雪冻、霜冻及干冷风冻 4 种。长江以南产茶区以雪冻和霜冻为主，长江以北产茶区 4 种冻害均有发生。茶树冻害后不仅会造成当年春茶减产减值，甚至绝收，严重的还会影响到以后 1～2 年的茶叶生产效益。因此，要十分重视茶树冻害的发生，并采取相应的预防和补救措施。

一、茶树冻害的发生原因

茶树冻害发生与否以及受冻程度与气象条件、茶树品种与树龄、地理条件和茶园栽培管理条件等因素密切相关。

1. 气象条件　冬季的低温是产生茶树冻害的主因，越冬期气温越低，茶树冻害就越严重，干旱和大风可加深冻害的发生程度；早春气候回升后，茶芽相继萌发，如出现急剧降温的"倒春寒"，茶芽也极易产生冻害。一般最低气温在 -10℃ 左右，冬季持续低温也在 -2℃ 左右，就足以引起茶树的冻害。调查研究结果表明，茶树冻害与 1 月平均气温和极端最低气温的高低，以及负积温大小和持续天数长短之间的关系最为密切。凡冬季 1 月平均气温 <0℃，负积温总值 >-100℃，极端最低气温 <-10℃，日平均气温 <0℃ 的连续天数超过 14d，茶树往往容易出现较重的冻害。

2. 茶树品种与树龄　不同茶树品种其抗寒能力有强有弱。例如，我国的云南大叶茶，通常在出现 0～2℃ 低温时要受冻；一般中小叶种茶树的抗寒力要比大叶种强，但在 -5℃ 左右也要受冻；不同的茶树品种，其茶树叶片颜色、大小、茸毛及其解剖结构与抗寒性有密切关系，其中叶片内部结构的栅栏组织厚度、下表皮组织厚度、海绵组织厚度与抗寒性呈正相关。福鼎大白茶的抗冻性好；另外，一些当地的品种要比外来引进的品种抗冻性好，如信阳当地的品种要比从南方引进的品种抗冻性要好；同时茶树一般随树龄增加，抗寒能力有相应的增强趋势，但茶树衰老期时抗冻能力又降低。

3. 地理条件　一般在高纬度、高海拔地理条件下的茶树容易受冻，高山茶园比丘陵、平地茶园易受冻；山地茶园的冷空气过道和低凹地沉积处，或有"回头风"侵袭的茶树受冻较重；在避风向阳的山坡面气温较高，而在山北迎风面茶园受冻较严重。"雪打高山，霜打洼"，这是气象与地理位置有密切关系的一句农谚。高山降雪量多于平地和丘陵，洼地由于冷空气沉积，冬季常出现浓霜。在这类地理位置上种茶，茶树极易产生雪冻和霜冻。地势低洼、地形闭塞的小盆地、洼地，冷空气容易沉淀，茶树受冻最重；山坡地中部，空气流动畅通，茶树受冻轻；山顶上由于直接受寒风吹袭，茶树受冻较重。

4. 茶园栽培管理条件　科学运用各项茶园栽培管理技术可以增强茶树抗寒能力，使茶树安全越冬或减轻茶树受冻程度。栽培管理技术不善是造成茶树受冻的重要原因。缺乏管理主要体现在以下两个方面：

（1）不重视茶树越冬管理。经过连续几年的暖冬天气，部分茶农感到冻害可能不会发生，因此有的管理措施不配套，技术掌握不严，有的没有采取任何防护措施，让茶树自然越冬。

（2）茶农对病虫危害重、树势弱的茶树没有进行修剪管理。茶树在长势弱的情况下抗冻能力差。

二、茶树冻害的症状

茶树容易受冻的部位常常是当年生长的枝条、花芽、幼果、根颈等。茶树嫩枝轻微受冻害时，只表现枝条髓部变色，中等冻害时木质部变色，严重冻害时才冻伤韧皮部，待形成层变色时则枝条失掉恢复能力。茶树根颈受冻，常引起茶树势衰弱或整株死亡。

（一）茶园冻害的类型与症状

1. 雪冻害　对留养长梢的树型或乔木型茶树，当积雪过厚，易使部分枝条折断受损；在融雪过程中若再遇低温会使树体和土壤结冰，形成雪冻害，严重受冻，枝叶枯焦。

2. 冰冻害　低温使茶树枝叶和土壤遇冻雨，部分根系与枝梢芽叶细胞坏死，骨干枝枯焦。茶树在越冬期，遭遇连日阴雨结冰天气，气温低于$-5℃$，叶片细胞开始结冰，若再加上空气干燥和土壤结冰，土壤中的水分移动和上升受阻，叶片由于蒸腾失水过多而出现寒害，受寒叶呈赤枯状。

3. 冷干风冻害　当干冷风吹袭，树冠枝叶受冻失水，芽叶红焦，严重时生产枝、骨干枝枯死。在强大寒潮袭击下，温度急剧下降，伴之干冷的西北风，叶片被吹落，茶树体内蒸发过速，叶片多呈青枯状卷缩，而后脱落，枝条也干枯开裂。

4. 霜冻害　霜冻主要是茶树萌芽期产生的冻害，又分为早霜冻和晚霜冻。早霜冻多发生在秋末，晚霜冻多出现在3—4月。对名优茶影响最大的是晚霜冻（也就是常说的"倒春寒"引起的），轻则造成芽叶叶尖变红焦状，重则造成成片芽叶焦枯，严重影响名优茶的产量和品质。

（二）茶树冻害过程及等级划分

茶树不同器官的抗寒能力是不同的，就叶、茎、根各器官而言，其抗寒能力是依次递增的。受冻过程往往表现为顶部枝叶（生理活动活跃的部位）首先受害，幼叶受冻是自叶尖、叶缘开始蔓延至中部；成叶失去光泽、卷缩、焦枯，一碰就掉，一捻就碎，雨天吸水，由卷缩而伸展，叶片吸水成肿胀状；进而发展到茎部，枝梢干枯，幼苗主干基部树皮开裂；只有在极度严寒的情况下，根部才受害枯死。

冻害程度按冻害症状的轻重可分为5级。

1级：树冠枝梢或叶片尖端、边缘受冻后变为黄褐色或紫红色，略有损伤，受害植株占20%以下。

2级：树冠枝梢大部分遭受冻伤，成叶受冻失去光泽变为赭色，顶芽和上部腋芽转暗褐色，受害植株占20%～50%。

3级：秋梢受冻变色，出现干枯现象，部分叶片呈水渍状，枯绿无光，晴雨交加，落叶凋零，枝梢逐渐向下枯死，受害植株占51%～75%。

4级：茎干基部自下而上出现纵裂，随后裂缝加深，伸长形成裂口，使皮层、韧皮部因失水而收缩与木质部分离，之后裂口发黑霉烂。当年新梢全部受冻，枝梢失水而干枯，受害植株占76％～90％。

5级：骨干枝及树皮冻裂受伤，树液流出，叶片全部枯萎、凋落，植株枯死，根系变黑，裂皮腐烂，被害植株达90％以上。

一般生产中调查受害叶片，可根据表10-2记录。

表10-2　冻害和旱害分级标准

害性分级	受害程度	代表数值
1级	完全不受害	0
2级	受害叶片在5％以内	1
3级	受害叶片在5％～25％	2
4级	受害叶片在26％～50％	3
5级	受害叶片在51％～75％	4
6级	受害叶片在76％～100％	5

<h2 align="center">三、茶树冻害的防护</h2>

茶树冻害对茶叶的产量、品质都有很大的影响，因此，应根据不同茶园实际情况，采用合理的防护技术，降低茶树受冻害影响所造成的损失。

（一）新建茶园冻害的防御措施

1. 引种和选育抗寒茶树品种　提高茶树自身抵御低温的能力是防止茶树冻害的根本途径。在新建茶园时，对不同品种的抗寒力要进行详细了解，尤其在高纬度、高海拔地区引种茶树，必须注意定向引种。还应重视选育当地良种茶苗进行扩种建园。

2. 建立抗寒的茶园种植模式　在容易受冻的茶树种植区，应建立抗寒防冻的茶园种植模式，形成茶园小气候，有利茶树健壮生长，提高防冻能力。

（1）选择有利地形种茶。发展新茶园时要首选避风向阳的坡地等有利地形开垦种植；在寒潮侵袭的迎风口应设置防风屏障与营造防护林带。

（2）采用"深沟浅种"种植法。新茶园种植选用抗性强的壮苗，施足底肥，采用"深沟浅种"法种植，越冬时逐步培土、铺草保苗；开春气温回升再逐步回土整平。

（3）建立复合生态茶园。坡地种茶应修筑水平梯田，在茶园主要道路、沟渠旁种树绿化；平地、缓坡地种茶应建立"园周种树，果茶间作"的复合生态茶园，营造保湿保温的茶园小气候。

（4）培育"适密适矮"茶园。提倡合理密植、双行条栽种植，成龄茶蓬高度为60～70cm，机采以优质茶与大宗茶为主。培育成"适密适矮"茶园具有抗寒防冻的显著效果。

3. 设立防风林带 在新辟茶园时，有意识地保留部分原有林木，在主干道和支干道两旁绿化植树，增设防护林带，可以有效防治茶树的冻害，这也是建立无公害生态茶园永久性的防护设施。我国北部采用松树，中部采用杉树，南部采用橡胶等营造防护林，都有成功的先例。我国江北茶区采用风障防止或减轻茶树冻害有一定的效果。据观测，1.5m 高的风障有效防风范围为障高的 5 倍，而且障前最低温度比障后提高 2~5℃。在采用风障防冻时，幼龄茶树宜逐行设障，障高超过树高 20cm 左右；投产茶树宜在茶园周边设置围障，障高在 2m 左右。

（二）现有茶园冻害的防御措施

合理运用茶园培育管理技术，以提高茶树抗冻能力。因地制宜地利用物理方法采取不同的措施。也可利用外源药物的方法对冻害发生加以防护。

1. 加强茶园培育管理 合理运用各项茶园培育管理技术，提高茶树抗寒能力，取得安全越冬的效果。

（1）深耕改土。茶树种植前的深耕改土，可使茶树根深叶茂。建园前的土壤深翻宜在 60cm 以上，增施有机质肥料，改良土壤结构；易产生冻害的地区，茶季结束后的秋冬季深耕，应在"秋分""寒露"进行。

（2）茶叶采摘。应采取"合理采摘，适时封园"。山东种茶经验是，春、夏季视茶树长势留鱼叶或 1 叶采，秋茶留 1~2 叶采，"处暑"至"白露"适时封园停采，使秋季叶片充分成熟，提高茶树抗寒力。幼年茶园最后一次打顶轻采，使之采后至越冬前不再抽发新芽为宜。

（3）适时修剪。对冻害的茶树实施修剪时，必须做到因地因园制宜。对采摘名优茶为主的茶园，应按受冻轻重，因树制宜采用不同程度的修剪；对采大宗茶为主的机采茶园修剪，要掌握"照顾多数，同园一致"的原则。根据茶园受冻程度的轻重采用不同深度的修剪方法（图 10-1、图 10-2）。修剪时期一般在 2 月底 3 月初，当地气温稳定回升后进行。冻害严重的年份，1~2 年生茶树如果冻死率不高，可采用定型修剪，剪去部分枯枝，并补植缺丛；多数茶树冻死，要移植归并重新种植。

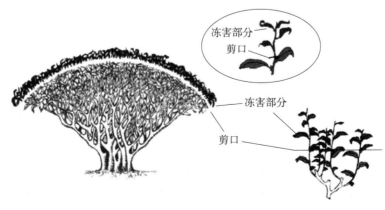

图 10-1 茶树中度冻害的修剪

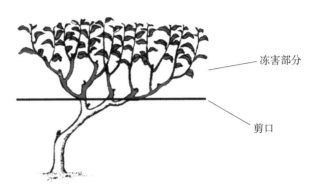

图 10-2　茶树重度冻害的修剪

（4）茶园施肥。茶园施肥要做到"早施重施基肥，前促后控分次追肥"。基肥的施用时期为白露（8 月下旬）至秋分（9 月下旬），基肥应以有机肥为主，配施磷钾肥。分次追肥，即春、夏茶前追施氮素化肥，可在该季茶芽萌动时施用，促进茶树生长；秋季追肥在"立秋"前后结束，有利茶树越冬。灌足越冬水，并采取铺草保墒防冻措施。

（5）茶园覆盖防冻。茶园铺草，丛面盖遮阳膜。茶园铺草防冻效果是极其显著的，铺草后可以提高冬季的土壤温度。铺草应在寒冻来临前进行，一般在 11 月底至 12 月初应完成铺盖。材料可选用山野杂草、麦秆、稻草等。强寒潮来临前，风口茶树丛面可用遮阳膜或稻草覆盖，以防止茶树冻害。对 1～2 龄幼龄茶园可采用埋土过冬，在埋土时要注意将茶苗顶部露出外面，不要全部埋起来，开春分期耙土。

2. 防冻的物理方法

（1）熏烟防冻。这是我国传统的防冻措施，茶区可结合田头烧制焦泥灰进行。或晚霜降临前，在茶园四周点燃发烟物，熏烟可保存大量热量，提高茶园气温。

（2）喷水、送风防冻。喷水结冰防霜法是在低温条件下，把水喷到茶树上使其结冰，结冰时释放出的热能使茶园小气候温度维持在冰点左右，使茶树免遭冻伤。送风防霜是在离地 6.5m 处安装送风机，将逆转层上的暖空气吹至茶树采摘面，从而提高茶树周边温度，达到防霜的目的。

3. 防冻的化学方法

（1）喷施植物生长抑制剂。在茶树越冬前喷施植物生长抑制剂，起到保温作用，减少蒸腾，促进枝叶老熟，提高枝条木质化程度，进而增强茶树的抗寒能力。

（2）使用抗生素杀灭冰核细菌。采用抗生素杀灭冰核细菌和用拮抗微生物抑制冰核细菌可以达到防冻的目的。杀菌剂喷施叶面可以抑制冰核细菌的增殖，同时也可以抑制细菌活性，但是应充分注意茶产品的安全性。

任务四　茶树病虫害

中国茶区辽阔，茶树病虫害种类很多。据统计，已记载的茶树病害近 100 种，茶树害虫有 400 多种；常见的病害 30 多种，害虫 40 多种。茶树病害以华南和西南茶区的种类较多，发生较重；北方茶区如山东、陕西等省的种类较少，发生较轻。茶树害虫则在全国各茶区均有危害较重的种类。茶树害虫大都为昆虫，也有螨类。茶树从叶、茎、根到花、果实均有病虫为害，其中以芽叶病虫害种类多，危害最大。轻者影响茶树生长，致使树势衰退，重者引起茶叶减产，成茶品质下降。茶树病虫害一般使茶叶减产10%～20%，发生严重时，甚至无茶可采，而且成茶品质下降，直接影响茶叶产值。

一、茶树病害

茶树是一种多年生常绿作物，成龄后树冠茂密郁闭，小气候变幅较小，环境条件较其他作物稳定，病原微生物区系相应较为丰富，不少茶树病害对一些地区造成严重威胁。根据发病部位不同，可以分为叶部病害、枝干部病害和根部病害。在海拔较高的茶区常以茶饼病、茶白星病、茶圆赤星病等低温高湿型病害为主。南方热带和亚热带茶区茶根腐病、茶黑腐病、茶线腐病危害较重。根据不同类型的病害特点采取相应的防治策略。

（一）叶部病害

从发病部位来看，可分为嫩芽、嫩叶病害，成叶、老叶病害。芽叶病害主要有茶饼病、茶白星病、茶圆赤星病和茶芽枯病。茶饼病在西南茶区的高山茶园发生较重；茶白星病和茶圆赤星病以华东、西南诸省份的高山茶园在低温高湿条件下受害严重；茶芽枯病是浙江、湖南等省份常见重要病害之一。成叶、老叶病害有茶云纹叶枯病、茶轮斑病、茶炭疽病、茶褐色叶斑病、茶煤病、茶赤叶斑病等，在中国各茶区都常有发生。

1. 茶饼病　茶饼病又名茶叶肿病（图10-3），常发生在高海拔茶区，危害嫩叶、嫩梢、叶柄，病叶制成的茶滋味苦且易碎。

（1）危害症状。初期叶上出现淡黄色水渍状小斑，后渐扩大成淡黄褐色斑，边缘明显，正面凹陷，背面突起成饼状，上生灰白色粉状物，后转为暗褐色溃疡状斑。

（2）发病规律。以菌丝体在病叶中越冬或越夏。温度15～20℃、相对湿度85%以上的环境容易发病。一般3—5月和9—10月危害严重。坡地茶园阴面较阳面易发病，管理粗放、杂草丛生、施肥不当、遮阳茶园也易发病。

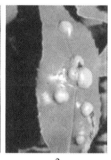

图10-3　茶饼病症状
1. 受害叶正面　2. 受害叶背面

（3）防治方法。

①茶饼病可通过茶苗调运时传播，应加强检疫。

②勤除杂草，茶园间适当修剪，促进通风透光，可减轻发病。

③增施磷钾肥，提高抗病力，冬季或早春结合茶园管理摘除病叶，可有效减少病菌基数。

④采摘茶园于发病初期喷用70%甲基硫菌灵或20%三唑酮可湿性粉剂1 000倍，隔10～15d再喷一次。

2. 茶白星病

（1）危害症状。主要危害嫩叶和新梢。初生针头大的褐色小点，后渐扩大成圆形小病斑，直径小于2mm，中央凹陷，呈灰白色，周围有褐色隆起线。后期病斑散生黑色小粒点，一张嫩叶上多达上百个病斑。

（2）发病规律。该病属低温高湿型病害。以菌丝体在病枝叶上越冬，翌年春季，当气温升至10℃以上时，在高湿条件下病斑上形成分生孢子，借风雨传播，侵害幼嫩芽梢。低温多雨春茶季节，最适于孢子形成，引起病害流行。高山及幼龄茶园容易发病。土壤瘠薄，偏施氮肥，管理不当都易发病。

（3）防治方法。

① 加强管理，增施磷钾肥，增强树势，提高抗病力。

② 在春茶萌芽期喷药保护，可用70%甲基硫菌灵或50%多菌灵可湿性粉剂1 000倍，隔7d左右再喷一次。

3. 茶圆赤星病

（1）危害症状。主要危害嫩叶、嫩梢、成叶，老叶也偶有发生。发病初期叶面为红褐色小点，后逐渐扩大成圆形小斑，中央稍凹陷，边缘有暗褐色隆起线，病健交界明显。病斑直径0.8～3.5mm。后期病部中央散生黑色小粒点，在高湿条件下长出灰色霉点。叶上病斑少则几个，多则几十至几百个，相互愈合可形成不规则形大斑。嫩叶感病后叶片生长受阻，常呈歪斜不正；成叶感病后，叶形不变。有时嫩梢、叶柄也感病，形成红褐色至黑褐色斑点，严重时造成枯梢和落叶（图10-4）。

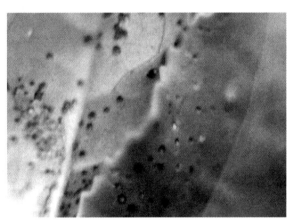

图10-4　茶圆赤星病危害症状

（2）发病规律。此病属低温高湿型病害。在春、秋雨季均可发生。但以4月上中旬发生较多。春季新梢上以鱼叶和第一片真叶发生为多。整株茶树下部叶较上部叶病害发生多，幼龄树较成龄、老龄树发生多。日照短、湿雾大的茶园以及土层浅、生长衰弱的茶树或过于柔嫩的叶片发病重。品种间抗病性有差异。

（3）防治方法。参照茶白星病的防治。

4. 茶芽枯病

（1）危害症状。茶芽枯病是近年来新发生的一种病害，在大部分茶区均有分布。茶树感病后，芽梢生长明显受阻，直接影响春茶产量和品质。主要危害春茶1芽1～

3 叶，叶上病斑先在叶尖或叶缘产生淡黄色或黄褐色，扩展后呈不规则形，病健边缘明显或不明显。芽尖受害呈黑褐色枯焦状，萎缩不能伸展。后期病部表面散生黑色细小粒点，叶片上以正面居多，感病叶片易破碎并扭曲并破碎（图 10-5）

图 10-5　茶芽枯病危害症状

（2）发病规律。病菌以菌丝体或分生孢子器在病叶或越冬芽叶中越冬。翌年春茶萌芽期，产生分生孢子并随风雨传播，侵染幼嫩芽叶，经 2～3d 形成新病斑。春茶期气温在 15～20℃、湿度大、茶叶氨基酸含量高时发病重。6 月中旬以后，病害发展受抑制。在发病期，病菌可不断进行再侵染，造成春茶损失严重。凡早春萌芽期遭受寒流侵袭的茶树易感芽枯病。该病以发芽早的品种感病重，发芽迟的品种发病较轻。

（3）防治方法。

①春茶期实行早采、勤采，减少病菌侵染，可减轻发病。

②加强树体培养，增施有机肥，因地制宜选用抗病品种。

③萌芽期和发病初期各喷药 1 次。药剂可选用 70％甲基硫菌灵可湿性粉剂 1 500 倍液、50％多菌灵可湿性粉剂 1 000 倍液。

5. 茶云纹叶枯病

（1）危害症状。主要危害茶树老叶、嫩叶、果实，枝条上也可发生。病斑多发生在叶尖、叶缘，呈半圆形或不规则形，初为黄褐色，水渍状，后转褐色，其上有波状轮纹，形似云纹状。最后病斑由中央向外变灰白色，上生灰黑色小粒点，沿轮纹排列。该病在高温（20℃以上）高湿（相对湿度 80％以上）条件下发病最盛。树势衰弱、管理不善，遭受冻害、虫害的茶园发病也重。

（2）发病规律。降雨和高湿利于病害的发生和发展，平均气温≥26℃，平均相对湿度＞80％，如遇大面积感病品种，病害往往容易流行。凡是土层浅、土质黏重、排水不良的茶园，茶树根系不发达，生长势弱，降低了树体自身的抗病性，病害容易发生和流行。长江中下游一带的茶区往往遇到伏旱，茶树叶片常出现日灼斑，树体抗性大大削弱，再遇雨水、雾滴，病菌容易侵入，造成病害流行。

（3）防治方法。

①加强茶园管理，增施磷、钾肥，提高茶树抗病力。

②发病初期喷施 70％甲基硫菌灵可湿性粉剂 1 000～1 500 倍液或 75％百菌清可湿性粉剂 500～800 倍液。

6. 茶轮斑病

（1）危害症状。以成叶和老叶上发生较多，先从叶尖、叶缘产生黄绿色小点，以后逐渐扩大成圆形、半圆形或不规则形病斑。病斑褐色，有明显的同心圆状轮纹，后期中央变灰白色，上生浓黑色较粗的小粒点，沿轮纹排成环状，病斑边缘常有褐色隆起线（图 10-6）。该病菌从伤口侵入茶树组织产生新病斑，高温高湿的夏、秋季发病较多。修剪或机采茶园，虫害多发茶园发病较重。树势衰弱、排水不良茶园发病也重。

图 10-6　茶轮斑病症状

（2）发病规律。夏、秋季高温高湿利于该病的发生和发展。因为茶轮斑病的病原菌在 28℃ 左右生长最为适宜，且高湿条件利于孢子的形成和传播。9 月小雨不断，温度偏高，病害仍有蔓延的趋势。

（3）防治方法。参照茶云纹叶枯病的防治。

7. 茶苗立枯病

（1）危害症状。此病主要发生于南方茶区，危害茶苗茎基部，也危害新梢。病斑初期为暗褐色，呈椭圆形或不规则形，后期呈灰白色，病斑微下陷，上生许多黑色的小粒点，最后叶片枯萎脱落，全株枯死。

（2）发病规律。多在 4 月上旬开始发病，8—10 月秋雨季节是发病盛期，高温高湿的条件利于此病发生，主要随风雨传播侵染。

（3）防治方法。

①注意排水防涝，发现病株立即拔除，并带出苗圃烧毁，以减少侵染源进入。

②调运苗木时严格检疫。

③于发病初期用 0.7% 的石灰半量式波尔多液成 50% 多菌灵可湿性粉剂 1 000 倍液、70% 甲基硫菌灵可湿性粉剂 1 000 倍液、75% 的百菌清可湿性粉剂 800 倍液、放线酮 $5×10^{-5}$ 稀释液、65% 代森锌可湿性粉剂 600 倍液喷施。

8. 茶炭疽病

（1）危害症状。主要危害成叶或老叶，病斑多从叶缘或叶尖产生，初为水渍状，暗绿色，圆形，后渐扩大或呈不规则形大病斑，色泽黄褐色或淡褐色，最后变灰白色，上面散生黑色小粒点。病斑上无轮纹，边缘有黄褐色隆起线，与健部分界明显。

（2）发病规律。以菌丝体在病叶中越冬，翌年当气温升至 20℃，相对湿度 80%以上时形成孢子，借雨水传播。湿度 25～27℃、高湿条件最有利于发病。全年以梅雨季节和秋雨季节发生最盛。扦插茶园、台刈茶园叶片幼嫩，水分含量高，有利于发病。偏施氮肥的茶园发病也重。

（3）防治方法。参照茶云纹叶枯病的防治。

9. 茶煤病

（1）危害症状。全国各产茶区均有发生。发病初期在叶表面发生近圆形或不规则形的黑色煤层斑，逐渐扩大，以致覆盖整片叶，后期在黑色烟煤上产生短刺毛状物，色泽深黑，煤层厚而疏松，严重时，茶园呈现一片暗黑色，影响茶树正常的光合作用，使芽叶生长受阻（图10-7）。

图10-7 茶煤病症状

（2）发生规律。全年以第一轮茶和第四轮茶发生较严重，同时与蚧类（长绵蚧、角蜡蚧、红蜡蚧等）、黑刺粉虱、蚜虫的发生严重程度密切相关。其病菌以菌丝体、子囊壳或分生孢子器在病部越冬，翌年孢子随风雨飞散到上述害虫的分泌物上，并从中摄取养料进行扩展，过着腐生性生活，并通过上述害虫的活动传播。其病菌主要危害叶片表面，不深入组织内部，在低温潮湿条件下易发病。

（3）防治方法。

①适当修剪，除净杂草，增强树势，以利通风透光，冬季结合深翻将枝落叶埋入土中，可减轻发病。

②杀灭蚧类、黑刺粉虱及蚜虫。对蚧类的防治在卵孵化末期进行，对黑刺粉虱的防治在初孵幼虫期进行。停采期用0.6%～0.7%的石灰半量式波尔多液或0.5波美度石硫合剂进行防治。

10. 茶赤叶斑病

（1）危害症状。在全国各产茶区均有发生，发病初期主要从叶尖或叶缘开始形成淡绿小斑，逐步扩大形成不规则形的赤褐色大病斑，可蔓延至半张叶或全叶，病斑颜色较均匀一致，病斑边缘有一条褐色隆起线，病部与健部分界明显，后期病部散生稍突起的黑色小粒点，发生严重时可引起成叶和老叶大量枯焦，甚至脱落，导致树势衰弱而影响产量（图10-8）。

图10-8 茶赤叶斑病症状

（2）发生规律。此病在高温高湿性病害，特别在高温条件下易于发生，5—6月为始发期，7—8月为盛发期，幼龄茶园和台刈茶园在夏季供水不足时易受热害，叶片出现枯焦，成为此病侵染的部位。

（3）防治方法。

①在夏季干旱前中耕松土，合理采摘，加强培育，增施磷肥和钾肥，改良土壤性状，增强茶树根系的吸收能力，有条件的茶园应灌溉抗旱，或对幼龄茶园铺草，以增强保水能力。

②药物防治。停采期和休眠期用 0.6% 的石灰半量式波尔多液预防，发病初期用 25% 的灭菌丹可湿性粉剂 400 倍液、50% 甲基硫菌灵可湿性粉剂 800 倍液、50% 多菌灵可湿性粉剂 800～1 000 倍液，在 6 月中旬和 8 月中下旬喷药，或参照云纹叶枯病的防治方法。

（二）茶树枝干部病害

已发现茶树枝干部病害有 30 种左右。各茶区普遍发生的主要种类有茶枝梢黑点病、茶胴枯病、茶灰色膏药病、茶枝黑痣病和茶树苔藓和地衣。西南茶区还有茶枝癌病。华南等地和安徽、湖南有茶红锈藻病、茶黑腐病和茶线腐病。对于枝干部病害，主要以人工防除为主，结合搞好茶园卫生进行控制。

1. 茶苔藓地衣病

（1）危害症状。苔藓植物附生于茶树枝干上，外形呈黄绿色青苔状，叶状体为绿色小片状，紧贴基物上，与绿藻近似（图 10-9）。地衣根据外形可分为叶状地衣、壳状地衣、枝状地衣 3 种。叶状地衣扁平，形状似叶片，平铺在枝干的表面，有的边缘反卷。壳状地衣为一种形状不同的深褐色假根状体，紧紧贴在茶树枝干皮上，难以剥离。如壳状地衣呈皮壳状，表面具黑纹；枝状地衣叶状体下垂如丝或直立，分枝似树枝状（图 10-10）。

图 10-9　苔藓危害症状

图 10-10　地衣危害症状

（2）发生规律。苔藓和地衣的发生发展与环境条件、栽培管理、树龄大小都有密切的关系。其中以温湿度对苔藓、地衣的生长蔓延影响最大。在春季阴雨连绵或梅雨季节生长最快，在炎热的夏季和寒冷的冬季一般停止生长。地势、土质不同，苔藓、地衣发生发展的程度也不同。苔藓一般以阳山轻，阴山重；山坡地轻，平地重；沙土地轻，黏土地重；位于河边，又易遭洪水冲刷的地方发生更重。而地衣一一般以坡地茶园为多，喜空气流通、光线充足的环境，树丛中以上部枝干上发生较多。

（3）防治方法。对老化树应及时台刈更新，对一般茶树要加强管理，勤除杂草，加强排水，合理施肥；适当喷施果大生、氨基酸、百施利等有机营养液，促使茶树生长健壮。在非采茶季节喷 10～15 倍石灰水或 6%～8% 石灰水，药效显著，也无药害；也可喷 1% 石灰半量式波尔多液。

2. 茶苗茎枯病

（1）危害症状。此病主要发生于南方茶区，大多危害短穗扦插的苗圃，严重时可引起成片死亡，被害茶苗近地面的茎基部初期为褐色，后期为黑褐色，皮层腐烂；2～3 个月后苗木枯死。

（2）发生规律。全年以 4—5 月的雨季及秋季发生较多，病菌随雨水溅落或随流水进行传播，也可通过中耕除草和田间活动等人为传播，病菌在土壤中 1～2 年后仍保持侵染能力。管理粗放、杂草丛生、阴湿密蔽、黏土性重、排水不良的低洼苗圃发病较重。

（3）防治方法。发病苗圃在移栽后如果需继续连作的必须在原来的苗床上重新铺上一层 3cm 厚的沙土，然后放基肥，最上面再铺一层黄土（压紧后的厚度为 3cm），苗圃四周开排水沟；用黄腐酸盐 100～150 倍液进行土壤消毒，主要消毒苗床。用洒水壶兑水淋洒，然后施基肥，再铺一层心黄土。在 4 月中旬和 8 月中下旬的发病期喷 0.7% 石灰半量式波尔多液，或用放线酮 5×10^{-5} 稀释液喷施，每亩也可用 40% 五氯硝基苯粉剂 2.5kg 撒在茶苗行间，然后松土、淋水，使之与土壤混合，半个月后再施药一次即可。

（三）茶树根部病害

茶树根部病害已记载的有 30 种以上。主要种类有茶苗根结线虫病、茶苗白绢病、茶根腐病。常致全株枯死。成龄期根病包括红根腐病、褐根腐病、黑纹根病以及紫根腐病。

1. 茶紫纹羽病

（1）危害症状。茶紫纹羽病是一种茶树根部病害，发病早期仅使细根腐烂，变成黑褐色或黄褐色，后逐渐蔓延至粗根，粗根腐烂后变成紫褐色，在排水不良、地下水位高、土质黏重、土壤有机质含量高情况下发生严重。此病属于慢性病害，从感染发病到死亡可达数年，所以初期地上部分表现不明显，枝叶略呈黄绿色，到严重时表现枝叶枯萎，新梢很少萌发，进而引起茶树死亡（图 10-11）。

（2）发生规律。此病的病原菌在 8～35℃ 范围内均可生长发育，以 20～29℃ 为最适宜，生长最适 pH 为 5.2～6.4。病害可通过流水、农事活动和病根接触侵染危害，且以病株接触传染为主。茶园管理粗放、排水不良、土壤黏重等利于该病的发生，高温、高湿也利于病情的发展。

（3）防治方法。应加强排水，清除病株；每亩可用 2.5kg 五氯硝基苯拌细土撒施消毒。

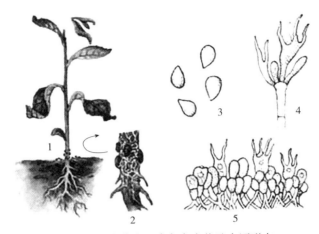

图 10-11　茶紫纹羽病危害症状及病原形态
1. 危害症状　2. 病部放大　3. 病原担孢子　4. 病原担子　5. 病原子实层

(四) 茶树花和果实病害

茶树花和果实病害的种类较少, 仅花腐病发生较普遍。果实病害有茶云纹叶枯病和轮斑病。

二、茶树害虫

我国茶区分布广泛, 害虫种类繁多。据不完全统计, 全国常见茶树害虫有 400 多种, 其中经常发生为害的有 50～60 种。按其为害部位、为害方式和分类地位, 大体归纳为以下 5 大类: 第一类为食叶性害虫, 第二类为刺吸式害虫, 第三类为蛀梗、蛀果的钻蛀性害虫, 第四类为地下害虫, 第五类为螨类。各地主要茶树害虫的种类并非固定不变, 随着时间和空间的转移, 虫情也会发生变化。这不仅在防治上注意兼治, 且应结合实际, 随时注意和分析害虫发生的新动向, 及时研究和解决害虫防治上的新问题。

(一) 食叶性害虫

1. 茶尺蠖　茶园尺蠖类害虫种类很多, 均属鳞翅目尺蠖蛾科。它们的共同特性是: 成虫体较细瘦, 翅宽大而薄, 静止时常四翅平展, 前、后翅颜色相近并常有线纹相连。幼虫体表较光滑, 腹部只有第 6 腹节和臀节上具足, 爬行时体躯一屈一伸, 俗称拱背虫、量尺虫、造桥虫等。幼虫喜停栖在叶片边缘, 咬食嫩叶边缘呈网状半透膜斑, 后期幼虫常将叶片咬食成较大而光滑的 C 形缺刻 (图 10-12)。

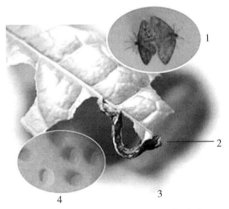

图 10-12　茶尺蠖为害状及各虫态
1. 成虫　2. 幼虫　3. 为害状　4. 卵

茶尺蠖是茶园尺蠖类中发生最普遍、为害最严重的种类之一。分布于长江流域以南各产茶省份，尤以江苏、浙江、安徽、湖南等省份发生严重。大发生时常将整片茶园啃食一光，状如火烧。对茶叶生产影响极大。

（1）形态特征。成虫体长约 11mm，翅展约 25mm。体翅灰白，翅面散生茶褐至黑褐色鳞粉，前翅内横线、中横线、外横线及亚外缘线处共有 4 条黑褐色波状纹，外缘有 7 个小黑点。后翅线纹与前翅隐约相连。外缘有 5 个小黑点。卵椭圆形，鲜绿至灰褐色，常数十至百余粒堆成卵块，并覆有灰白色丝絮。成熟幼虫体长 26～30mm，黄褐、灰褐至黑褐色，第 2～4 腹节背面有隐约的菱形花纹，第 8 腹节背面有一明显的倒"八"字形黑纹。蛹长约 12mm，红褐色（图 10-12）。

（2）发生规律。在长江流域各省一年发生 6～7 代，以蛹在茶园表土内越冬。翌年 3 月成虫羽化，第 1 代幼虫 4 月上中旬发生，可延续至 5 月上中旬。5 月下旬后每月约发生 1 代，世代重叠。若秋季前期温暖，可促使发生第 7 代。成虫产卵成堆产于茶树枝梗、茎干裂缝和枯枝落叶间。幼虫有吐丝下垂习性，4 龄后暴食，食量大。老熟时入土化蛹。

（3）防治方法。

①人工捕杀。每天上午 9：00 前人工捕杀在茶园周围树干、墙壁和茶丛间的成虫；结合耕作深埋或拣除虫蛹；清除产在树皮裂缝和墙壁裂缝中的卵堆。

②生物防治。在 1～2 龄幼虫期，每亩喷施 100 亿多角体（或 30～50 头虫尸）的核型多角体病毒或每毫升含孢子 1 亿的杀螟杆菌。

③药剂防治。抓住 3 龄前幼虫喷洒 10% 氯菊酯、20% 杀灭菊酯、5% 甲氰菊酯利、10% 联苯菊酯可湿性粉剂 4 000～6 000 倍液；或喷洒 90% 晶体敌百虫、50% 辛硫磷、50% 杀螟硫磷可湿性粉剂或 90% 杀螟丹可溶粉剂 1 000～1 500 倍液。

2. 茶毒蛾 茶毒蛾俗称毒毛虫、痒辣子、摆头虫等。分布遍及全国各产茶省，尤其在一些老茶区常有发生。国外主要分布于日本、越南、印度等国家。茶毛虫除了危害茶外，还危害油茶、山茶、油桐、柑橘、梨、枇杷、樱桃等。

（1）形态特征。雌蛾体长约 18mm，翅展 30～40mm；雄蛾体略小，体翅暗褐色至板栗黑色，前翅基部色深，外横线细黑弯曲，内沿有一较大近圆形的黄白色斑，翅尖有 3 条短黑斜纹，靠近中横线隐现有 2 条相互靠近的细黑曲线。后翅色稍浅，无线纹。腹部纵列有 3～4 个黑色毛丛。卵黄白色，近球形，顶部凹陷、成块状。成熟的幼虫体长 23～36mm，黑褐色，较细长多毛，腹部第 1～4 节背面各有 1 对黄褐色毛束，第 5 节有 1 对白色较短的毛束，第 8 节背面有 1 对灰色毛束，向后斜伸。背中及体侧有红色纵线。蛹外有丝茧，棕褐色（图 10-13）。

（2）发生规律。多数茶区年发生 4 代，以卵块附在茶树中下部老叶背面越冬。各代幼虫发生期分别为第 1 代在 3 月下旬至 4 月上旬，第 2 代在 6 月上旬至 6 月下旬，第 3 代在 7 月中旬至 8 月中旬，第 4 代在 8 月下旬至 10 月上旬。初孵幼虫群集性强，2 龄后逐渐分散为害。

（3）防治方法。

①发生严重的茶园每年 11 月至翌年 4 月人工摘除卵块，逐园逐丛检查，发现叶背

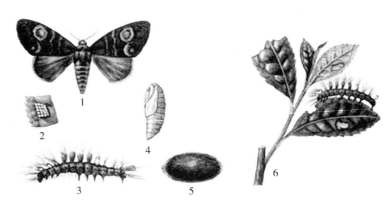

图 10-13　茶毒蛾为害状及各虫态
1. 成虫　2. 卵　3. 幼虫　4. 蛹　5. 茧　6. 为害状

有黄色绒毛状的卵块，将其叶片摘除，在幼虫孵化前集中堆放在一个小盆中，小盆外再放一个大盆，大盆内放一些水并加入农药敌百虫，放在茶园附近，待茶毛虫及茶毒蛾孵化后爬出来，掉在药水中，即可将其杀死，而寄生蜂羽化后可飞回茶园消灭此类害虫。

②人工摘除各代初孵化出的幼虫，集中杀死，同时利用幼虫的假死性，将其震落捕杀；放一大盆水，滴入少量煤油，使成虫扑灯掉水而死；结合耕作深埋结茧虫蛹。

③生物农药防治。用 0.12% 灭虫丁可湿性粉剂 1 000～1 500 倍稀释液，或每亩用 BT 乳剂 100 亿孢子/g 的菌粉 50g 兑水稀释 2 000 倍喷洒。

④化学防治。在春茶结束后进行，用 90% 晶体敌百虫可湿性粉剂及 35% 硫丹、25% 亚胺硫磷、50% 马拉硫磷、50% 杀螟硫磷、50% 辛硫磷乳油 1 000～2 000 倍液，或 2.5% 鱼磷铜乳油 300 倍液、10% 联苯菊脂乳油 4 000 倍液进行防治。

3. 茶刺蛾　刺蛾类害虫属鳞翅目刺蛾科，危害茶树的多达几十种。成虫体肥壮，全体密生绒毛和厚鳞粉，大多黄褐或暗灰色，少数间有鲜绿色，前翅靠近外缘常有 1～2 条斜纹。幼虫体扁，椭圆形或称纸烟形，体上有 4 列毒刺，俗称火辣子、痒辣子。少数种类无刺。头小收缩在前胸下，足短小退化。化蛹前结石灰质硬茧壳。幼虫栖居叶背取食，幼龄幼虫取食下表皮和叶肉，留下枯黄半透膜，中龄以后咬食叶片成缺刻，常从叶尖向叶基锯食，等留下平宜如刀切的半截叶片。幼虫多食性，是茶树、果树经济作物上的一大类重要害虫。

(1) 形态特征。茶刺蛾成虫体长约 14mm，翅展约 20mm，体翅灰褐色。前翅从前缘至后缘有 3 条不明显的暗褐色波状斜纹。卵椭圆形，扁平，单产。幼虫成熟时体长 25～30mm，长椭圆形，前端略大，背面稍隆起，黄绿至灰绿色。体前端背中有一个紫红色向前斜伸的角状突起，体背中部和后部还各有一个紫红色斑纹。体侧沿气门线有 1 列红点。低龄幼虫无角状突起和红斑，体背前部 3 对刺、中部 1 对刺、后部 2 对刺较长。茧卵圆形，暗褐色，结茧在土下（图 10-14）。

(2) 发生规律。在湖南、江西等省份 1 年发生 3 代，以老熟幼虫在茶丛根际落叶和表土中结茧越冬。3 代幼虫分别在 5 月下旬至 6 月上旬，7 月中下旬和 9 月中下旬盛发。且常以第 2 代发生最多，为害较严重。成虫日间栖于茶丛内叶背，夜晚活动，有趋光性。卵单产，产于茶丛下部叶背。幼虫孵化后取食叶片背面成半透膜枯斑，以后向上取食叶片成缺刻。幼虫期一般长达 22～26d。

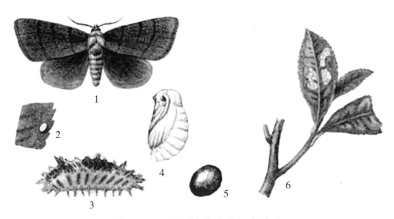

图 10-14　茶刺蛾为害状及各虫态
1. 成虫　2. 卵　3. 幼虫　4. 蛹茧　5. 为害状

（3）防治方法。

①结合茶园耕作击碎枝干上虫卵；灯光诱杀成虫。

②生物防治。幼虫期用每毫升含 0.5 亿孢子的青虫菌液喷杀，也可用白僵菌混用。在病毒流行期间，可收集病死的虫尸，直接用水研碎加水喷施。

③药剂防治。幼虫期用 90％敌百虫颗粒剂、50％辛硫磷乳油、50％马拉硫磷乳油、50％杀螟松硫磷乳油、25％亚胺硫磷乳油等 1 000～1 500 倍液，或 2.5％溴氰菊酯乳油、20％杀灭菊酯乳油等 5 000～6 000 倍液喷施。

4. 茶蓑蛾　蓑蛾类均属鳞翅目蓑蛾科，种类很多，一般为雌雄异型，雌成虫往往特化成幼虫型，无翅无足，头部和胸部退化、一生栖息在蓑囊中，雄成虫是蛾子，翅发达，翅面上有鳞片或毛，斑纹简单。幼虫吐丝结成各种形状护囊，囊上黏附断枝、残叶，并栖息其中，俗称蓑衣虫、背袋虫、袋子虫、吊子虫、避债蛾等。幼虫行动时将头、胸伸出，负囊移动，行动迟缓，在茶园形成为害中心。幼龄幼虫咬食叶片下表皮，留下半透膜斑块，成长以后咬食叶片呈不规则形缺刻、孔洞（图 10-15）。严重发生时常将叶片咬食得残缺不齐，甚至啃食树皮，造成枯枝死树。

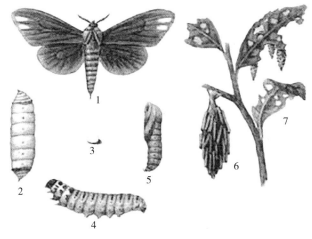

图 10-15　茶蓑蛾为害状及各虫态
1. 雄成虫　2. 雌成虫　3. 卵　4. 幼虫　5. 雄蛹　6. 护囊　7. 为害状

（1）形态特征。茶蓑蛾雄成虫体长约 13mm，翅展约 25mm，深褐色，前翅外缘有 2 个较透明斑。雌成虫体长约 15mm，较肥胖，黄褐色。后胸及第 7 腹节环生有淡黄色绒毛。幼虫成熟时体长 16～28mm，黄褐色，胸部各节硬皮板上有褐色纵纹和斑块。雄蛹咖啡色。护囊长 25～30mm，囊外纵列缀结有许多长短不齐的小枝梗，排列较整齐（图 10-15）。

（2）发生规律。湖南、安徽等省 1 年发生 1～2 代，各地不尽相同。一般以 3～4 龄幼虫在护囊内越冬。翌年 3 月越冬幼虫开始活动取食，5 月下旬开始化蛹。两代幼虫发生期分别在 6 月上旬至 9 月上旬和 9 月上旬至翌年 5 月。11 月以后，幼虫陆续将护囊封闭悬于枝叶上越冬。

（3）防治方法。

①及时摘除有虫护囊，带出园外集中消灭；发现为害中心及时剪除，严防扩散。

②药剂防治。在幼龄幼虫期喷洒 90% 敌百虫颗粒剂、50% 杀螟松硫磷乳油 800 倍液，或 20% 杀灭菊酯乳油 4 000～6 000 倍液。喷药时注意将护囊喷湿。

5. 茶小卷叶蛾　卷叶为害茶树的害虫通常称为卷叶虫，是我国茶区的一类主要害虫。幼虫吐丝卷结嫩叶成苞状，匿居苞中咬食叶肉，阻碍茶树生长，降低茶叶产量和品质。茶小卷叶蛾是国内茶园常见的一种卷叶虫。

（1）形态特征。成虫体长约 7mm，翅展约 18mm，淡黄褐色，前翅中央及翅尖有 3 条褐色斜行宽纹带，中间一条近中央分叉成 h 形，翅尖 1 条分叉成 V 形。卵扁平椭圆形。淡黄色，呈鱼鳞状排列成块，上覆盖有胶质薄膜。幼虫成熟时体长 16～20mm，头橙黄，胸部黄绿色，各节有突起物。蛹纺锤形，黄褐色，体长约 10mm，腹部各节背面基部有一排小刺突（图 10-16）。

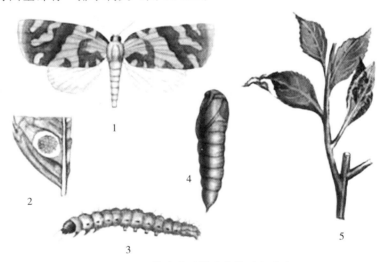

图 10-16　茶小卷叶蛾为害状及各虫态
1. 成虫　2. 卵块　3. 幼虫　4. 蛹　5. 为害状

（2）发生规律。1 年发生代数随地区不同而异，江苏、安徽发生 4～5 代，江西、湖北 1 年发生 5～6 代，广西、广东 1 年发生 6～7 代，台湾 1 年发生 8～9 代。冬季以幼虫及蛹在树冠表面 10cm 叶层卷叶苞内越冬，翌年 3 月下旬开始活动，4 月下旬左右发生第 1 代，以后每月发生 1 代，且世代重叠；高峰期明显，但全年以春茶发生较严重。7月以后气温升高，有利于天敌活动，故虫口密度有所下降。成虫白天栖息在茶丛间，夜间活动，有趋光性。卵块产于老熟叶背面，每头虫产卵100粒左右。幼成活跃，孵化后能爬行和吐丝下垂随风扩散，将芽叶缀合成苞，吃完后再转移为害，3龄前为害芽头和第一张叶，3龄后老叶和嫩叶都遭为害，一头幼虫一生可为害8片叶片左右，老熟后就在老叶中化蛹。

（3）防治方法。

①结合冬季清园除净杂草，剪除荫蔽枝、弱枝，减少越冬虫蛹。虫害严重的茶园，冬季或早春进行轻修剪，并把剪下的枝叶集中烧毁。及时分批采摘，发现有虫苞时一起摘除，统一杀灭，降低虫口密度。在成虫盛发期，傍晚安置黑光灯在茶园边诱杀（上半夜或全夜进行）。在闷热、无风、无雨、无明月之夜最宜，灯下放一盆水，并滴入一些煤油或农药，使成虫扑灯，掉入水中而死，虫数多时捞出，以提高诱杀效果。也可在成虫盛发期用性信息素诱杀成虫（图10-17）。

图10-17　日本茶园用性信息素防治茶小卷叶蛾

②生物防治。每亩用白僵菌（每克含孢子100亿个）1kg兑水100kg喷雾，或每亩喷每毫升含0.5亿～1.0亿个孢子的青虫菌液，有条件的释放赤眼蜂。

③化学药物防治。此类害虫由于在叶苞内取食很难杀灭，故应在幼虫卷叶前喷50%二溴磷乳油、50%杀螟松硫磷乳油、50%辛硫磷乳油、2.5%鱼藤精铜乳油300～400倍液，或2.5%溴氰菊酯乳油、20%杀灭菊酯乳油、10%联苯菊酯乳油4 000～6 000倍液。已结成虫苞的，喷时应将虫苞喷湿为佳。

6. 茶丽纹象甲　又名茶小黑象鼻虫。幼虫在土中取食须根，主要以成虫咬食叶片危害，致使叶片边缘呈弧形缺刻。严重时全园残叶秃脉，对茶叶产量和品质影响很大。

（1）形态特征。成虫体长6～7mm，灰黑色。体背有由黄绿色闪金光的鳞片集成的斑点和条纹，腹面散生黄绿或绿色鳞毛。头管延伸成短喙型。触角膝状，着生于头管前端两侧，端部3节膨大。复眼近于头的背面，略突出。鞘翅上也具黄绿色纵带，近中央处有较宽的黑色横纹（图10-18）。

（2）发生规律。1年发生1代，以幼虫在茶丛树冠下土中越冬，翌年3月下旬陆续化蛹，4月上旬开始陆续羽化、出土，5—6月为成虫为害盛期。成虫有假死性，遇

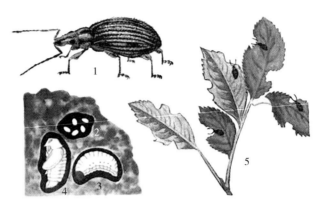

图 10-18　茶丽纹象甲为害状及各虫态
1. 成虫　2. 卵　3. 幼虫　4. 蛹　5. 为害状

惊动即缩足落地。

（3）防治方法。

①耕翻松土，可杀除幼虫和蛹；利用成虫假死性，地面铺塑料薄膜，然后用力振落集中消灭。

②于成虫出土前撒施白僵菌 871 菌粉，每亩用菌粉 1～2kg 拌细土施土上面。成虫出土高峰前喷施 2.5% 联苯菊酯乳油 800 倍液或 98% 杀螟松硫磷乳油 800 倍液或与871 菌粉（每亩使用 0.5～1.0kg）混用。

（二）刺吸式害虫

1. 假眼小绿叶蝉　该虫主要以成虫、若虫刺吸茶树嫩梢汁液，雌成虫产卵于嫩梢茎内，致使茶树生长受阻，被害芽叶卷曲、硬化，叶尖、叶缘红褐焦枯。除茶树外，还危害多种豆类、蔬菜等作物。几乎分布于我国所有茶区。

（1）形态特征。成虫头至翅端长 3.1～3.8mm，淡绿至淡黄绿色。头冠中域大多有两个绿色斑点，头前缘有 1 对绿色晕圈（假单眼），复眼灰褐色。中胸小盾板有白色带条，横刻平直。前翅淡黄绿色，翅前透明或微烟褐；第 3 端室的前、后两端脉基部大多起自一点（个别有一极短共柄），至第 3 端室呈长三角形。足与体同色，但各足胫节端部及跗节绿色（图 10-19）。

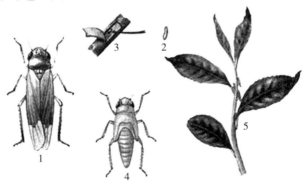

图 10-19　假眼小绿叶蝉为害状及各虫态
1. 成虫　2. 卵　3. 产卵状　4. 幼虫　5. 为害状

（2）发生规律。在低山茶区该虫 1 年发生 12～13 代，危害盛期 5—6 月及 9—10 月；高山茶区该虫 1 年发生 8～9 代，危害盛期 7—9 月。以成虫在茶树、豆科植物及杂草上越冬。成虫多产卵于新梢第 2～3 叶的嫩茎内。

（3）防治方法。

①加强茶园管理，清除园间杂草，采取及时分批多次采摘，可减少虫卵并恶化营养和繁殖条件，减轻危害。

②药剂防治。发生严重的茶园，越冬虫口基数大，抓紧于 11 月下旬至翌年 3 月中旬喷洒 50％辛硫磷乳油或马拉硫磷乳油 1 000 倍液，以消灭越冬虫源。采摘季节，根据虫情预报于若虫高峰前选用生物农药苏云金杆菌可湿性粉剂 1 000 倍液或 98％杀螟丹可溶性粉剂 1 000～1 500 倍液。

2. 茶长白蚧　茶长白蚧属同翅目盾蚧科。在全国大多数产茶省有分布，是华东和中南地区重要的茶树害虫。除危害茶树外，还危害柑橘、梨、苹果等多种植物。以若虫、雌成虫寄生在茶树枝干上刺吸汁液为害。受害茶树发芽稀少，树势衰弱，未老先衰，严重时大量落叶，甚至枯死。

（1）形态特征。雌虫介壳灰白色，长约 1.5mm，狭长略作弯茄状，后端稍宽、前端有一褐色壳点。雌介壳下面还有一分层暗褐色盾壳。雌成虫梨形、淡黄色。雄成虫体细弱，具翅 1 对，体淡紫色，腹末有交尾器。卵椭圆形，淡紫色，产在介壳下。初孵若虫椭圆形，淡紫色，有足、触角，腹末有 2 根尾毛，可爬行。固定后在体背泌蜡质形成介壳。雌若虫固定在枝干上。雄若虫喜固定在茶树叶片边缘锯齿上，介壳细长、灰白色。雄蛹长椭圆形，淡紫色（图 10-20）。

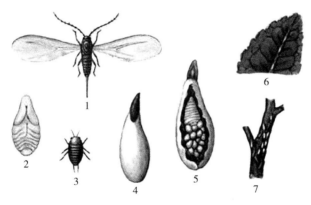

图 10-20　茶长白蚧为害状及各虫害态

1. 雄成虫　2. 雌成虫　3. 初孵幼虫　4. 雌介壳　5. 产卵状　6. 雄虫为害状　7. 雌虫为害状

（2）发生规律。长江流域茶区 1 年发生 3 代，以老熟若虫在茶树枝干上越冬。翌年 3 月下旬羽化，4 月中下旬开始产卵。第 1～3 代若虫盛孵期分别在 5 月中下旬、7 月下旬至 8 月上旬、9 月中旬至 10 月上旬。第 1～2 代若虫孵化比较整齐。

（3）防治方法。

①苗木检疫。有蚧虫寄生的苗木实行消毒处理。

②加强茶园管理，清蔸亮脚。促进茶园通风透光。对发生严重的茶树枝条及时剪除。

③保护天敌。清除的有虫枝条宜集中堆放一段时间，让寄生蜂羽化飞回茶园。瓢虫密度大的茶园，可人工帮助移植。瓢虫活动期应尽量避免用药。

④药剂防治。掌握若虫盛孵期喷药。可用25％亚胺硫磷乳油、25％喹硫磷乳油、50％马拉硫磷乳油、25％噻嗪酮可湿性粉剂800～1 000倍液。秋末可选用0.5波美度石硫合剂、松脂合剂10～15倍液、蒽油或机油乳剂25倍液进行防治。

3. 黑刺粉虱　以幼虫聚集叶背，固定吸食汁液，并排泄"蜜露"，诱发煤烟病发生。被害枝叶发黑，严重时大量落叶，致使树势衰弱，影响茶叶产量和品质。

（1）形态特征。成虫体长0.88～1.40mm，翅展2.02～3.43mm。头、背褐色，复眼红色。触角7对。腹部橙黄色。前翅紫褐色，周缘有7个白斑，后翅褐色，无斑纹（图10-21）。

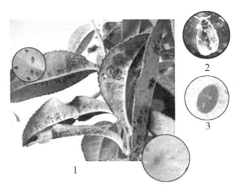

图10-21　黑刺粉虱危害症状及各虫态
1. 危害症状　2. 成虫　3. 幼虫　4. 卵

（2）发生规律。该虫1年发生4代，以老熟幼虫在叶背越冬，翌年3月化蛹，4月上中旬羽化。各代幼虫发生期分别为4月下旬至6月下旬、6月下旬至7月上旬、7月中旬至8月上旬和10月上旬至12月。成虫产卵于叶背，初孵若虫爬后，即固定吸汁为害。

（3）防治方法。

①加强茶园管理。结合修剪、台刈、中耕除草，改善茶园通风透光条件，抑制其发生。

②生物防治。每亩应用韦伯虫座孢菌菌粉0.5～1.0kg喷施或用挂菌枝法即用韦伯虫座孢菌枝分别挂放茶丛四周，5～10枝/m²。

③化学防治。根据虫情预报于卵孵化盛期喷25％噻嗪酮可湿性粉剂800倍液、25％联苯菊酯乳油1 000倍液或50％辛硫磷乳油1 000倍液。注意务必喷湿叶背。

（三）钻蛀性害虫

1. 茶枝蠖蛾　又名蛀梗虫。幼虫蛀食枝条常蛀枝干，初期枝上芽叶停止伸长，后蛀枝中空部位以上枝叶全部枯死。国内主产茶区均有分布，是很多茶园茶枝枯死的主要蛀梗性害虫。

（1）形态特征。雌蛾体长18mm左右，翅展35mm左右。体、翅均浅茶褐色。触角丝状，黄白色，下唇须长，向上弯曲。前翅近长方形，沿前缘基部2/5至近顶角有1条土红色带，外缘灰黑色，内方有大块土黄色斑，此斑纹内有近三角形黑褐斑，斑上有3条灰白色纹，近翅基部有红色斑块。后翅较宽，灰褐色。腹部各节有1条白色横带。雄蛾体小，触角各节着生许多细毛（图10-22）。

（2）发生规律。该虫1年发生1代，以幼虫在蛀枝中越冬。翌年3月下旬开始化蛹，4月下旬化蛹盛期，5月中下旬为成虫盛期。成虫产卵于嫩梢2～3叶节间。幼虫蛀入嫩梢数天后，上方芽叶枯萎，3龄后进入枝干内，终蛀近地处。蛀道较直，每隔

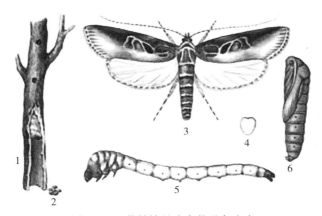

图 10-22　茶枝镰蛾为害状及各虫态
1. 为害状　2. 虫粪　3. 成虫　4. 卵　5. 蛹

一定距离向阴面咬穿近圆形排泄孔，孔内下方积絮状残屑，附近叶或地面散积暗黄色短柱形粪粒。

（3）防治方法。在成虫羽化盛期用灯光诱杀成虫。秋茶结束后，从最下一个排泄孔下方 15cm 处剪除虫枝并杀死枝内幼虫。

2. 茶籽象甲　又名茶子象鼻虫，属鞘翅目象甲科。全国多数产茶省有分布，尤以湖南、贵州等省老茶区发生较重。幼虫在茶果内蛀食种仁，引起果实中空，幼果脱落，成虫亦以象鼻状咀嚼式口器啄食茶果，影响茶果产量和质量。成虫还能取食嫩梢表皮，使嫩梢枯死。

（1）形态特征。成虫体长 7～11mm（不包括头管），黑色，稀覆白色鳞毛。头半球状，前端延伸成细长弯曲的管状喙，咀嚼式口器着生在头管的前端。触角膝状，着生在头管的 1/3～1/2。前胸半球形，散生茶褐色鳞毛和点刻。小盾片密生白色鳞毛。鞘翅上多白色鳞斑，各有 10 列纵沟。卵长椭圆形，黄白色。幼虫成熟时体长约 11mm。头黄褐色，体黄白色，肥胖多皱，略呈 C 形弯曲，足退化。蛹体长约 10mm，黄白色，腹末有 1 对短刺（图 10-23）。

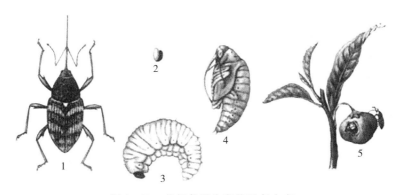

图 10-23　茶籽象甲为害状及各虫态
1. 成虫　2. 卵　3. 幼虫　4. 蛹　5. 茶果为害状

（2）发生规律。2 年发生 1 代，以当年幼虫和先年新羽化的成虫在土内越冬。越冬成虫于翌年 4 月下旬陆续出土，5 月中旬至 6 月中旬成虫盛发并产卵幼果内。幼虫在果内孵化即取食果仁，9—10月间陆续出果入土越冬。越冬幼虫在土中直至翌年10月化蛹，蛹经30d左右羽化为成虫留在土内越冬。

（3）防治方法。

①深耕灭虫。结合茶园深耕，翻转土壤，抑制其发生。

②捕杀成虫。利用成虫假死性，先在树下放塑料布，振动茶树，集中捕杀。

③适时采收茶果。在茶果基本成熟、不影响发芽率的前提下，适当提前采收茶果，摊放在水泥坪上，待幼虫出果后集中消灭。

④药剂防治。发生严重的茶园，可在成虫盛发期喷药。可在下午至黄昏喷施90％敌百虫颗粒剂、50％马拉硫磷乳油、50％倍硫磷乳油、50％辛硫磷乳油、90％杀螟丹可溶性粉剂800～1 000倍液或10％联苯菊酯乳油3 000～3 500倍液。喷药时注意将地面喷湿。也可以每亩用95％杀螟丹可溶性粉剂0.2～0.3kg拌土撒施。

（四）地下害虫

1. 黑翅土白蚁　黑翅土白蚁属翅目白蚁科，又称黑翅大白蚁、台湾黑翅大白蚁。全国各产茶区均有分布，山区或丘陵区老茶园发生较重。蚁群在地下蛀食茶树根部，并由泥通道至地上部蛀害枝干。地下根、茎食成细锥状，有时被蛀食为蜂窝状，致使树势衰弱，甚至枯死，容易折断。

（1）形态特征。白蚁为多型性社会性昆虫，营巢群栖，有生殖蚁、非生殖蚁和有翅蚁、无翅蚁之分。具翅者2对翅狭长，膜质，大小、形状及翅脉相同。生殖蚁能正常交尾产卵繁殖后代。生殖蚁分为长翅型、短翅型、无翅型3类。长翅型为原始繁殖蚁，有长翅。短翅型为补充繁殖蚁，只有2对发育不全的翅芽，由少数若蚁发育而成，生殖力较小。无翅型完全无翅，形似肥大的工蚁，但极少见。非生殖蚁无繁殖能力，完全无翅，为蚁巢中数量最多的工蚁和为数较少的兵蚁。

黑翅土白蚁的有翅生殖蚁体长12～15mm，全体棕褐色，翅长20～25mm。触角19节。前胸背板前缘中央向前凹入，中央有淡色"十"字形黄色斑，其两侧各有一圆形或椭圆形淡色点，其后有一小而带分支的淡色点。中、后胸背板长宽近等，后缘略凹陷。足淡黄色。翅中脉端部有5～6个分支，肘脉8～12个分支。蚁王为雄性生殖蚁，体较大，翅已脱落。蚁后为雌性生殖蚁，翅已脱落，腹部随年龄增大异常膨大，白色，有褐色斑块。兵蚁无翅，体长5～6mm，头部深黄色，胸、腹部淡黄色。头卵圆形，长大于宽，前端略狭。触角15～17节，上颚黑褐色，镰刀形，左上颚内侧中部有一明显的齿，右上颚齿退化成痕迹。足淡黄色。工蚁无翅，体长4.6～6mm。头部黄色，近圆形，触角17节。胸、腹部灰白色，足乳白色。卵为长椭圆形，长约0.8mm，足乳白色（图10-24）。

（2）发生规律。生殖蚁每年3—5月大量出现，4—6月雨水透地后，闷热或阵雨开始前的傍晚出土。先由工蚁开隧道突出地表，羽化孔孔口由兵蚁守卫，生殖蚁鱼贯而出。飞行时间不长即落地脱翅。雌雄配对爬至适当地点潜入土中营建新居，成为新的蚁王和蚁后，繁殖新蚁群。

（3）防治方法。

①清洁茶园。清楚茶园枯枝、落叶、残桩，刷除泥被并在被害植株的根茎部位施

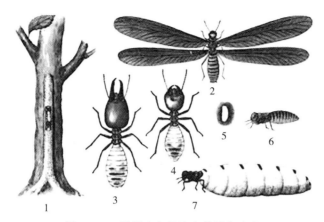

图 10-24　黑翅土白蚁为害状及各虫态
1. 为害状　2. 有翅生殖蚁　3. 兵蚁　4. 工蚁　5. 卵　6. 蚁王　7. 蚁后

药。新开辟茶园要把残蔸木桩清除干净。

②诱杀。每年 4—6 月是有翅生殖蚁的分群期，利用其趋光性，用黑光灯或其他灯光诱杀。

③药剂喷杀。找到白蚁活动场所，如群飞孔、蚁路、泥线，为害重要的地方，可直接喷洒灭蚁灵，每巢用药量 10～30g。

（五）螨类

1. 茶橙瘿螨

（1）形态特征。成螨体形小，长约 0.15mm，橙红色，前段体稍宽，由前向后渐细，呈圆锥形或胡萝卜形，体前段有 2 对足，伸向头部前方，腹背平滑，后体段有许多环纹，背面约有 30 环，尾端有 1 对尾毛（图 10-25）。卵为球形，乳白色，水珠状。幼螨初孵化时乳白色，后变橙黄色。足 2 对，形状与成螨相似，但腹部环纹不明显。

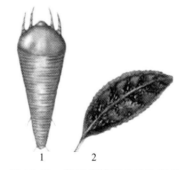

图 10-25　茶橙瘿螨形态及为害状
1. 成螨　2. 为害状

（2）发生规律。全年发生代数随区域不同而异，长江流域茶区 1 年发生 20 代，世代重叠，虫态混杂，以成螨在叶背越冬。翌年 3 月中下旬气温回升后，成螨由叶背转向叶面为害。成螨有陆续孕卵及分次产卵的习性，卵散产于叶背。成螨趋嫩性极强，多为害新梢 1 芽 2～3 叶，占总螨口的 70% 以上。全年有 2 次明显的为害高峰期，第一次在 5 月中旬至 6 月下旬（广西桂林为 5 月下旬），第二次为 8—10 月高温干旱季节，对夏茶和秋茶影响极大。

（3）防治方法。

①综合防治。干旱季节及时抗旱，加强肥水管理，增强树势，过于荫蔽的茶园要适当剪除荫枝，盛发期及时清除落叶，苗圃苗木以防为主，应在 5 月上旬喷药预防。如移栽时发现苗木有螨类为害，则应先喷一次药，几天后再起苗调运。秋、冬季进行轻修剪，并将剪下的枝叶埋入土中，降低虫口越冬基数。

②生物防治。采用生物性无公害农药，在虫口高峰期前喷 1.8%阿维菌素乳油（新型抗生素）2 000～3 000 倍液。

③化学防治。摘期每亩用高效低毒农药 20%氰戍菊酯乳油 4 000 倍液或 50%辛硫磷乳油、35%硫丹乳油 1 500 倍液喷洒。春茶结束时用 25%喹硫磷乳油、25%双甲脒乳油、20%甲螨嗪可湿性粉剂 8 00～1 000 倍液喷洒，对抑制其翌年发生率有显著效果。由于螨类虫体小而多，喷药时必须将叶背、叶面都均匀喷湿。

2. 茶叶瘿螨

（1）形态特征。成螨体长约 0.2mm，紫黑色，腹部近圆柱形，由前向后稍细，腹背部有环纹，背面约 60 环，背部有 5 条白色纵列的絮状物，体两侧各有排成一列的刚毛 4 根，腹部末端有刚毛 1 对，向后伸出，足 2 对（图 10-26）。卵黄白色，圆形，半透明，散生于叶表上。若螨体黄褐色，近菱形，有白色蜡状物，若虫与成虫相似。

（2）发生规律。每年均有发生，以成虫、若虫在叶部越冬，1 年发生 10 余代，且世代重叠，7—10 月为盛发期。成螨常栖息于叶面并产卵于叶面。高温干旱、荫蔽的茶园、苗圃苗木和叶片平展、隆起度大的大叶种易受危害。

图 10-26　茶叶瘿螨形态及为害状
1. 成螨　2. 为害状

（3）防治方法。

①综合防治。干旱季节及时抗旱，加强肥水管理，增强树势，过于荫蔽的茶园要适当剪除荫枝，盛发期及时清除落叶，苗圃苗木以防为主，应在 5 月上旬喷药预防。如移栽时发现苗木有螨类为害，则应先喷一次药，几天后再起苗调运。秋、冬季进行轻修剪，并将剪下的枝叶埋入土中，降低虫口越冬基数。

②生物性无公害农药防治。在虫口高峰期前喷 1.8%阿维菌素乳油（新型抗生素）2 000～3 000 倍液。

③化学药物防治。采摘期每亩用高效低毒农药 20%氰戍菊酯乳油 4 000 倍液或 50%辛硫磷乳油、35%硫丹乳油 1 500 倍液喷洒。春茶结束时用 25%喹硫磷乳油、25%双甲脒乳油 800～1 000 倍液喷洒，对抑制其翌年发生率有显著效果。由于螨类虫体小而多，喷药时必须将叶背、叶面都均匀喷湿，方能达到目的。

3. 茶短须螨　以成、若螨刺吸成叶或老叶汁液，致使叶片失去光泽，叶背常有紫色斑块，主脉及叶柄变褐，后期霉烂，引起大量落叶。

（1）形态特征。成螨雌体长 0.27～0.31mm，宽 0.13～0.16mm，倒卵形，呈红、暗红、橙等色，体背具不规则黑斑，足 4 对。雄螨末端尖，呈楔形，略小（图 10-27）。

（2）发生规律。茶短须螨 1 年发生 10 代左右，主要以雌成螨群集在土下 1～6cm 茶树根颈部越冬，少数在叶背、腋芽及落叶中越冬。茶园中多数为雌螨，行孤雌生殖，主要栖息在叶背为害。全年以 7—9 月高温干旱季节危害严重。

（3）防治方法。做好茶园抗旱工作，清除茶园落叶及杂草，加强管理，增强树势，提高抗逆力；秋茶结束后，害螨越冬前喷施 0.3～0.4 波美度石硫合剂进行防治；在害螨发生高峰前喷 20％哒螨灵乳油 2 000～3 000 倍液或 25％喹硫磷乳油 1 000～1 500倍液进行防治。

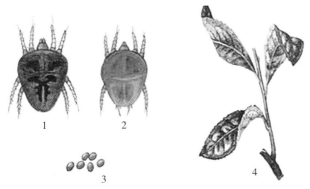

图 10-27 茶短须螨为害状及各虫态
1. 成螨 2. 幼螨 3. 卵 4. 为害状

4. 咖啡小爪螨、茶跗线螨

（1）咖啡小爪螨。又名茶红蜘蛛，属蛛形纲蜱螨目叶螨科。南方主要产茶省份有分布。成螨、若螨刺吸茶树叶片汁液，被害叶片局部变红，失去光泽，叶面有许多白色蜕皮壳，最后硬化、干枯、落叶。成螨椭圆形，体长 0.4～0.5mm，暗红色。体背隆起，有 4 列纵行细毛，每列 6～7 根，足 4 对。卵近圆形，红色，有白色短毛一根。幼螨和若螨椭圆形，橙红色，均有足 4 对（图 10-28）。在福建 1 年约发生 15 代，世代重叠，无明显滞育现象。全年以秋后至春前的旱季为害最重，少雨年份更为严重。雌成螨寿命最长，一般 10～30d。卵散产于叶面主侧脉附近。雌螨有吐丝结网习性。人、畜携带或苗木运输均能助其传播扩散。

图 10-28 咖啡小爪螨、茶跗线螨各虫态及为害状
1. 咖啡小爪螨成虫 2. 咖啡小爪螨卵 3. 茶跗线螨为害状 4. 茶跗线螨卵 5. 茶跗线螨成虫

（2）茶跗线螨。又名侧多食跗线螨，属蛛形纲蜱螨目跗线螨科。长江流域各省份茶区均有分布，尤以四川、贵州等省份严重。若螨刺吸茶树嫩梢芽叶汁液，致使芽叶色泽变褐，叶质硬脆增厚、萎缩多皱、生长缓慢甚至停滞，产量锐减，品质下降。雌

成螨椭圆形，体长 0.2～0.25mm，初为乳白色，渐淡黄至黄绿色，半透明。足 4 对，第 4 对足跗节上有一根鞭状纤细长毛。雄成螨近菱形，稍小。卵椭圆形，无色透明，卵壳上有纵向排列整齐细小的网状灰白色圆形蜡质小点（图 10-28）。可发生 20 多代，以雌成螨在茶芽鳞片内或叶柄等处越冬。一般春茶期发生不多，夏、秋茶期日均温 20℃以上，虫口急增，高温干旱季节发生最重。

（3）防治方法。

①加强植物检疫，严防将有虫苗木带出圃外。

②对茶跗线螨及时分批采摘，可抑制其大量发生。

③加强茶园管理。冬季清除落叶烧毁，根际培土壅根，铲除茶园杂草，减少虫源。盛发期亦应及时清除落叶。加强肥水管理，防旱抗旱以增强树势。

④药剂防治。发生高峰期前，喷施 20％氰戊菊酯乳油 4 000～5 000 倍液或 25％喹硫磷乳油、25％双甲脒乳油 800～1 200 倍液，也可喷施 10％联苯菊酯乳油 5 000～6 000 倍液。秋茶结束后，可立即喷 0.5 波美度石硫合剂或 50％乙硫磷乳油 1 000～1 200 倍液。

技能实训

技能实训一　茶树主要害虫识别

一、实训目的

识别为害茶树的食叶性害虫茶尺蠖、茶毒蛾、茶小卷叶蛾等，吸汁类害虫假眼小绿叶蝉、茶长白蚧、黑刺粉虱等，钻蛀性害虫茶枝镰蛾、茶籽象甲等，地下害虫黑翅土白蚁等，螨类茶橙瘿螨、茶叶瘿螨、咖啡小爪螨等的形态特征与为害状。

二、内容说明

食叶性害虫最主要的是茶尺蠖。毒蛾科为害茶的主要有茶毒蛾。属于卷叶类为害类型的茶虫主要有茶小卷叶蛾。吸汁性害虫中假眼小绿叶蝉是茶树最主要的害虫，发生普遍而严重。粉虱常见种有 4～5 种，主要的是黑刺粉虱，近年在各茶区暴发成灾。茶枝镰蛾俗称钻心虫，是蛀梗性害虫中发生最普遍、为害较严重的种类。茶籽象甲属于蛀果害虫，幼虫在茶果中生活，为害期虽短，但危害重。黑翅土白蚁食茶园里常见的地下害虫之一。在我国为害茶树的螨类主要是茶橙瘿螨、茶叶瘿螨、咖啡小爪螨等。害螨种类和危害程度因茶区而异。其中茶橙瘿螨和茶叶瘿螨发生较普遍。实训时可以从各类害虫的栖息部位、为害状、形态特征等方面加以识别。

（一）茶尺蠖

1. 成虫　体长 9～12mm，翅茶褐至暗褐色。前翅内横线、外横线、外缘线和亚外缘线黑褐色，波状，外缘有 7 个小黑点；后翅外横线与亚外缘线深茶褐色，外缘有 3 个小黑点。

2. 卵　椭圆形，长约 0.8mm，鲜绿、黄绿再转灰褐色．孵化前黑色。数十粒甚至上百粒堆积成卵块，并覆有白色絮状物。

3. 幼虫　4～5 龄，各龄特征如表 10-3。

表 10-3　茶尺蠖各龄幼虫特征

龄期	体长/mm	体色	特　征
1 龄	1.5～4	黑	胸、腹部各节都环列有白色小点和白色纵线
2 龄	4～6	黑褐	白色点线消失，第 1 腹节背面有两黑点，第 2 腹节背面有两深褐色斑纹
3 龄	7～9	茶褐	腹部第 1 节黑点明显，第 2 节具"八"字形黑纹，第 8 节具不明显的倒"八"字形黑纹。
4 龄	13～16	灰褐	腹部第 2～4 节背面略显灰黑色菱形斑纹，第 8 节倒"八"字纹明显
5 龄	18～30	灰褐	腹部第 2～4 节背面菱形黑纹及第 8 节倒"八"字纹均明显

4. 蛹　长 10～14mm，赭褐色。触角与翅芽达腹部第 4 节后缘。第 5 腹节前缘有 1 对眼状斑。臀棘三角形，端部常有一分叉短刺。

（二）茶毒蛾

1. 成虫　体长 13～15mm，翅展 22～40mm，暗褐至栗黑色。前翅基部颜色较深，外横线黑色，细而弯曲，其内侧近前缘有一黄灰白色大斑，翅中部有 2 个细黑色波纹。近前角常有 3 个短小黑斜纹，翅反而中部也隐现有灰褐色横纹。腹部纵列有 3～4 个黑色毛丛。

2. 卵　近球形，灰白至灰黑色，顶部有一暗褐色凹陷。

3. 幼虫　成长时体长 23～32mm，头棕褐色，体黑褐色。背中及体侧有红色纵线，各体节疣突上簇生黑、白细毛。前胸及腹末的细毛特长，分别前后伸出。第 1～4 腹节背面各有 1 对黄褐刷状毛束耸立，明显。

4. 蛹　长 11～15mm，黄褐色有光泽，体表多黄色短毛，且以背面较密。腹末臀棘较尖。茧丝质，椭圆，多细绒毛，棕黄至棕褐色。

（三）茶小卷叶蛾

1. 成虫　体长约 7mm，翅展 16～20mm，淡黄褐色。前翅基斑、中带、端纹明显，形成 3 条浓褐色斜带，中间一条近中央分成 h 形。雄蛾前翅基斑发达，色浓且大；后翅灰黄，外缘略呈褐色。

2. 卵　扁椭圆形，淡黄色，透明。卵块椭圆，由数十或百粒卵排作鱼鳞状，长 6～7mm，产于叶背。

3. 幼虫　老熟时体长 16～20mm，头橙黄，体黄绿至绿色，前胸盾板黄褐色。

各龄幼虫区别如表 10-4 所示。

表 10-4　茶小卷叶蛾各龄幼虫形态特征

龄期	头色	体色	主要特征
1 龄	深褐	黑色	体长约 2mm，背线、气门线白色，取食后体转暗绿色
2 龄	褐	绿	白色背线和气门线消失
3 龄	褐	深绿	胸部气门隐约可见
4 龄	褐至深褐	深绿或绿褐	前胸背面有 2 个微突，胸部气门红色清晰
5 龄	深褐	多变	头顶略下陷，胸、腹部气门红色，周围一黄色圈
6 龄	深褐	多变	体长可达 60mm 左右，头顶略下陷，前胸背面两突起明显，胸、腹部气门红色，大而清晰

4. 蛹　体长约 10mm，黄褐色，腹部各节背面前缘有 1 列小刺突，腹末臀棘尖钩状。

5. 为害状　初龄幼虫自初展嫩叶尖部（或叶缘）吐丝缀苞，稍大则缀合 2 叶重叠成苞（甚至芽梢数叶），匿居苞内咬食叶肉，留下一层表皮，形成透明枯斑（或残缺破损）。

（四）假眼小绿叶蝉

1. 成虫　体长 3.5～4.0mm，浅绿色。复眼灰褐，头前无单眼，但有 1 对绿色小圈，小盾片中央及端部有淡白色小斑纹，足胫节端部及跗节绿色。

2. 卵　取产卵新梢，撕开嫩梢皮层，观察卵，呈圆筒形，稍弯曲，乳白色，长 0.8mm。

3. 若虫　乳白到绿色，复眼淡碧绿色，体疏被粗毛。

4. 为害状　新梢随着受害程度而变化显著，注意叶脉的色变，叶形的异常，叶尖叶缘的红褐，焦枯变化及新梢芽叶的长势。

（五）长白蚧

1. 介壳　灰白色，长棒或长茄形，略弯曲，长 1.68～1.80mm，雄介壳较小，头端有 1 个浅褐色壳点。

2. 雌成虫　在介壳下，被若虫第二次蜕皮留下的暗褐色皮壳所包被。虫体淡黄色，纺锤形。腹部分节较明显，臀叶 2 对，三角形，大而尖，第一对大于第二对。

（六）黑刺粉虱

1. 成虫　体长 0.95～1.35mm，橙黄色，具紫褐色斑纹，并薄覆白粉。前翅紫褐色，前缘有不规则白斑 2 个，外缘 2 个，后缘 3 个。

2. 卵　长椭圆形，长 0.21～0.26mm，一端有短柄。

3. 幼虫　扁平，椭圆形，由淡黄转褐色而至黑色，有光泽，体周围有白色蜡质物，体背有刚毛。

4. 蛹壳　黑色，长椭圆形，长约 1mm，周围有一圈白色蜡质分泌物，壳边锯齿状，壳背显著隆起，有刺。

（七）茶枝镰蛾

1. 成虫 雌蛾体长 18mm 左右，展翅 35mm 左右。体、翅均浅茶褐色。触角丝状，黄白色。前翅近长方形，后翅较宽，灰褐色。腹部各节有 1 条白色横带。雄蛾体小，触角各节着生许多细毛。

2. 卵 马齿形，长约 1mm，浅米黄色。

3. 幼虫 体长 30～40mm，体瘦长。头部咖啡色，前胸、中胸背板黄褐色。前、中胸间背面有明显的乳白色肉瘤突出。后胸及腹部黄白色，略透淡红色。

4. 蛹 体长 18～20mm，长圆筒形，黄褐色。翅芽达第 4 腹节后缘，腹末有 1 对突起，其端部为黑褐色。

（八）茶籽象甲

1. 成虫 体长 7～11mm（不包括管状喙），雄虫较小。全体黑色，有时略带酱红色，背面被白色和黑褐色鳞片，构成有规则的斑纹。触角膝形，端部 3 节膨大，着生在近管状喙基部的 1/2（雄）或 1/3（雌）处。

2. 卵 长椭圆形，长约 0.3mm，一段较钝，一端稍尖，黄白色。

3. 幼虫 体长 10～12mm，体肥，多皱，背拱腹凹，略成 C 形弯曲。足退化。头部咖啡色，口器深褐色。幼龄时体乳白色，后转黄白色，老熟时近黄色。

4. 蛹 长椭圆形，黄白色，体长 7～11mm。头、胸、足及腹部背面均具毛突，腹末有 1 对断刺。

（九）黑翅土白蚁

1. 有翅成虫 全长 27～29.5mm，体长 12～14mm，棕褐色。前胸背板微较头狭，前宽后狭，中央有一淡色"十"字形，两侧前方及后缘中央各有一淡色点，后缘中央且向前凹入。翅长大，前翅鳞略大于后翅鳞。

2. 兵蚁 全长约 6mm，头卵形，前端狭，暗深黄。上颚镰刀形，黑褐色，左上颚内侧中部有一齿，明显前斜，右上颚相对只有一微齿，上唇舌形。前胸背板前窄斜翘，前、后缘中央均有凹刻，两侧有斜沟。腹部灰白色。

3. 工蚁 全长 4.6～4.9mm。夹黄色，体灰白色。

（十）螨类

1. 咖啡小爪螨

（1）成螨。椭圆形，体长 0.4～0.5mm，宽 0.15～0.23mm，暗红色，背面隆起并有 4 纵列细毛，各 6～7 根。

（2）为害状。叶片红褐色，叶质粗老硬化，易脱落。

2. 茶橙瘿螨

（1）成螨。长圆锥形，体长约 0.14mm，宽约 0.07mm，橙黄至橙红色，体背约有环纹 30 个，腹面更多，体上有刚毛，体末 1 对较长，足 2 对。端部有羽状毛。

（2）为害状。螨少时症状不明显，螨较多则被害叶片呈黄绿色，主脉红褐色，失去光泽，芽叶萎缩，呈现不同色泽的锈斑，严重时枝叶干枯，一片铜红色，状似火烧，后期大量落叶。

3. 茶叶瘿螨

（1）成螨。近椭圆形，体长约 0.2mm，宽约 0.07mm，紫黑色，体背分泌有 5 条白色蜡质絮状物。后半体多环纹，腹面环纹数约为背面的 2 倍，体侧各有一列 4 根刚毛，毛间等距。体末也有 1 对刚毛。

（2）为害状。主要是老叶、叶面沿叶脉的洼处积有灰白色虫体和蜕皮（似如白色尘埃），叶片灰暗无光泽，呈紫铜色，叶质脆硬易裂，且常向上卷曲，易枯落。

三、实训条件

1. 材料 茶尺蠖、茶毒蛾、茶小卷叶蛾、茶枝镰蛾、黑翅土白蚁等的生活史标本及挂图或彩色图片；长白蚧、小绿叶蝉、黑刺粉虱等标本、玻片（或新鲜材料）；茶叶瘿螨、茶橙瘿螨、咖啡小爪螨等标本。

2. 设备 放大镜、镊子、玻璃皿、显微镜、解剖针、玻片、毛笔挑针、蒸馏水。

四、实训作业

（1）绘假眼小绿叶蝉成虫外观图。
（2）列表比较所观察的 3 种螨的区别及为害状。

技能实训二 茶树主要病害识别

一、实训目的

认识植物病害的主要症状，并对各类病害的典型症状有一概念，为田间诊断病害打好基础。掌握与认识茶树叶片受不同的病原真菌侵害后表现出来的症状和病原物的形态特征。认识茶树上一些典型的枝干部病害和根部病害，掌握其症状。

二、内容说明

植物病害的症状包括病状和病征。病状是指植物得病后本身所表现的反常状态；而病征则是指病原物在病部所构成的特征。茶树叶部的病害种类很多，较常见的有茶饼病、茶云纹叶枯病、茶炭疽病、茶轮斑病、茶煤病、茶芽枯病等 10 余种，通过本实训，对常见病害有所认识。茶树枝干上的病害普遍发生的有茶寄生性植物和寄生藻类等，茶树苔藓和地衣是茶树枝干上的附生植物，危害严重。而引起茶树根部的病害主要影响水分和养分的吸收，其中茶紫纹羽病在我国江北、江南茶区小叶种茶树上发生较严重。本实训选取常见的、较为重要的茶树叶部病害、枝干病害与根部病害进行观察。

（一）茶饼病的观察

1. 症状　取茶饼病标本观察。叶片初生淡黄色水渍状病斑，圆形，凹陷，相应的背面突起呈馒头状，表面有白色粉霉，后变暗褐色，叶片畸形扭曲。芽和枝梢受害，肥肿，呈现瘤状，生有灰白色粉状物。

2. 病原　属担子菌亚门真菌。取新鲜病叶，刮取病斑子实层装片镜检，注意观察棍棒状或圆筒状的担子。顶端有 2～4 个小梗，每个小梗上着生 1 个担孢子。担孢子肾脏形或椭圆形，无色，初为单胞，萌发时产生一个隔膜而成双胞。

（二）茶云纹叶枯病的观察

1. 症状　病斑发生在叶尖或叶缘部分，近圆形或不规则形，淡绿至褐色，后变灰白色，形成浓淡相间的云纹状，其边缘暗褐色，有不明显轮纹，黑色小点散生成轮状排列。

2. 病原　属子囊菌亚门真菌。有无性世代和有性世代。取新鲜材料，徒手切片后制成临时装片镜检，观察子囊盘、子囊、子囊孢子或分生孢子盘、分生孢子等形态特征。

（三）茶炭疽病的观察

1. 症状　初在叶尖或叶缘部分产生水渍状暗绿色病斑，扩大后可蔓延至叶片一半，由焦黄色变成黄褐色至红褐色，病斑边缘有黄褐色隆起线，与健部分界明显，后期病部生有细小黑点。

2. 病原　属半知菌亚门盘圆孢属真菌。取炭疽病材料徒手切片后制片镜检。

（四）茶轮斑病的观察

1. 症状　先由叶尖或叶缘产生边缘不明显的黄褐色小点，以后渐扩大成近圆形、半球形或不规则形大斑；色泽由褐色发展成灰白色，具有同心轮纹，病斑上的小黑点也呈同心轮纹排列，病症分界明显。

2. 病原　属半知菌亚门真菌。取病部小黑点装片镜检，观察分生孢子盘、分生孢子梗、分生孢子形状，注意分生孢子有多少隔膜、分成几个细胞、有无附属丝。

（五）茶煤病的观察

1. 症状　叶片或枝干上初生圆形或不规则形小霉斑，后扩大布满全叶或者枝干上。

2. 病原　属子囊菌亚门真菌。取玻片标本，注意观察菌丝和分生孢子。菌丝褐色，有分隔。分生孢子椭圆形或近似球形，无色。

（六）茶芽枯病的观察

1. 症状　发生于嫩梢芽叶上，叶尖、叶缘、芽尖呈现黄褐色，枯焦状，萎缩、扭曲，后期病害表面散生细小黑色小点。

2. 病原 属半知菌亚门真菌。取新鲜材料，挑取病部小黑点，用刀片切成薄片，装片镜检，观察其分孢器和分生孢子。

（七）茶树苔藓和地衣

观察植物体黄至绿色，苔状或丝状，平覆或直立于枝干上，质地松软，为苔藓类。地衣呈壳状，紧贴于枝干上，质地较硬脆。

（八）茶紫纹羽病

1. 症状 观察茶树根部、根颈处细根、粗根的表现，注意其上布满的紫褐色丝状物和颗粒状的菌核，茎基部有较厚的紫红色的毛毡状菌丝层。

2. 病原 属担子菌亚门真菌。取病原菌封片观察。

三、实训条件

1. 材料 茶饼病、茶云纹叶枯病、茶炭疽病、茶轮斑病、茶煤病、茶芽枯病等蜡叶标本、新鲜材料、病原菌封片；茶树苔藓和地衣等标本与新鲜材料，病原菌封片；茶紫纹羽病标本。

2. 设备 显微镜、手持放大镜、载玻片、盖玻片、蒸馏水、挑针、解剖刀、解剖剪、刀片、搪瓷盘等。

四、实训作业

（1）绘制并描述茶饼病症状与病原菌的特点。

（2）绘茶云纹叶枯病、茶轮斑病病菌形态图。

技能实训三　茶园主要病虫害与使用农药调查

一、茶园主要病虫害调查

（一）实训目的

病虫害调查是病虫害研究、防治、测报、产量损失估算的基础，必须掌握田间调查的取样方法，调查记载项目及资料整理计算方法、产量损失的估算办法。

（二）内容说明

（1）病虫害田间调查必须采用取样方法进行。通常采用简单随机取样法，具体方法有五点取样法、单对角线取样法、双对角线取样法、棋盘式取样法、分行取样法、分行分段取样法及 Z 形取样法等（图 10-29）。

抽取样点的数量一般为 5 点、10 点、15 点、20 点，以植株为单位，一般为 50～

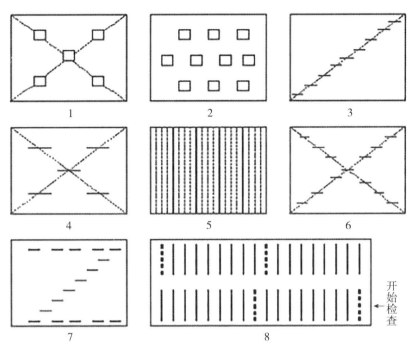

图 10-29　取样方法

1. 五点式（面积）　2. 横盘式（面积）　3. 单对角线式（长度）
4. 五点式（长度）　5. 直查式　6. 双对角线式　7. Z形式　8. 平行线式

200 株，视田块面积、地形复杂程度、茶树整齐度、病虫分布情况而定。

（2）田间调查统计的单位因病虫种类、危害时期而异，茶树常用统计单位有以下两种：①植株或一部分。除全株外，可以植株某一部分，如枝、叶、芽、花蕾、果实等，甚至以叶片上的单位面积或枝条上的单位长度作为调查统计单位；②面积或长度。如调查 1m² 或 1m 内的受害程度及害虫数量。还有用时间、器械（容器、虫网等）或容积、质量作单位的（茶树少用此单位）。

在进行田间调查之前应根据调查目的准备好调查的记载表。

（3）田间调查数据计算。

①被害率的计算。以丛、株、枝、叶、花果为单位调查的分别称为丛被害率、株被害率、枝被害率……以此类推。若为虫害，又可称有虫百分率；若为病害，可称发病率。计算公式如下：

$$P = \frac{n}{N} \times 100\%$$

式中：P——被害百分率；

　　　　n——被害样本数（丛数、株数、叶数……）；

　　　　N——检查样本总数（丛数、株数、叶数……）。

②虫口密度计算。虫口密度可以每调查单位的平均数表示，如以平均每叶虫数、平均每株虫数、平均每平方米虫数、百芽虫数、百叶虫数等表示。常用公式如下：

$$\overline{X} = \frac{x_1 + x_2 + x_3 + \cdots + x_n}{n} = \frac{\sum x}{n}$$

式中：$\overline{X}$——算术平均数（平均每叶虫数、平均每株虫数……平均每平方米虫数）；

　　　　n——取样单位数；

　　　　$x_1 + x_2 + x_3 + \cdots + x_n$——分别为 $1 \sim n$ 各取样单位的数据。

③病情指数（感染指数）的计算。病情指数即严重度，以分级计数的方法来估计病情轻重，通常按罹病程度，人为地分为 4 级、5 级或 9 级。每级依次以 0、1、2、3…为代表值，0 级代表无病，以最大值代表发病最严重程度，然后以一定间隔，定出其他级别。

级别不需太多，级别差异要明显，易于判断。分级可以叶片、果实、全株或田块为单位。

计算公式如下：

$$病情指数 = \frac{\sum（各级病株或病叶数 \times 发病级值）}{调查总样本数 \times 最高级值} \times 100$$

④产量损失的计算。产量损失可以用损失百分率来表示，也可用损失数量来表示，选择未受害的和受害的各若干株，进行测产，分别求出单株平均产量。采用下式计算损失系数：

$$Q = \frac{a - e}{a} \times 100$$

式中：Q——损失系数；

　　　　a——未受害单株平均产量，kg；

　　　　e——被害单株平均产量，kg。

根据损失系数和被害株可算出产量损失百分率。

$$C = \frac{Q \cdot P}{100}$$

式中：C——产量损失百分率；

　　　　Q——损失系数；

　　　　P——株被害百分率。

进一步可求出单位面积上损失数量，公式如下：

$$L = \frac{a \cdot M \cdot C}{100}$$

式中：L——单位面积上损失数量，kg；

　　　　a——未受害植株的单株平均产量，kg；

　　　　M——单位面积总株数；

　　　　C——产量损失百分率。

（三）实训条件

1. 材料　有病虫害的茶园若干块，采集病虫标本的用具。

2. 设备　卷尺、直尺、记载表格、双目解剖镜、显微镜、放大镜、解剖针、标本夹。

（四）实训步骤

（1）每2人为1组，用五点取样法，每点调查2株茶树，完成记载表格的各项。
（2）将调查时采集的样品带回室内，制成各种标本保存。

（五）实训作业

（1）根据调查结果分析茶园病虫害发生规律。
（2）提出防治病虫害的措施。

二、茶园使用农药调查

（一）实训目的

学习农药田间使用的方法，为开展防治研究与防治示范工作打下基础。

（二）内容说明

1. 药效试验种类 根据试验目的，药效试验可以分为以下几类，可视情况分次进行或分组进行。

（1）农药品种比较试验。目的是测定多种农药新品种或当地尚未使用过的农药品种的药效，作为当地推广使用的依据。

（2）农药不同剂型比较试验。目的是确定某一农药最适合的剂型，作为生产和推广使用的依据。

（3）农药使用方法试验。包括用药量、用药浓度、用药时间、用药次数等药效的比较试验。目的是选择最经济有效的施药方法，作为推广使用的依据。

（4）药害试验。目的是了解各种农药及不同剂型使用方法、安全间隔期，使农药能真正起到防治病虫、保护作物的作用。

2. 试验步骤及方案拟订 可根据各地具体条件，选择当地发生较普遍的一种害虫或病害确定试验内容和方法。

（1）根据试验目的，制订试验计划，按供试药品种类或处理项目划定小区，并以当地常用药或常用剂量、方法做对照。如果必须设立不施药对照区，则应事先做好准备，尽可能在试验基本达到目的后。采取适当的方法，如迅速进行有效防治、移栽补苗、加强管理等措施，弥补造成的损失。

（2）定点调查防治前各小区虫口密度或发病率和病情指数。

（3）按供试药品及所需浓度配药，并按小区分别进行喷药，必要时可辅以一定的人工控制条件，如人工接虫、接菌，创造适于病虫发生的环境条件等，使试验结果更加正确可靠，起到指导大田防治的作用。

（4）害虫防治时，喷药后1d、2d、3d分次在原点调查虫口密度，计算各小区害虫灭亡率。当自然死亡率较高时（越过5%以上或害虫繁殖力很强时），应根据不施药对照区害虫自然死亡或增殖情况，计算校正死亡率（校正虫口减退率），以反映防治的实际效果，公式如下：

$$死亡率或虫口减退率 = \frac{防治前活虫数 - 防治后活虫数}{防治前活虫数} \times 100\%$$

$$校正死亡率或防治效果 = \frac{防治区虫口增减率 - 对照区虫口增减率}{1 \pm 对照区虫口增减率} \times 100\%$$

注：对照区的防治后虫口较前增加时，式中采用"+"，虫口减少时用"-"。

一些不易检查虫数的害虫，也可检查比较植物的被害情况，用以表示防治效果，计算方法相同。

病害防治喷药后 5d、10d、15d 调查发病率和病情指数，根据防治前后的发病率或病情指数计算病害减退率或防治效果。

$$相对防治效果 = \frac{对照区病情指数 - 处理区病情指数}{对照区病情指数} \times 100\%$$

$$实际防治效果 = \frac{对照区病情指数增长值 - 处理区病情指数增长值}{对照区病情指数增长值} \times 100\%$$

$$病情指数增长值 = 检查药效时的病情指数 - 用药时的病情指数$$

化学除草剂的药效试验，小区面积一般为 $0.5 \sim 2.0$ 亩，并应设人工除草和小面积不除草做对照。调查时每个样点面积不少于 $1m^2$。施药后 10d、20d、30d 各调查一次杂草残存量和枯死率。

（5）根据试验结果写出试验总结报告。总结报告的写法没有一定格式，但一般应包括以下内容：

①试验的目的要求。包括当时有关试验项目研究的概况和存在问题。目的要有针对性，明确通过试验应解决哪些问题。

②试验材料和方法。

a. 简要介绍试验所用药剂名称、来源、剂型、浓度、用药方法和时间、次数。供试验病虫害名称、作物品种、试验地条件、栽培管理措施以及必要气象资料等。

b. 记载试验处理项目及田间排列情况。

c. 介绍检查项目、时间和方法。试验材料和方法与试验结果关系十分密切，必须有科学态度，认真对待，以供对试验结果进行分析比较时参考。

d. 试验结果。这是试验总结报告的主要部分，应按照试验目的分段叙述，力求文字简明扼要，正确、客观地反映试验结果。能用图表来表示说明的尽量用图表表示。

e. 讨论。根据试验结果进行讨论、评价和必要的解释，指出其实用价值、存在问题和今后意见和设想。

f. 结论。对全部试验进行简要的总结，提出主要的结论和看法。结论一定要明确，不可似是而非，模棱两可。

（6）注意事项。

①实训可在供试病虫发生比较严重的田块选一定地段进行，但小区间除试验处理项目以外，其他条件如地力、田间管理等都应力求一致，以减少误差。

②对活动性很大的害虫，如果无法进行定点调查，可在防治前后进行多点调查或采用铁丝笼罩等人工接种的办法。对于发生不很普遍的病害，也应进行人工接种并创造有利于发病的条件（如保湿），使调查获得较正确的结果。

③为了排除外界条件的干扰，试验区四周应设保护区；在各处理之间也应设隔离区，防止喷药时不同处理间的互相干扰，影响试验的准确性。小区面积小时应设立重复。

④试验前应仔细核对试验田间布置图的各处理项目，防止差错。

⑤试验期间的管理措施、气象资料（如温、湿度、降水等）及病虫调查等都应做好记载。

此外，在喷药后还应注意观察作物的生长情况、有无药害表现等，有条件的在收获时应分别计算小区产量和进行必要的品质鉴定，以比较防治的经济效益。

（三）实训条件

1. 材料

（1）药剂。草甘膦、敌杀死、三唑磷、洗衣粉。

（2）供试茶园1块。茶树上有多种病虫害，茶行有杂草。

2. 设备 背负式喷雾器、量筒、放大镜、卷尺、水桶。

（四）操作方法

（1）每4人为1组，选择条件较一致的地段3块（每块约20m²），进行草甘膦除草药效试验，分别于3d、6d、9d调查灭草效果。

（2）每4人为1组，选6行茶树（长势较一致，虫害情况一致），3行喷施2.5％溴氰菊酯乳油800倍液，3行喷施20％三唑磷乳油600倍液，于药后1d、2d、3d、5d、7d观察其杀虫效果。

（五）实训作业

（1）根据调查结果说明草甘膦是否适宜用于茶园除草。

（2）根据调查结果，比较敌杀死与三唑磷在茶园的使用综合效益。

知识拓展

茶园主要气象灾害

茶叶生产是露天"工厂"，受自然灾害影响极大。自然环境是影响茶叶产量及质量的重要因素之一。茶树生长的自然环境处于多样化之中，特别是气候变化的频繁，导致茶园遭受气象灾害之形态与频率，也因地域性差别而发生变化。茶园常见的自然灾害有低温、雪灾、旱害、霜害、冰雹、台风等，但以"倒春寒"反常天气对茶叶生产影响最大，往往造成茶芽冻害，致使春季名优茶损失严重。因此，及时掌握灾害发生规律，对预防茶园灾害发生，采取积极防范和补救措施有着重要意义。

1. 茶园冻害 气温是影响茶树生长发育最为突出的气候生态因子，一般认为茶树生长的适宜气温为 15～30℃。根据冻害产生的类型，可分为以下几种：

（1）雪害。当茶树树冠上（特别是对留养长梢的树型）积雪过厚，易使枝条折断；在融雪过程中若再遇低温会使树体和土壤结冰，形成雪冻害，严重受冻，枝叶枯焦。

（2）冰冻害。低温使茶树枝叶和土壤遇冻雨或融雪结冻，部分根系与枝梢芽叶细胞坏死，骨干枝枯焦。随着气温升高，冰晶融化，受害症状更加明显。

（3）干风冻。当干冷风吹袭，树冠枝叶受冻失水，长时间影响使芽叶红焦，严重时生产枝、骨干枝枯死。

（4）霜冻害。在日平均温度 0℃ 以上时，夜间地面或茶树表面温度急剧下降到 0℃ 以下，导致叶面结霜或虽没结霜，引起茶树冻害。早春气温稳定回升至 10℃ 以上，茶芽萌发，如遇气温骤降，茶芽变成红焦状，此为晚霜为害，又称"倒春寒"。南方多出现在 3—4 月，一般多发生于夜晚、清晨。

冬季的低温是产生茶树冻害的主因，越冬期极端气温越低，茶树冻害就越重，干旱和大风可加重冻害的发生；早春气候回升后，茶芽相继萌发，若出现急剧降温的"倒春寒"，茶芽也极易产生冻害，对名优茶的产量和品质的影响最大。

2. 茶园干旱　一般认为，茶树的生物学最高温度是 35℃（或日平均温度 30℃），温度过高，则新梢生长缓慢或停止，连续几天则枝梢枯萎，叶片脱落。

3. 台风与涝害　一般台风季节为夏秋季，集中在 7—9 月。南方茶园一般分布在低山、丘陵地或高山上，发生积水涝害机会不大，若长期降雨，会影响水土保持的效果或对新植茶园造成土壤流失、根系裸露或长期浸水影响根系生长等问题。

4. 茶树湿害　土壤中水分比率增大，空气比率缩小是茶树湿害发生的根本原因。由于氧气供给不足，根系呼吸困难，水分、养分的吸收和代谢受阻，轻者影响根的生长发育，重者窒息而死。渍水促进了矿质元素的活化，增加了溶液中铁与锰的浓度，施加高质量的有机质更能促进铁的淋溶损失，渍水土壤中，pH 一般向中性发展，并随时间的延长，酸性土壤的 pH 随之升高。在渍水土壤条件下，土壤环境恶化，有效养分降低，毒性物质增加，茶树抗病力低，因此，造成茶根的脱皮、坏死、腐烂。这种现象在土壤中有非流动性的积水时更为常见。完善排水沟系统是排除湿害的重要手段。在靠近水库、塘坝下方的茶园，应在交接处开设深的横截沟，切断渗水。对地形低洼的茶园，应多开横排水沟，而且茶园四周的排水沟深达 60～80cm。对于建园基础差的湿害严重茶园，应结合换种改植，重新规划，开设暗沟后再种茶。

茶园在极端天气受到不同程度的危害，也暴露了一些茶园在规划和管理上的不足。因此，茶园规划要科学合理，建园时应对土壤条件、生态环境及基础设施等进行科学论证；建园后，田间管理一定要及时合理。新栽茶园做好种植、定型修剪、施肥、除草和病虫害防治等田间管理措施，种植密度要合理，修剪的时间和程度要适时，耕作施肥要科学合理，病虫害防治要及时有效。总之，做好茶园的科学规划和栽培管理，选择抗性强的优良品种，提高茶树抵御自然灾害的能力，改善茶园的生态环境，建立必要的基础设施，就能避免或减轻茶园受旱害、热害、湿害的影响。

思考题

1. 茶树旱害的发生原因有哪些?
2. 简述茶树旱害的症状。
3. 茶树旱害如何防护?
4. 茶树湿害的症状有哪些?
5. 如何进行茶树冻害的防护?
6. 茶树叶部主要的病害有哪些?如何进行防治?
7. 茶树叶部主要的虫害有哪些?如何进行防治?

项目十一　低产茶园改造技术

知识目标

1. 了解低产茶园的概念及界定。
2. 了解低产茶园的现状及成因。
3. 了解低产茶园改造的技术原则、策略、措施和改造后的培育管理。
4. 了解宜林、宜茶、宜农土地的综合利用知识。

能力目标

1. 能明确低产茶园概念并根据生产状况和水平界定低产茶园。
2. 能初步判断低产茶园状况，根据生产实际找出低产茶园的成因。
3. 能进行树体、园地、园相改造。
4. 掌握低产茶园改造后的培育管理技术。

知识准备

任务一　低产茶园的概念与成因

一、低产茶园的概念

茶园的生产力通常用单位面积茶园上所产茶叶的数量和品质来衡量。它是一定生产水平、生态环境、茶树种群、农艺措施等条件共同作用下，茶树群体的生产力水平。因此，凡影响茶树群体生产力的因子，诸如生产水平高低，茶园生态环境好坏，茶树品种是否优良，树群结构是否合理，农艺培育管理水平是否适当，等等，都会给茶园生产力带来深刻的影响，形成茶园产量高低的不同局面。

就茶树自身来讲，茶树是一种生长寿命很长的木本叶用经济作物，自然生长寿命可达几十、上百年，甚至上千年之久。但栽培茶树的经济年限一般不长，就栽培茶园的单产而言，一般在栽培后的前 15 年，其单产是逐年上升的，并逐步达到一个高产水平。栽培后的 15～30 年，在良好的栽培管理条件下，可以保持较高单产并相对稳定。这一时期是栽培茶树最有经济价值的阶段。在此以后，随着栽培茶树的生物学年龄的延长，茶树的树势会逐渐趋向衰退，单产就会逐渐下降，即使在良好水肥管理条件下，也无法改变单产趋于自然递减的局面。因而超过其产量较高最有经济价值的栽培阶段后，茶园的单产自然会降低，就成为中低产的衰老茶园。

然而，另一种情况，按茶树栽培的生长年龄，应该属于单产上升期或高产期的，但由于茶园立地条件不良、栽培技术不佳、品种混杂不优等致使茶园单产低、品质差，与该生长年龄阶段的茶园生产特性明显不符合的茶园，就是半衰老或未老先衰的中低产茶园。

无论是种植年限久、树体自然衰老的茶园，还是种植年限不长，但由于立地条件差、管理粗放等导致的未老先衰茶园，它们的共同特点均表现为单产低、品质差、经济效益低下。生产上笼统地称这类茶园为低产茶园。

二、低产茶园的界定

低产茶园的界定是改造低产茶园时首先需要面对的一个问题，也就是如何确定低产茶园界定指标的问题。从前面低产茶园的概念来看，它还是一个相对概念，没有具体的界定指标。

我国茶区辽阔，气候条件多样，环境条件众多，茶树栽培管理水平不一，所以各地的茶叶单产水平差异很大，因而在界定低产茶园时，无法用一条"杠子"去界定各地各单位各时期的低产茶园。但有大致确定低产茶园的指标"单产"。对一个单位或一个茶区来讲，低产茶园的界定产量指标可以是计划设定的，也可以是低于正常单产水平的，或是低于平均单产水平的。大都把低于平均单产水平的茶园作为低产茶园，列入进行低改的范畴。

不同地区或不同生产单位，他们的低产茶园界定指标产量是不同的。例如，浙江省的余姚茶场、上虞茶场、杭州茶叶试验场等先进单位，自20世纪70年代中期以来茶园大面积平均亩产稳定在150~200kg；陕西省汉中市南郑区梓桐茶场，曾在20世纪80年代创下亩产干茶400kg的北方茶区高产纪录。因此，这些先进单位，将亩产不到150kg茶园列为低产茶园，作为改造对象。而在不少地区，只有在平均亩产40kg以下，才列为低产茶园。另外，低产茶园的界定产量指标在同一地区或同一单位，因历史时期不同，会随着茶园生产力水平的提高而提高。

在生产实践中，茶树一生中各年的单产总是呈常态曲线形式分布的。但是，由于自然灾害或人为措施等因素的影响，会使相邻年间的单产出现波动起伏现象。其波动起伏的幅度大小取决于影响因素的强弱。因而有时在确定低产茶园指标时，还应参考栽培年限和经济效益。根据对长江中下游一些大面积高产单位的种茶历史和产量演变情况的调查资料来看，在当前管理水平下，新茶园从投产开始，直到茶叶产量累计的纯收入达到最大值为止，为20~30年之久。据袁飞研究表明，茶树最佳经济年龄为25年左右，达到这一年龄后，进行树冠更新改造是适宜的。因此，投产后25~30年的茶园就应考虑进行低产改造。尽管最佳经济年龄还因茶树品种和栽培水平等而异，但以上指标是具有一定代表性的，具体工作时还要具体分析。

三、低产茶园的成因

低产茶园在改造前应弄清造成茶园低产的原因。只有了解了低产茶园的成因，才能对症下药，有针对性地采取措施进行改造，做到有的放矢。低产茶园因茶树年龄、树群状态、生长条件、建园水平、栽培状况、品种选择等情况不同而不同，甚至错综复杂，但归纳起来主要有以下几种类型。

1. 树势衰老、长势差的衰老型　衰老型低产茶园的主要成因是栽培年限过长等。

衰老型低产茶园常表现为：树龄较大，树势衰弱，长势很差，发芽力很差，生产枝结节众多，骨干枝衰老并大量枯死，树冠已经缩小，树干上寄生较多苔藓地衣，茶丛衰弱矮小，可称为"弱小茶蓬"，发芽开始迟、结束早，芽包散开快，展叶数少，所展叶片很小，多是对夹叶或单片叶，叶质也很差，开花结果较多。同时根系也表现衰老，根系分布范围缩小，吸收根大量死亡，在根颈部及地面更新枝基部形成了新的弱根群。如不及时更新改造，底部主干若更新出枝条群，就会形成"两层楼"型树冠，可称为"祖孙茶蓬"；或仅靠几根徒长枝维持，可称"散乱茶蓬"，因而大大降低了茶叶产量和品质。

2. 树龄不长、长势差的早衰型　早衰型低产茶园的主要成因是基础差、管理差、重采轻培等。

早衰型低产茶园又称半衰型或未老先衰型，常表现为：①平地茶园在建园时未深翻改土、施有机肥料，种后肥培又跟不上，造成土层浅薄，通气保水性差，肥力低下，树势早期就出现衰弱，形成"矮小茶蓬"。②坡地茶园在建园时未修筑梯层，且缺乏合理的排蓄水系统，致使水土流水严重，土层很薄，茶根裸露，吸收根少，形成"赤脚茶蓬"。③茶根深埋，呼吸困难，形成"塌地茶蓬"。这都使茶树早衰，造成单产低、品质差、效益低下。

3. 冠高枝稀、长势差的粗放型　粗放型低产茶园的主要成因是管理粗放，采摘不合理等。

粗放型低产茶园的主要表现为：茶园管理粗放，肥培管理跟不上，不合理间作套种，前期未曾进行定型修剪，或采茶时实行留顶养干或强采重采，造成树冠凌乱，生产枝很少，叶片少，骨干枝不多或没有，主干枝明显，下部空虚，树体营养不足长势差，勉强维持生存，这种可称"高脚茶蓬"。枝稀叶少，长势衰退，萌芽力低，茶树长期处于半饥饿状态，营养生长差，病虫危害重，这种茶蓬可称为"稀秃茶蓬"。二者都造成单产低、品质差、效益低下。

4. 树群乱、茶丛稀的缺株型　缺株型低产茶园的主要成因应是种植早期失管造成缺株断行严重，或生长条件差、茶苗死亡多等。

缺株型低产茶园的主要表现为：缺株断行严重，茶丛稀疏不齐，行株距很不一致，常有间种农作物的情况，树龄有些大小不一，树冠大小不一常较小，茶蓬萌芽力弱，绿色同化面积比率较小，光能利用率和土地利用率差及未老先衰等，造成单产低、品质差、效益低下或没有效益。

5. 品种混杂、种质低劣的种劣型　种劣型低产茶园主要成因是品种混杂、种质差等。

种劣型低产茶园主要表现为：多为中华人民共和国成立前遗留下的老茶园，且多是混杂的古老群体种，形成不同茶树个体的生产力与质量状况差异很大。有些不良个体在茶园中所占比例很大，常见的如"瓜子种""不知春""柳叶种"等，就是叶片特小或发芽特迟或叶形特长等。这些品种混杂、种质差型低产茶园不但产量低，而且品质差。也有些是建园时对良种采用不够注意，只要是茶籽拿来就种，忽视品种的优良问题，致使品种的种质参差不齐，必然导致茶叶单产不高，品质低劣，效益低下。

6. 生境差、不长茶的不宜型 不宜型低产茶园的成因主要是生境差，不宜茶树生长，核心是择地不当等。

不宜型低产茶园的主要表现为：建园择地不当，在秃山陡坡或土层浅薄、地力贫瘠的山坡种茶；因海拔过高易受冻害，或高山风口有严寒易受冻害；干旱地区建园；排水不良，水位过高，湿害明显；土质不宜偏碱过酸；未建梯地，水土流失严重；等等。以上均会形成"先天不足""问题较多"的低产或无产茶园。

7. 综合因素形成"综合征" 对一块具体的低产茶园进行成因分析时，可能既有茶树衰老和早衰等茶树本身以及茶树品种问题等内因问题，也有生态环境恶劣、自然条件不宜及农艺管理不良等外因问题，间或这些因素互相联系、互为因果，综合结果造成"综合征"。如山区茶园没修梯地，不合理耕作造成水土流失，结果摧残茶树生机。而水土流失的结果又会使许多农艺措施无法奏效，结果使茶树失去生长基础。而茶树衰老或早衰引起树体机能衰退，既降低了栽培技术效应，又减弱了茶树自身的抗性，出现恶性循环。

任务二 低产茶园改造技术

一、低产茶园改造技术原则

1. 遵循规律性原则 低产茶园改造是茶叶生产上一项比较复杂的综合性技术工作，不仅技术要求高，而且经济管理也要熟。因而在进行低产茶园改造工作时，必须严格遵循自然规律和经济规律，依据当地的社会生产条件和所拥有的改造实力来开展低改工作。

2. 加强计划性原则 茶园低产改造工作必须要加强计划性。要统筹兼顾，全面规划，量力而行，合理安排，分期分批逐年展开。在改造展开之前要切实拟订好可行的分期、分批、逐年改造计划，合理排出各地块或片区改造的先后次序，并逐年逐项地展开实施工作。且要抓好低改质量工作。另外，在改造前和改造中还要切实做好低改人力、物质、技术等条件的准备及供应工作。在茶园低改的头几年里，常常没有收益或收益不多。为较小影响总体产量与收益，对茶园低改的推进速度的安排，宜先慢后快。一般拟按 5 年实施，再 5 年培育达高产的总体计划进行安排。在开始改造的第 1～2 年里，每年可改造总面积的 10% 左右；第 3～4 年里，每年可改造总面积的 20% 左右；第 5 年里全部改造完成。在这样计划下的改造中，前 1～2 年对总产量影响很小；第 3 年会使总产与改造前持平；第 4～5 年单产逐步增加，总产开始递增。5

年改造实施后，再经5年的科学合理培育管理，茶园总产和单产会逐步增高达到较高的水平，实现低产改高产的目的。

3. 综合配套性原则 茶园低产改造的技术工作既涉及茶树生机的恢复、茶树群体的改变、茶树品种的更换等，还涉及园地的改建、土壤的改良、茶园内外生态的改善以及茶树栽培管理技术的提高等方面。对低产茶园的改造，必须着眼于茶树本身及水肥条件，着重于茶园基础条件和茶园内外生态条件，贯彻以改造培养树势和树冠为中心，改地补缺与改建园地为重点，以改善园内外生态条件为基础的一整套综合改造技术措施，做到水、肥、采、剪、植保等技术措施的综合全面运用，实现低产改高产目的，以发展茶叶生产，增加茶农收入，提高产业水平。

二、低产茶园改造技术策略

1. 低改要与发展和调整结合 就一个产茶地区或一个生产单位来说，如何进行低产茶园改造以发展茶叶生产，各地的做法尽管不同，但其基本策略"路子"是有些类似的。据浙江、安徽等省份的一些产茶县改造低产茶园的成功经验来看，低改要与发展和调整相结合，贯彻"三个一批"方针，即发展一批、改造一批、调整一批。

浙江省嵊州、建德的经验是：首先选择一批土层深厚、土质肥沃、坡度缓和的低山丘陵宜茶土地，严格按技术要求进行规划，发展一批质量水平高的新茶园，作为全面改造的样板和基础；同时从实际出发，选择一批相对集中成片、种植规范、茶丛整齐、水土条件良好的茶园，按先慢后快逐年改造、逐年巩固的办法改造一批。另外，对零星分散的低产茶园可以集中连片，对有改造改建价值的茶园进行改造。对基础条件差，改造后经济价值不高及不宜种茶的茶园，应坚决退茶还林或退茶还田等。

2. 低改要实现结构的良好配置 在改造与发展和调整结合策略上，发展一批是样板、基础及前提，改造一批是重点，调整一批虽然消极，但这是茶叶生产客观要求的必然。这样，茶园面积基本不变，但是茶园总体的树龄结构改变了，茶园的总生产力水平得到了提高，使茶叶单产总产和品质效益得以提高，并稳定在一个较高水平上。

低改与发展和调整结合的策略是以调整总体茶园各年龄结构比例为前提，结合调整茶园布置与逐步恢复生态平衡为基础，使得在一个茶区或一个生产单位内，老年、中年、青年茶园结构合理组合，农、林、牧、茶之间良好配置的高生产效能茶叶生产基地。对具体的低改茶园而言，其改造就在其中了。在这种情况下，既能在局部上巩固低产茶园改造的成果，又能在全局上促进茶叶生产的发展，最终实现茶叶总体生产力水平有所提高，收到"茶区改面貌，茶园改相貌"的效果。

3. 低改要多项技术措施综合 就具体的某一块茶园的低产改造而言，科学试验和实践经验都表明，必须从改树、改园、改土、改地、改管等方面下手，实行综合改造。另外，还要根据农、林、茶、道路、水网等的统一规划要求，对茶园四周的一些插花地，以及部分低丘缓坡宜茶地，进行调整，使原来零星分散的茶园变成适当集中，能集约化经营，合理利用土地，高产优质经济效益好的茶园。

三、低产茶园改造技术措施

1. 树体改造，复壮树势　树体改造的内容有树冠更新和根系改造两部分。树冠更新措施有重修剪、台刈、抽刈、蓄养等，选用时要依据树体衰老程度及茶蓬情况来确定。根系改造主要通过深耕断根来实现。

（1）重修剪更新树冠的技术措施。适用于未老先衰和树冠衰老但骨干枝仍有较强育芽能力的茶树。这类茶树一般树龄不太大，多是由于幼龄期定型修剪差，采摘强度大，肥水管理又跟不上，或失管荒芜重辟的茶园。由于树龄常不大，虽在茶蓬上布满大小结节枝，绿叶层稀薄，对夹叶单片叶多，新梢细弱短小，大小枯枝出现，采摘期短、产量低、品质差，但多数骨干枝的活力尚旺，而采用深修剪已不能恢复树冠的，宜采用重修剪。

用重修剪措施更新树冠时，重修剪的高度选择是否恰当对剪后树冠更新快慢效果影响较大，要根据树冠枝条衰老程度来确定，以剪净衰老枝层、剪净大小结节枝层为度，以剪去树高的 $1/3 \sim 1/2$、留茬 $30 \sim 50 \mathrm{cm}$ 为辅，并保持同一块地或同一行茶留茬高度大体一致。

重修剪的工具以锋利的镰刀为好。也可用重修剪的剪刀，粗大的用台刈铗或长柄短刃园艺剪，枝条很细的才能用篱剪，否则难修剪或效率较低。剪后切口要斜，且平整光滑，不破干不剥皮。

（2）台刈更新树冠的技术措施。适宜于比较衰老的茶树。这类茶树一般树龄较大，树势老，枝干严重回枯，主干灰白，长满苔藓地衣等低等植物；枝系稀疏，新梢极短，着叶很少，育芽能力低下，对夹叶单片叶占绝大多数；根系也向根颈部萎缩。即使增施肥料，产量质量也提不高，并已不适宜重修剪了，宜采用台刈措施更新树冠。

台刈的高度选择是否恰当，对台刈后树冠更新的快慢与效果也有影响，应根据主干衰老程度深浅来选择留桩的高低，以剪净主干的衰老部分为宜。留桩高度在 $5 \sim 15 \mathrm{cm}$ 且较为一致为好。在剪净衰老主干的前提下，留高有利于较快恢复树冠和防止土传病虫害向枝叶传播。对主干高或乔木型茶树台刈桩高度可提高到 $15 \sim 25 \mathrm{cm}$。

台刈的工具可用锋利的镰刀，刀口斜向上用力割刈为好。也可用台刈铗和短刃长柄园艺剪，粗大的主干可以用手锯锯掉。不宜用柴刀砍，常会砍破或扯下树皮。割时要求干脆利落，一刀完成，务必使刀口倾斜，切面平滑，不裂桩不破皮。

（3）抽刈更新树冠的技术措施。抽刈又称局部台刈。适宜茶树衰老后自然开始更新，从根颈处或主干下部长出较多的地蘖枝，形成"两层楼"树冠的茶园。这种"两层楼"树冠是由粗老枝构成的一层高树冠和由地蘖枝构成的一层矮树冠组成。宜采用抽刈来更新树冠。

抽刈更新树冠，主要是将茶丛中粗老衰弱的枝条台刈去掉，保留生长强壮的地蘖枝层来更新树冠。再用其他修剪配合以扩大树冠，培育新茶蓬。由于抽刈是在不损伤强壮地蘖枝层前提下更替的，对产量影响不大，树势恢复快。

（4）蓄养更新树冠的技术措施。适宜用于因不合理采摘（主要是早采和强采）而使枝干短小、茶丛矮小，但尚未形成结节枝且树龄不大的茶树。

蓄养更新是在原树冠的基础上通过蓄留培养提高蓬高和树幅的技术措施。一般留蓄不采达到树高 70cm、幅宽 90cm 以上时可投产，需 1～2 年时间。在蓄养中途，可不轻修剪或轻修剪后再蓄养。也可采用春茶采、夏秋蓄的办法培养树冠。通过蓄养可增加光合同化面积，提高光合效率，在栽培管理加强下可很快提高产量。

（5）树冠更新的季节选择。低产茶园树冠更新季节的选择是低产茶园树冠更新技术措施的重要内容。在以上几种基本的树冠更新技术中，蓄养和抽刈更新技术措施对季节选择较宽。而重修剪、台刈的树冠更新技术措施对季节选择就严，且选择是否适当对树冠更新能否较快地顺利完成有较大影响。这两种更新树冠的技术在实施季节的选择上较为类同，所以就归并在一起讲述。

选择台刈及重修剪季节，须根据树体状况、经济收益、气候及劳动力等条件来确定。在长江中下游地区，春茶萌动前期的 2 月中下旬，茶树根系及主干淀粉等碳水化合物营养物质含量达到最大值，而枝条和新梢所含养分就较少，这时进行台刈、重修剪被剪去的枝条带走的养分少，修剪后供茶树更新萌发生长的营养物质多，有利于剪后萌发生长更新。另外，这时农活多不忙，劳动力较充裕，也是一年生长的开始，较其他季节修剪当年生长期最长，加之气温回升，雨量充沛，对树势恢复最快，树冠更新效果最好，对日后长期增产最有利，但当年没有收益。在生产上，由于茶园的春茶产量要占全年的 60% 以上，质量又好，收益较大。为了收获一季春茶，在春茶后进行台刈、重修剪，既避免了春茶收入的损失，又利用了夏季高温多雨的有利气候条件，且树体根系及主干贮藏的养分是仅次于春茶前的第二个高峰，如配套的培育管理措施能跟上，茶树新梢生长快，树势恢复也会较好，树冠的更新会同样很好，为翌年投产提供了 2～3 个恢复生长的季节而较为有利。但这时"三夏"大忙开始，劳动力紧张，如不能克服，就会被推后，影响树冠更新效果。夏茶后台刈、重修剪虽对当年的茶叶产量影响小，但由于茶树根部贮藏的营养物质少，又再遇伏旱、秋旱等不利气候条件，不仅茶树恢复生长的时间短（仅秋茶一季），而且气候条件多不好，又加上冬季随即来临，新梢生长不充实，极易在冬季受到冻害，严重影响树冠更新，在江北茶区不提倡，在江南茶区采用时应宜早不宜晚，以控制在 7 月上旬结束为好。华南茶区的广东等地可在早春或春茶后进行。海南等地一般可在 12 月至翌年 2 月进行。

（6）几种树冠更新措施的选择。在实际生产中，对一些低产茶园的树冠更新可有两种或两种以上的技术措施供选择。对茶丛矮小尚不老的低产茶园树冠改造，可以采用蓄养措施，也可采用台刈措施，但究竟采用那项措施好呢？从投劳少、更新快的看，蓄养为好。但从重新形成好骨架，彻底改变矮小茶蓬的骨干枝结构为看，还是台刈好。具体生产中，则多重用蓄养。树冠衰老的茶园可采用重修剪，也可采用台刈，在实践中一些人多爱采用台刈这种较简单的方法，究竟好不好呢？据湖南省茶叶研究所试验表明，对老年低产茶园的树冠更新，采用台刈和重修剪这两种方法进行比较，在其他措施同等的情况下，重修剪的产量恢复快，头年春茶前修剪的，翌年产量可接近重修剪前的水平，第三年可超过基础产量的 18%。而台刈的产量恢复就缓慢，要恢复到原有产量水平需 5～6 年时间，不仅树势、产量恢复慢，而且有枝干越来越弱的趋势。所以，如果茶树不十分衰老，可用重修剪的，就不宜采用台刈。另外，能留

244

高修剪的，就不要压低修剪，这样可为日后再次修剪留下余量。实际中，茶园重修剪会一次比一次低，最后只有采用台刈。所以，台刈是最差情况下的一种选择，不要轻易采用，避免浪费有活力的枝干，减少更新时不必要的时间延长。

（7）重修剪更新和重植新建比较。在茶园低改时，常会萌发重剪和重植改造两项措施究竟如何选择的疑问，安徽省祁门茶叶研究所用试验回答了这个问题。在茶树品种、种植方式、农业投入相同的情况下，对重修剪和重植新建茶园进行了长达 25 年的比较。结果表明：重修剪改造的茶园单产恢复快，剪后第五年即亩产可达 100kg 以上，比新建茶园达到这一水平要早 7 年。25 年的平均亩产为 157.9kg，比新辟茶园平均亩产 119.6kg 提高 32%。重剪改造低产茶园的投资少，回收快，剪后第三年即可收回全部投资并开始盈利，比新辟茶园要早 8 年。25 年的平均亩净收入要比新辟茶园高 1.2 倍（以不变价计算的）。因而低产茶园改造以重修剪结合改土改园更普遍，适用范围也较广。

（8）根系更新的技术措施。茶树树冠更新措施实施后必须与根系改造配合。茶树的根系改造一般是通过深耕和断根进行的。茶园深耕时，多少会弄断和损伤一部分根系，这会给茶树对无机营养和水分的吸收带来一些暂时的局部困难。但是在弄断和损伤根系后，会在断口附近萌发出新根，起到根系更新作用，从而促进生长，增加产量。安徽省祁门茶叶研究所的试验表明，衰老茶树在树冠更新的同时结合深耕进行了根系更新的，要比仅更新树冠的单产增加 30% 以上。福建省茶叶研究所的试验表明，在深耕断根之后，能很快长出白色嫩根，半年后就可以形成健全有效的吸收根群，两年后能形成完整的新根系，而且具有吸收功能的细根重量与分布范围，均比不深耕断根的根系广而深。

根部改造时期原则上应根据根系生长规律来安排。在四季分明季节比较明显的长江中下游地区，在 9—11 月间地上部分生长逐渐趋向休眠状态，根系生长出现一年中最旺盛生长时期。在这个时期来临之初进行深耕断根改造根系，结合施有机肥，不仅是一种有效的改土肥地措施，而且通过有控制地切断部分根系能起到刺激新根发生和生长的作用。茶树台刈、重修剪在春茶前后就已进行，如不及时深耕施肥，不但易形成草荒，也不利于茶树树冠更新。因此，在树冠剪除后的当季或下一季应抓紧进行深耕施肥，改造根系。

2. 园地改造，提高地力 茶树的生长和茶园改造与园地地力有密切关系。对水土流失、土层浅薄、土性不良、土质贫瘠的低产茶园，要进行改地工作。通过治水改地、建坎保土、深耕改土和加培客土等，可实现对园地改造，提高地力。

（1）治水改地，建坎保土。主要是对梯地或坡地茶园，通过调整园地水系布局，给梯地找好水路，把坡地改为梯地等办法，以防止大雨暴雨茶园的土肥流失，使跑水、跑土、跑肥的"三跑"园，变成保水、保肥、保土的"三保"园，创造茶园水、土、肥的良性循环，达到治水改地、建坎保土、提高地力的改地目的。

安徽省歙县、浙江省淳化县以及四川省、陕西省的一些产茶区，对水土流失严重的高山陡坡低产茶园，结合园地改造及周围森林抚育，采用农作物蒿秆及树木枝叶等，沿茶行等高线筑拦泥篱笆，修成"拦泥梯坎"对防止和减少水土流失具有较好的效果。此外一些地区就地取材，用石块、草皮砖等作材料，对陡坡茶园进行坡改梯，对梯地茶园进行排水系统修理恢复，并参照新茶园求，修建排蓄水系统，实现治水改地、建坎保土、提高地力的改地目的，收到良好的效果。

（2）深耕改土，重施有机肥。对土质黏重，种植前未曾深垦或开垦深度不足的低产茶园，应在8—10月的早秋季节，通过深耕结合重施有机肥来疏松土层、熟化土壤、加厚耕作层、提高茶园土壤的蓄水透气性。一般耕深应在30～50cm，并做到表土与底土互换，促进底土熟化，同时深埋足够的农家肥和作物秸秆、树枝树干等有机物和化肥，以提高茶园土壤的肥力。

（3）加培客土，改土肥地。对土质差、土层薄、客土肥沃、易于加培的低产茶园，可加培客土，改善土性，提高土壤肥力。加培客土时，可选择含有机质丰富的森林表土、塘泥、渠泥等方便适宜的客土来加培增厚土层。并根据园土质地情况，采用黏土掺沙、沙土加泥的改善土性方法改善土壤性质，达到改土肥地的目的。对加培客土的好处，农彦说得妙："一年加土三年好，冬天当棉袄，春天少锄草，夏天能抗旱，当年有肥效。"

3. 园相改造，补足茶株　有些低产茶园明显缺株断行，或茶丛稀少零乱，茶棵不足，排布不成行，不整齐，使得茶园覆盖度低，进行光合同化的绿叶面积少，茶园单产势必低劣。因此，对缺株断行和茶株不足的低产茶园进行改造时，补植茶棵、补足数量、增加茶丛宽度和覆盖度是提高单产的有效途径。

（1）补缺接行。通常对行距不超过1.5m的低产茶园补植丛间缺株，补接断行，部分缺株断行严重的低产茶园在补接时应兼顾行向及水路，使园相得以改造。补缺以大茶移栽效果最好。

（2）加行变密。原行距达到2～3m的低产茶园，除补密丛间外，行间还需加补一行。对未修筑梯地而坡度较大的低产茶园应尽量改成等高条列式梯地茶园。

（3）移植归并。茶丛稀疏、零乱、茶棵矮小、缺丛一半以上的茶园宜进行移植归并。在改变水路改造茶行时，也需进行移植。移植归并就是将老茶棵挖掘补缺归并到一定地块茶行上，变零星分散茶丛为成行、成片的茶园；并实现小块变大块、丛栽变条栽、非等高栽植的变为等高栽植；水路不好的，改成茶树成行且水路良好的茶园。主要技术措施是：提前重修剪或台刈，挖掘时带上土球，栽上后逐层压实覆土，浇足定根水或在雨季来临前进行。

移栽老棵就是移栽大茶树，为使根系和叶面水分供需平衡，移栽时要预先重修剪或台刈，并要适当减少枝叶，以减少叶面蒸发量。挖掘茶树时应尽量带上土球移栽，这是保证成活率的重要措施。随挖随栽是保证较高成活率的另一关键。因此在挖棵前，应预先定好移栽位置，并挖好移栽坑，有条件的可在坑里施堆肥及饼肥作基肥，然后去挖出带土球的茶棵，轻轻连土球抬到移栽坑原方位放下，回填埋实踏紧，不要伤根，尔后及时浇足定根水，成活率达90%以上。有条件的对茶棵及根部用树枝杂草覆盖，可收到很好的保湿效果。也可分株蘸泥移栽，需及时栽，不宜久放。

移植归并除寒冷冬季外的休眠季节都可以进行，以雨季来临季节移栽完毕最好。

4. 改植换种，建立新园　挖除老茶树，按新茶园进行建设改植，更换优良品种，按新茶园对待。

四、低产茶园改造后的培育管理

低产茶园经改造技术措施实施后，要达到增产提质的目的，还必须加强改后的培育管理工作，才能很好地发挥出改造的效果，具体如下：

1. 增施肥料 茶树一经修剪更新后，树体受到了不同程度的创伤，并且随后还要大量萌发枝条较快生长，就需茶园土壤提供足够肥料为营养。另外，低产茶园大多数土壤也"老化"了，未老先衰的低产茶园常常土层薄缺肥明显，因此增施肥料既是茶树更新生长的需要，又是改善土壤提高肥力的需要。据安徽省农业科学院祁门茶叶研究所试验，衰老茶树重修剪后，亩施桐油饼 100kg 作基肥，生长期再施硫酸铵 30kg，连续 3 年，结果第一年比不施肥的增产 46.8%，第二年增产 99.9%，第三年增产 95.2%。低产茶园改造后不但要增施肥料，而且在施用氮肥的基础上，要增施磷肥，特别要加强增施有机肥。

2. 修剪养蓬 低产茶园的树冠改造不论采用何种修剪方式，在初期都应按照幼龄茶园培养树冠的技术要求进行修剪和打顶养蓬来培育高产树冠，直至树冠培养达到投产园标准后才能正式投产。

3. 合理采摘 在低产茶园树冠改造后的 1～2 年要把采摘作为一项培养树冠的技术措施来对待，贯彻"以养为主"的原则，在树高未达到 70cm、树幅未超过 100cm 时，只宜采用打顶采培养树冠。打顶采时要采高留低、采中留边、采密留稀，抑制主枝生长，促进侧枝增密，提高生产枝数。只有在茶蓬高度、幅度达到投产园标准要求时，才可正式投产开采。如果提前开采，或任意强采，势必造成茶树矮小、采摘面小、单产低、品质差、效益不佳，很快再次衰老低产，结果达不到低改后应较长时间高产的目的。

4. 加强植保 茶树经低改后，新生枝叶幼嫩繁茂，容易招引各种病虫危害。因此，要加强病虫害的检查和防治等植保工作。

任务三 改造后茶园的生态建设

一、低改茶园良好生态环境建设的意义

我国茶园众多，既有世界上先进的良好生态茶园，又有一些落后的不良生态茶园。20 世纪 60 年代前后开辟的部分茶园，很多由于未进行科学合理的规划建设，漫山遍野开垦人造"小平原"，或在秃山僻岭乱建茶园，致使生态平衡遭到破坏，在所建立的茶园生态系统中，茶树大多数生长不良，有 50%～60% 变成了"有茶不成园"的不良茶园。再从我国广大茶园来看，至少有 60% 以上是区域气候条件恶化、水土冲刷严重、肥力水平低下的茶园。如果不改变这种不良生态条件，即使提高水肥管理水平，收效也不会大，或者说只有短期效果。因此必须改善茶园生态环境，建立良好茶园生态系统。

为了适应进一步发展高效茶叶生产，追求较高经济和生态及社会效益，建设良好

的低产茶园改造生态系统，应从茶作生态学理论出发，实现茶园生态结构良化，生态环境优化，经济效益强化。让茶作的茶园生态系统各种生物之间，生物与环境条件之间，形成良好互利的关系，实现良好的茶作人工生态系统。各地应根据茶区的特点，因地因园制宜地营造良好人工复合生态茶园系统，才有达到将低产、低劣、低效茶园，变成高产、优质、高效茶园的目的。

二、建设茶园生态系统的观念

1. 茶园生态建设与环境条件　生物在漫长的演化中，形成了一定的生理特性和生活习性，使得生物在一定的自然环境条件下才得以生存和发展。通过研究茶树这种生物与其他非生物及生物环境条件之间的关系可知，茶树是原生于热带和亚热带湿润气候条件下的阔叶林间的木本（树木）植物，在漫长的系统发育过程中形成了喜温、喜湿、耐阴、需酸性土壤，怕旱、怕涝、怕寒、怕碱的生活习性。相应的茶园建设要求具备一定的生态环境条件和生物环境条件。人们在建立茶园、栽培茶树、生产茶鲜叶时，栽培是否成活，长势表现好坏，茶叶产量多少，自然品质高低，都与茶树所在的生态环境条件有密切关系。

2. 茶园生态建设与茶作生态学　人类的生存和发展在很大程度上依赖于生物。生物学的发展创造了人类今天的幸福生活。生物学在微观方向上深入发展的同时，宏观综合性的生态学也得到了很大发展。同时人类的盲目发展和滥用自然资源，导致了环境污染和广泛的生态灾难问题，促进了生态学理论的发展，衍生了一系列生态学，并使人们深刻认识到人与动物植物及其环境条件是相互依存、相互联系、相互制约的。进而在人类重要的生活资料茶叶的生产活动中，诞生了茶作生态学，以此来总结和研究茶叶生产的生态规律，并用以指导更好地进行茶叶生产。

针对低产茶园改造的生态建设问题，我们更要学习和研究茶树及茶作生态学。今天茶作生态学这门既古老又年轻的综合性生产科学，无论在理论方面，还是应用方面，都还在起步阶段，都还有许多开拓的领域，也有许多成功经验，需我们加以总结和利用。

三、我国茶作生态的历史演变

我国是茶树作物的原产地，茶树最早为我国古人所发现和利用。我国先民，最早将茶树这种野生植物经引种驯化变为家生园栽作物。在漫长的茶叶生产实践中，人们很早就已领略了茶树与环境之间的一些关系。早在1 200多年前唐朝陆羽的《茶经》一书中，就描述了茶的一些生态习性与生态环境的关系。

茶树这个自然物种，在人类最初认识和利用前，甚或至今，乃为野生状态下以茶树种群这种自然物种形态生长在适生的热带、亚热带湿润森林生态环境中。在3 000多年前，商末周初时代的巴人，最先园栽并制茶贡茶，栽培利用茶树自然物种。经历1 000多年后，距今2 000多年前的西汉时代，在巴蜀地区，形成了茶叶生产的社会形态。人们广泛饮茶，开创了经济栽培利用茶树的时代。这时的茶树植物，已驯化成园栽作物，在生态性质上起了变化，人们栽植建立起的茶园，就成为一种人工生态系统。

我国古老茶园生态系统的结构经历了若干年历史演变。最初是茶作和其他林木粮作及经济作物混种在一起的，这时的茶园非现代意义的纯茶树种植园。随着商品生产的发展和人们生产认识水平能力的提高，出现了比"多种作物混合"效率和效果要好的专业性茶园。这时的茶园以小块纯茶树形式分布在周围生态树木良好的自然环境中，形成了较高产量、较优质量的良性人工茶作生态系统。

随着我国阶级社会的发展和演化，我国社会人口的盲目发展，人与自然环境条件的和谐关系丧失，人们在生活和生产中烧柴，对森林树木的大量消耗，造成我国广大地域生态恶化，至1949年中华人民共和国成立时，我国许多生产发达的地区，森林覆盖率不足10%。广泛的生态条件恶化，也危及到历经至少3 000年的我国茶叶生产。各地人工茶园生态系统，普遍陷入了生态境况恶化。

四、我国茶园生态建设成就和经验

自20世纪50年代开始，我国的茶叶生产活动开始探索实践良性生态化，在发挥茶作本身优势、改善茶园人工生态环境条件的同时，开始在山地开筑梯地，设置排水沟渠系统以保持水土，涵养水源。建立园内外道路系统，栽植防护林木遮阳树，提倡园内外森林化，产生了很好的生产效益和经济效益，创造了优良的茶园人工生态系统，并在我国南北方各地建立了多种类型的良好茶园人工生态系统，为我国及世界茶作良好人工生态系统的建设积累了丰富的成功经验。

我国茶园良好生态系统的创建有许多成功经验。在我国海南农垦系统，大面积的林网胶群和茶园组合的人工群落形成了高效多能的经济生产系统。我国云南省采用胶茶宽行间作；江苏采用梨茶间作；安徽、湖南、广东等省份在茶园中种植乌桕、果树、木豆、药材、绿肥；陕西省城固八角在茶园中套种山药等作物，南郑区法镇在茶园中套种三叶草等牧草作物，均体现了按生态规律建立起具有多层次、多功能、多成分的茶园良好生态系统。

海南农垦区林胶茶人工群落具有典型的森林生态茶园模型样式，形成了良好的生态效益和经济效益。具体做法是：先营造方格林防护系统，控制风害，然后在林网中种植适当数量橡胶树，再在橡胶树围护下建立茶园，实现林网为橡胶防风害，橡胶为茶树遮阴凉。茶树低矮茂密常绿，为胶园提供良好的地面覆盖层。林网和胶树冬季落叶又为茶胶复合生产系统增添了有机质肥料，这样建造的林胶茶多种植物的人工群落，一改过去不合理开垦造成的生态恶化状况，使茶作生长在高温、湿润、遮阳的环境条件里，取得了良好的经济效益、生态效益和社会效益。长江中下游亚热带北缘的江苏苏南茶区在茶园防护林网的设计与营造上创造了改善茶园生态环境条件的典范。苏南茶区的红岭茶场，在所有道路两侧和沟边隙地上都按统一模式，规划营造了杉木檫木林网，在营造后的10年之内，不但成荫成网，而且成材多用，为改善茶场生态环境、阻止水土冲刷流失起了明显作用，成为科学合理的规划建设模式。地处长江以北流域的北方茶区陕南城固县八角茶场，在茶园中套种山药搭架，夏季为茶树遮阳，形成茶树和山药双利的良好生态种植模式。地处陕南茶区的南郑区法镇茶场，为了山坡梯地茶园能护梯保坎并产生一定经济利益，在梯坎上广种三叶草、黑麦草等牧草，并修好茶梯及茶园的排水沟系统，为山区茶园防止水土流失、建设良好生态茶园做了很有益的探索。这些都为茶园及低产茶园改造、建立良好的生态系统创造了成功经验和实践范例，今后茶园良好生态建设要认真学习和实践。

五、改后茶园生态建设技术

1. 实行多物种多层次互利的群落结构   自然界中，任何生物都极少单独存在，几乎都是聚集成群的。群居在一起的生物，在受环境影响的同时，又作为一个整体影响着一定范围的外界环境，从而形成一定的小生境。每个这样生境的组合体单元，就是一个生物群落。

从我国各地茶区生物群落状况来看，一般环境条件越优良，群落结构就越复杂，组成群落的生物种类也就较多。如处在高山峻岭中的茶园，即使仍是以茶为主的专业茶园，但其周围的树木竹林等种类较多，群落结构大局复杂，因此山区茶园生态环境比丘陵茶园要优越，茶叶产量和自然品质也较佳。又如我国丘陵地区的茶园中，几乎80%～90%都是茶树，其他物种甚少，群落结构就很简单。故丘陵茶园的生态环境大部分需改善。

作为以茶树为主体的人工群落，其地上部分大致可安排3个层次，即乔、灌、草3层。一般除在茶园四周和有大风的开阔地设置防护林带外，在茶园内部也可适当种植林果等乔木，这一乔木层在创造群体中下部小气候上起主导作用，它既是感受外界大气候变化的首层，又是适当遮蔽强烈阳光的罩层，且能保持茶园内温度稳定和湿度较大，起到了优化中下层生态因子的作用。中层茶树层为灌木层，茂密而常绿，成为优良的地被植物，发挥着优良的中坚作用。下层为绿肥或牧草及枯枝叶层等草本植物和地被，营弱势生长，起辅助作用。这样使茶树人工生物群落，不仅光能得到了充分利用，土壤营养也在不同层面上被充分利用，提高了环境资源的利用率。

我国江北茶区的防护林建设，华南茶区的胶茶间作体系，江南、西南浅山茶区的"头戴帽"（山顶营林）、腰束带（山腰种茶或其他经济林）、脚穿鞋（山脚沟槽地经营水田）的因地制宜生态化多样群落布置，都是人工生态群落系统的良好典范。

2. 提倡宜林、宜茶、宜农土地的综合利用   土地是生物生产的基地和重要生态条件，应根据丘陵山区综合农业区划原则和茶叶生产与其他生产的客观要求，全面规划茶区的土地利用对低产茶园周围的自然环境（如地质、地貌、水文、气候、植被、土壤）、社会因素、经济因素进行综合性评价和处置，来全面规划茶区的土地利用和生态条件。对于坡度在30°以上、水土流失严重的坡地茶园和荒山、草山要退茶造林和营林，同时要积极改造低产茶园，努力改变茶园的生态条件，提高单产，逐步变广种薄收为大面积平衡优质高产。

在茶园周围的宜林山坡地及零星宜林空地，都要安排种植适合茶树生长，适宜山坡栽植的树木或草类，以模拟山区自然群落结构，发挥森林树木所创造的利于茶树生长的生态条件功能，增进茶叶的品质和单产，使低产变高产。

3. 切实应用工程、生物及农业技术措施 低产茶园多居山坡，水土流失严重，因而对山坡的低产茶园改造，要切实应用工程技术措施，修筑梯地和水利网及道路网等生产基础条件，并实现等高条植与合理密植，扭转恶化的生态条件，促进生态条件良性循环，发挥茶树对生态改善的良好作用。另外，要切实运用生物技术措施，保证工程措施效果，发挥生物对茶园的有利作用，促进茶园人工生态系统的逐步良性循环。再就是切实用好农业技术措施，改变耕作制度，推广地表覆盖和增加茶园有机质等技术，防止和减少大风和大雨对土壤的侵蚀等，减少地面径流和蒸发，增加水分渗透，实现茶园生态条件的良性循环。

知识拓展

一种茶园管理新模式

生态茶园的模式多种多样，目前大多数是以改变茶园生态系统的栖息环境为主要目标，通过茶园套种树木、花草和人工除草等措施，治理水土流失、防治病虫害和实现生物多样性，但却忽视了茶树本身的培育因素，而且农资投入、人工成本大幅度提高，与茶园可持续经营管理和茶农增收冲突。经过数年努力，安溪县龙涓乡举源茶叶专业合作社（以下简称举源合作社）在低产茶园改造基础上，优化茶树空间分布，稀植留高，茶—草—豆间作，茶—花—果相伴，采取遵循生态平衡的有机化管理，实现亲近自然经营，生产出安全、生态、高品质的铁观音，打造了茶园管理新模式。

一、茶园基本情况与茶叶特征

举源合作社茶园位于福建省安溪县龙涓乡举源村布岩山，海拔 $750 \sim 850m$，茶园土壤以红壤和红黄壤为主，茶园实际面积 $40hm^2$，山地面积 $120hm^2$，茶园周围植被丰富，草木茂盛。基于自然农耕的生态茶园管理方式，所生产的茶叶叶片比较肥厚，加工制作出来的铁观音茶外形更加肥壮重实，色泽油润，香气高雅持久，滋味醇厚回甘，"观音韵"明显，汤色金黄明亮，叶底肥厚软亮，有余香。此外，合作社还对茶园进行分区域编码化管理，建立了茶叶生产安全管理与质量溯源平台软件系统，详细记录每个生产环节，做到每一泡茶都有溯源编码，每片茶都有自己的"身份证"。

二、茶园自然农耕生态管控的主要措施

生态茶园的管理要从茶园生态系统的整体平衡来考虑，不能只考虑当前的利益，还要综合考虑农资成本、劳动力情况，以及标准化、规模化生产等因素，更要考虑长远的影响和潜在的后果。举源合作社由此出发，通过强化以下几方面，发挥自然农耕生态管控作用，并取得了初步的效果。

1. 茶树疏植留高 举源合作社以前的茶树种植方式为矮化密植，茶树株距 $30 \sim 40cm$，行距 $100 \sim 120cm$，高度 $30 \sim 40cm$，茶园植被单一，茶树自身抵抗力差，容易传播病虫害，需要多次喷施农药才能防治病虫害。

　　2009 年开始，举源合作社创新性地培育独株大树茶，将原来密植的茶树，先隔一行挖掉一行，再隔一株挖掉一株，共挖除原来密植茶树的 75%，使茶树株距为 80cm 左右，行距达到 250cm 左右，留高茶树至 80~120cm。茶树疏植留高后，茶树之间的间隔增加，茶树通风透气，采光效果好。虽然疏植后的前两年茶叶产量会下降，但是疏植处理 3 年后，茶树枝条变得更加健壮、树冠变宽、芽叶肥厚，茶园鲜叶产量就达到密植时的水平，制成的成品茶滋味更浓厚、香气更悠长，售价提高了 30%。而且茶树自身的抵抗力增强，有效地控制茶树病虫害在茶园的大面积爆发，抗旱、抗涝、抗寒能力也大大提高。

　　2. 茶草共生　通过疏植留高，给茶草共生的模式创造了有利条件。举源合作社经过 2009—2012 年的实践，将茶树留高达 1m 以后，采取留草管理的方式，让茶园中的蓼草、马塘等本土优质杂草自然生长，并人工拔除恶性杂草，让优质杂草与茶树共生共伴，在采茶前或杂草种子成熟前，将茶园内和梯壁上的草割除覆盖。

　　实践发现，这种留草管理方式不仅不会影响茶树生长，而且茶树越长越壮，可能是因为杂草在夏天为茶园遮阳，降低了茶园温度并增加了茶园空气湿度。同时，这种管理模式使得茶园生物多样性增加，虽然茶虫害的种类和数量有所增加，但是从茶树中吸引了部分害虫到杂草中。茶园有益虫种类和数量也有所增加，生态系统的自然调控发挥出作用，茶树上的病虫害因而减少 30% 以上。此外，杂草根系深达 20~30cm，地上部修剪覆盖后，部分杂草根系腐烂，有利于疏松土壤，透水、透肥、透气，使得土壤容重降低 24.8% 左右。所覆盖杂草腐烂后还增加了茶园土壤有机质含量，土壤里的蚯蚓越来越多，土壤也变得松软。这种留草管理方式，仅需要冬季翻耕一次茶园，每年还可以降低茶园锄草的劳动力成本约 6 000 元/hm^2。

　　3. 套种绿肥　举源合作社在春夏期间在茶园中套种大豆、花生等豆科作物，11 月前后结合茶园冬季翻耕，施用有机肥，并套种油菜花。这种套种模式以提供绿肥为主，在豆科作物和油菜花的初荚期割除并覆盖到茶园。

　　据检测，一年套种两次绿肥，茶园土壤有机质可以提高 20% 左右，碱解氮、速效钾含量明显提高，对于原来酸化土壤的改良也有作用，实验一年内茶园土壤的pH 约能提高 0.1 个单位。套种绿肥后，茶叶产量明显提高，尤其是夏暑茶，鲜叶产量可以提高 20%~30%。原因可能是豆科类作物本身有固氮功效，能提高土壤肥力，此外，秸秆腐蚀增加了土壤有机质、腐蚀质的含量，提高了土壤养分转化率；套种绿肥还能改善茶园微域气象条件，尤其是夏季，可以降低茶园温度、提高湿度，从而减少施肥，改善茶叶品质并提高产量。

　　实践中发现，随着生态环境的改善，鸟类越来越多，大豆种植后豆芽和初长的豆苗容易被鸟类啄食，这就需要用声、光措施加以防控。

　　4. 轮采轮休　举源合作社还针对部分茶园采取轮采轮休的管理方式。考虑到茶树的可持续生长以及采制效益，生产中不能只有索取，也要有回馈。因此，合作社试探性地改变原来一年采制四季的模式，实施一年采摘春秋两季，翌年只采春茶一季的循环采养结合模式，其他季节让新梢自然生长。其中，采摘春秋两季的年份在 8 月初和翌年 2 月中下旬各进行一次轻修剪，只采春季的年份，春茶采后进行深修剪，待翌年 2 月中下旬再进行一次轻修剪，让茶树自身有休养恢复的过程，调节生长规律。

实践发现，虽然发芽密度减少，但是茶树根系发达，枝条更健壮，基本没有鸡爪枝，对夹叶减少，新梢更肥壮，百芽重提高了将近 1 倍，制成茶叶品质提升 1～2 档次，销售价格可以提高 30％左右。如果一年仅采摘春茶一次，全年总产量会减少 35％左右，但由于茶叶品质提升，全年总收入不会减少，反而节约了经营管理成本。

5. 茶林混合　在园区种植树木，调节茶园的小气候，以茶园生物多样性促进茶园生态平衡。举源合作社在生态茶园，在通常的"茶园周边有林、路边沟边有树、种植隔离防护带、梯壁梯岸留草种草"做法的基础上，有选择性地在茶园内套种冬季落叶的花、果和名贵树，每公顷套种 375 株左右。主要套种银杏、紫玉兰、海棠、紫薇等，这些树木在春夏季起到遮阳作用，产生茶叶喜欢的漫射光，在冬季落叶，不影响茶树采光和积温，同时套种的豆科植物、牧草和油菜花等增加了土壤肥力。通过这种方式，合作社构建了茶园"复层异龄混交林"，改善园区环境，形成自然调控能力强、稳定的茶园生态系统。

试验 5 年后发现，这种茶—林—绿肥立体复合种植模式，虽然会使茶叶产量减少 20％～30％，但是制成茶叶更为鲜爽回甘，实验测得茶叶中的茶多酚含量在 15％～17％，游离氨基酸总量在 2.1％～3.8％，酚氨比明显低于纯茶园所采制的茶叶，深受消费者的喜爱。此外，这种模式，不仅改善了茶园生态环境，美化了茶园，还吸引了大批游客前来参观，一定程度上促进了一二三产业的融合发展。

思 考 题

1. 什么是低产茶园？
2. 简述我国低产茶园的现状。
3. 简论低产茶园的界定指标。
4. 论述低产茶园的成因。
5. 低产茶园改造的技术原则是什么？
6. 低产茶园改造的技术策略是什么？
7. 低产茶园改造的技术措施是什么？
8. 低产茶园改造的生态建设包括哪些？

主要参考文献

蔡烈伟，2006. 鄂西南山地茶树改造技术 [J]. 林业实用技术 (2)：15-16.

曹涤环，2017. 夏秋茶园的防旱抗旱 [J]. 新农村 (8)：26-27.

陈佩，杨知建，2010. 遮阳对茶园生态环境及其光合作用和产量的影响研究 [J]. 安徽农业科学
　　 (11)：94-95.

陈瑶，2018. 茶树主要病虫害绿色防控技术 [J]. 农业与技术，38 (21)：96-97.

陈杖洲，1991. 茶园生态建设初探 [J]. 中国茶叶 (1)：17-19.

陈宗懋，1992. 中国茶经 [M]. 上海：上海文化出版社.

丁可珍，1982. 采茶和制茶 [M]. 北京：农业出版社.

郭孟良，2000. 明代茶叶生产的发展 [J]. 殷都学刊 (2)：32-36.

黄功标，2005. GIS 支持下茶园土壤适宜性评价的技术 [J]. 福建茶业 (1)：22-24.

黄意欢，1997. 茶学实验技术 [M]. 北京：中国农业出版社.

蒋宗孝，林森知，2004. 三明市茶树气候条件分析及气候区划 [J]. 气象科技 (12)：88-91.

金志凤，封秀燕，2006. 基于 GIS 的浙江省茶树栽培气候区划 [J]. 茶叶 (1)：10-13.

李璠，1984. 中国栽培植物发展史 [M]. 北京：北京科学出版社.

李虎，2008. 茶树冻害发生原因及预防补救措施 [J]. 汉中科技 (6)：6-9.

梁月荣，2017. 茶树遗传育种研究进展（2016）[J]. 茶叶 (1)：10-18.

刘宝祥，1980. 茶树的特性与栽培 [M]. 上海：上海科学技术出版社.

刘小妹，2019. 茶树嫩枝扦插的高效方法 [J]. 植物学报 (4)：531-538.

骆耀平，2000. 老茶园生态保护型的改植（嫁接）换种 [J]. 福建茶叶 (4)：30.

骆耀平，2015. 茶树栽培学 [M].5 版. 北京：中国农业出版社.

王秀铿，1986. 机采茶园的效益与栽培技术 [J]. 茶叶通讯 (4)：3-7.

王镇恒，1995. 茶树生态学 [M]. 北京：中国农业出版社.

韦文珊，2003. 我国特色农业评价方法研究 [D]. 北京：中国农业科学院.

许允文，2000.20 世纪我国茶树栽培技术发展回顾 [J]. 中国茶叶 (5)：6-7.

鄢东海，2003. 茶树无性系良种繁育和新茶园建设技术 [J]. 贵州农业科学 (2)：164-166.

严学成，1990. 茶树形态结构和品质鉴定 [M]. 北京：农业出版社.

杨亚军，2005. 中国茶树栽培学 [M]. 上海：上海科学技术出版社.

姚元涛，2009. 茶树短穗扦插育苗技术 [J]. 落叶果树 (4)：33-35.

于龙凤，安福全，2013. 茶树栽培技术 [M]. 重庆：重庆大学出版社.

俞永明，2006. 茶树高产优质栽培新技术 [M]. 北京：金盾出版社.

虞富莲，2006. 茶树的起源、演化和分类 [C]. 第九届国际茶文化研讨会，473-481.

禹利君，2014. 有机茶病虫害的防治 [J]. 湖南农业 (10)：40-41.

袁瑞，2018. 茶树主要病虫害的绿色防控技术分析 [J]. 现代农业研究 (12)：57-58.

张彭年，1992. 茶树栽培学 [M]. 北京：中国农业出版社.

张秀云，余有本，2002. 我国茶树育种的研究进展 [J]. 茶业通报 (2)：21-23.

周旭，2005.RS、GIS 支持下都匀毛尖茶种植适宜地评价 [J]. 贵州农业科学 (5)：16-20.

朱新宽，2015. 茶树冻害原因及防御 [J]. 河南农业 (21)：12-13.

附 录

附录一 中华人民共和国农业行业标准 有机茶

（NY 5196—2002）

1 范围

本标准规定了有机茶的术语和定义、要求、试验方法、检验规则、标志、标签、包装、贮藏、运输和销售的要求。

本标准适用于有机茶。

2 规范性引用文件

下列文件中的条款通过本标准的引用而成为本标准的条款。凡是注日期的引用文件，其随后所有的修改单（不包括勘误的内容）或修订版均不适用于本标准，然而，鼓励根据本标准达成协议的各方研究是否可使用这些文件的最新版本。凡是不注日期的引用文件，其最新版本适用于本标准。

GB/T 191　包装储运图示标志

GB/T 5009.12　食品中铅的测定方法

GB/T 5009.13　食品中铜的测定方法

GB/T 5009.19　食品中六六六、滴滴涕残留量的测定方法

GB/T 5009.20　食品中有机磷农药残留量的测定方法

GB 7718　食品安全国家标准预包装食品标签通则

GB/T 8302　茶　取样

3 术语和定义

下列术语和定义适用于本标准。

有机茶 organic tea

在原料生产过程中遵循自然规律和生态学原理，采取有益于生态和环境的可持续发展的农业技术，不使用合成的农药、肥料及生长调节剂等物质，在加工过程中不使用合成的食品添加剂的茶叶及相关产品。

4 要求

4.1 基本要求

4.1.1 产品具有各类茶叶的自然品质特征，品质纯正，无劣变、无异味。

4.1.2 产品应洁净，且在包装、贮藏、运输和销售过程中不受污染。

4.1.3 不着色，不添加人工合成的化学物质和香味物质。

4.2 感官品质

各类有机茶的感官品质应符合本类本级实物标准样品质特征或产品实际执行的相应常规产品的国家标准、行业标准、地方标准或企业标准规定的品质要求。

4.3 理化品质

各类有机茶的理化品质应符合产品实际执行的相应常规产品的国家标准、行业标准、地方标准或企业标准的规定。

4.4 卫生指标

各类有机茶的卫生指标必须符合表1规定。

表1 有机茶的卫生指标

项目	指标/（mg/kg）	备注
铅（以 Pb 计）	≤2	紧压茶≤5
铜（以 Cu 计）	≤30	
六六六（BHC）	<LOD[a]	
滴滴涕（DDT）	<LOD[a]	
三氯杀螨醇（dicofol）	<LOD[a]	
氰戊菊酯（fenvalerate）	<LOD[a]	
联苯菊酯（biphenthrin）	<LOD[a]	
氯氰菊酯（cypermethrin）	<LOD[a]	
溴氰菊酯（deltamethrin）	<LOD[a]	
甲胺磷（methamidophos）	<LOD[a]	
乙酰甲胺磷（acephate）	<LOD[a]	
乐果（dimethoate）	<LOD[a]	
敌敌畏（dichlorovos）	<LOD[a]	
杀螟硫磷（fenitrothion）	<LOD[a]	
喹硫磷（quinalphos）	<LOD[a]	
其他化学农药	<LOD[a]	视需要检测

注：a 为指定方法检出限。

4.5 包装净含量允差

定量包装规格由企业自定。单件定量包装有机茶的净含量负偏差见表2。

表2　净含量负偏差

净含量	负偏差	
	占净含量的百分比/%	质量/g
5～50g	9	—
50～100g	—	4.4
100～200g	4.5	—
200～300g	—	9
300～500g	3	—
501～1 000g	—	15
1～10kg	1.5	—
10～15kg	—	150
15～25kg	1.0	—

5　试验方法

5.1　取样

按GB/T 8302规定执行。

5.2　卫生指标的检测

5.2.1　铅的检测按GB/T 5009.12规定执行。

5.2.2　铜的检测按GB/T 5009.13规定执行。

5.2.3　六六六、滴滴涕检测按GB/T 5009.19规定执行。

5.2.4　三氯杀螨醇、氰戊菊酯、联苯菊酯、氯氰菊酯和溴氰菊酯检测按GB/T 17332规定执行。

5.2.5　乐果、敌敌畏、杀螟硫磷、喹硫磷和甲胺磷、乙酰甲胺磷检测按GB/T 5009.20规定执行。

5.3　净含量检测

用感量为1g的秤称取去除包装的产品，与产品标示值对照进行。

5.4　包装标签检验

按GB 7718规定执行。

6　检验规则

6.1　组批规则

产品均应按批（唛）为单位，同批（唛）有机茶的品质规格和包装应一致。

6.2　交收（出厂）检验

6.2.1　每批产品交收（出厂）前，生产单位应进行检验，检验合格并附有合格证的产品方可交收（出厂）。

6.2.2　交收（出厂）检验内容为感官品质、水分、粉末、净含量和包装标签。

6.2.3　卫生指标为交收（出厂）定期抽检项目。

6.2.4 总灰分、水浸出物、粗纤维为交收（出厂）抽检项目。

6.3 型式检验

6.3.1 型式检验是对产品质量进行全面考核，有下列情形之一者，应对产品质量进行型式检验：

　　a）因人为或自然因素使生产环境发生较大变化；

　　b）国家质量监督机构或主管部门提出型式检验要求。

6.3.2 型式检验即对本标准规定的全部要求进行检验。

6.4 检验结果判定

6.4.1 凡劣变、污染、有异气味茶叶，均判为不合格产品。

6.4.2 卫生指标检验不合格，不得作为有机茶。

6.4.3 交收检验时，按 6.2.3 规定的检验项目进行检验，其中有一项检验不合格，不得作为有机茶。

6.4.4 型式检验时，技术要求规定的各项检验，其中有一项不符合技术要求的产品，不得作为有机茶。

6.5 复验

　　对检验结果产生异议时，应对留存样进行复检，或在同批（唛）产品中重新按 GB/T 8302 规定加倍取样，对不合格的项目进行复检，以复检结果为准。

6.6 跟踪检查

　　建立从种植开始到贸易全过程各个环节的文档资料及质量跟踪记录系统，供发现质量问题时进行跟踪检查。

7 标志、标签

7.1 标志

7.1.1 有机茶标志要醒目、整齐、规范、清晰、持久。

7.1.2 产品出厂按顺序编制唛号。唛号刷于外包装。唛号纸加注件数净重，贴于箱盖或置于包装袋中。

7.2 标签

　　有机茶产品的包装标签必须按照 GB 7718 规定执行。

8 包装、贮藏、运输

8.1 包装

8.1.1 有机茶避免过度包装。

8.1.2 包装必须符合牢固、整洁、防潮、美观的要求，能保护茶叶品质，便于装卸、仓储和运输。

8.1.3 同批次（唛）茶叶的包装样式、箱种、尺寸大小、包装材料、净质量必须一致。

8.1.4 包装材料

8.1.4.1 包装（含大小包装）材料必须是食品级包装材料，主要有：纸板、聚乙烯（PE）、铝箔复合膜、马口铁茶听、白板纸、内衬纸及捆扎材料等。

8.1.4.2 包装材料应具有防潮、阻氧等保鲜性能，无异味，必须符合食品卫生要求，不受杀菌剂、防腐剂、熏蒸剂、杀虫剂等物品的污染，并不得含有荧光染料等污染物。

8.1.4.3 包装材料的生产及包装物的存放必须遵循不污染环境的原则。宜选用容易降解或再生的材料。禁用聚氯乙烯（PVC）、混有氯氟碳化合物（CFC）的膨化聚苯乙烯等作包装材料。

8.1.4.4 包装用纸必须符合 GB 11680 规定。

8.1.4.5 对包装废弃物应及时清理、分类，进行无害化处理。

8.2 贮藏

8.2.1 禁止有机茶与人工合成物质接触，严禁有机茶与有毒、有害、有异味、易污染的物品接触。

8.2.2 有机茶与常规茶叶必须分开贮藏，提倡设有机茶专用仓库。仓库必须清洁、防潮、避光和无异味，周围环境清洁卫生，远离污染源。

8.2.3 用生石灰及其他防潮材料除湿时，要避免茶叶与生石灰等除湿材料直接接触，并定期更换。宜采用低温、充氮或真空贮藏。

8.2.4 入库的有机茶标志和批次号系统要清楚、醒目、持久。严禁标签、唛号与货物不符的茶叶进入仓库。不同批号、日期的产品要分别存放。建立齐全的仓库管理档案，详细记载出入仓库的有机茶批号、数量和时间。

8.2.5 保持仓库的清洁卫生，搞好防鼠、防虫、防霉工作。禁止吸烟和吐痰，严禁使用化学合成的杀虫剂、灭鼠剂及防霉剂。

8.3 运输

8.3.1 运输工具必须清洁卫生，干燥，无异味。严禁与有毒、有害、有异味、易污染的物品混装、混运。

8.3.2 装运前必须进行有机茶的质量检查，在标签、批号和货物三者符合的情况下才能运输。

8.3.3 包装储运图示标志必须符合 GB 191 规定。

9 销售

9.1 有机茶进货、销售、账务、消毒及工具要有专人负责。严禁有机茶与常规茶拼合作有机茶销售。

9.2 销售点应远离厕所、垃圾场和产生有毒、有害化学物质的场所，室内建筑材料及器具必须无毒、无异气味。室内必须卫生清洁，并配有有机茶的贮藏、防潮、防蝇和防尘设施，禁止吸烟和随地吐痰。

9.3 直接盛装有机茶的容器必须严格消毒，彻底清洗干净，并保持干燥整洁。

9.4 销售人员应持健康合格证上岗，保持销售场地、柜台、服装、周围环境的清洁卫生。销售人员应了解有机茶的基本知识。

9.5 销售单位要把好进货关，供货单位应提交有机茶证书附件并提供有机茶交易证明，以及相应的其他法律或证明文件。严格按有机茶质量标准检查，检查内容包括茶叶品质、规格、批号和卫生状况等。拒绝接受证货不符或质量不符合标准的有机茶产品。

9.6　销售人员对所出售的茶叶应随时检查，一旦发现变质、过期等不符合标准的茶叶应立即停止销售。有异议时，应对留存样进行复验，或在同批（唛）产品中重新按 GB/T 8302 规定加倍取样，对有异议的项目进行复检，以复检结果为准。如意见仍不一致，可以封存茶样，委托上级部门或法定检验检测机构进行仲裁。

附录二 中华人民共和国农业行业标准 有机茶生产技术规程

（NY/T 5197—2002）

1 范围

本标准规定了有机茶生产的基地规划与建设、土壤管理和施肥、病虫草害防治、茶树修剪和采摘、转换、试验方法和有机茶园判别。

本标准适用于有机茶的生产。

2 规范性引用文件

下列文件中的条款通过本标准的引用而成为本标准的条款。凡是注日期的引用文件，其随后所有的修改单（不包括勘误的内容）或修订版均不适用于本标准，然而，鼓励根据本标准达成协议的各方研究是否可使用这些文件的最新版本。凡是不注日期的引用文件，其最新版本适用于本标准。

GB 11767 茶树种子和苗木

GB/T 14551 生物质量 六六六和滴滴涕的测定 气相色谱法

NY 227 微生物肥料

NY 5196 有机茶

NY 5199 有机茶产地环境条件

GL 32（Rev. 1）联合国有机食品生产、加工、标识和市场导则

3 基地规划与建设

3.1 有机茶生产基地应按 NY 5199 的要求进行选择。

3.2 基地规划

3.2.1 有利于保持水土，保护和增进茶园及其周围环境的生物多样性，维护茶园生态平衡，发挥茶树良种的优良种性，便于茶园排灌、机械作业和田间日常作业，促进茶叶生产的可持续发展。

3.2.2 根据茶园基地的地形、地貌、合理设置场部（茶厂）、种茶区（块）、道路、排蓄灌水利系统，以及防护林带、绿肥种植区和养殖业区等。

3.2.3 新建基地时，对坡度大于 25°，土壤深度小于 60cm，以及不宜种植茶树的区域应保留自然植被。对于面积较大且集中连片的基地，每隔一定面积应保留或设置一些林地。

3.2.4 禁止毁坏森林发展有机茶园。

3.3 道路和水利系统

3.3.1 设置合理的道路系统，连接场部、茶厂、茶园和场外交通，提高土地利用率和劳动生产率。

3.3.2　建立完善的排灌系统，做到能蓄能排。有条件的茶园建立节水灌溉系统。

3.3.3　茶园与四周荒山陡坡、林地和农田交界处应设置隔离沟、带；梯地茶园在每台梯地的内侧开一条横沟。

3.4　茶园开垦

3.4.1　茶园开垦应注意水土保持，根据不同坡度和地形，选择适宜的时期、方法和施工技术。

3.4.2　坡度15°以下的缓坡地等高开垦；坡度在15°以上的，建筑等高梯级园地。

3.4.3　开垦深度在60cm以上，破除土壤中硬塥层、网纹层和犁底层等障碍层。

3.5　茶树品种与种植

3.5.1　品种应选择适应当地气候、土壤和茶类，并对当地主要病虫害有较强的抗性。加强不同遗传特性品种的搭配。

3.5.2　种子和苗木应来自有机农业生产系统，但在有机生产的初始阶段无法得到认证的有机种子和苗木时，可使用未经禁用物质处理的常规种子与苗木。

3.5.3　种苗质量应符合GB 11767中规定的一、二级标准。

3.5.4　禁止使用基因工程繁育的种子和苗木。

3.5.5　采用单行或双行条栽方式种植，坡地茶园等高种植。种植前施足有机底肥，深度为30～40cm。

3.6　茶园生态建设

3.6.1　茶园四周和茶园内不适合种茶的空地应植树造林，茶园的上风口应营造防护林。主要道路、沟渠两边种植行道树，梯壁坎边种草。

3.6.2　低纬度低海拔茶区集中连片的茶园可因地制宜种植遮阳树，遮光率控制在20%～30%。

3.6.3　对缺丛断行严重、密度较低的茶园，通过补植缺株，合理剪、采、养等措施提高茶园覆盖率。

3.6.4　对坡度过大、水土流失严重的茶园应退茶还林或还草。

3.6.5　重视生产基地病虫草害天敌等生物及其栖息地的保护，增进生物多样性。

3.7　每隔2～3hm²茶园设立一个地头积肥坑。并提倡建立绿肥种植区。尽可能为茶园提供有机肥源。

3.8　制订和实施有针对性的土壤培肥计划，病、虫、草害防治计划和生态改善计划等。

3.9　建立完善的农事活动档案，包括生产过程中肥料、农药的使用和其他栽培管理措施。

4　土壤管理和施肥

4.1　土壤管理

4.1.1　定期监测土壤肥力水平和重金属元素含量，一般要求每2年检测一次。根据检测结果，有针对性地采取土壤改良措施。

4.1.2　采用地面覆盖等措施提高茶园的保土蓄水能力。将修剪枝叶和未结籽的杂草作为覆盖物，外来覆盖材料如作物秸秆等应未受有害或有毒物质的污染。

4.1.3　采取合理耕作、多施有机肥等方法改良土壤结构。耕作时应考虑当地降水条件，防止水土流失。对土壤深厚、松软、肥沃，树冠覆盖度大，病虫草害少的茶园可实行减耕或免耕。

4.1.4　提倡放养蚯蚓和使用有益微生物等生物措施改善土壤的理化和生物性状，但微生物不能是基因工程产品。

4.1.5　行距较宽、幼龄和台刈改造的茶园，优先间作豆科绿肥，以培肥土壤和防止水土流失，但间作的绿肥或作物必须按有机农业生产方式栽培。

4.1.6　土壤 pH<4.5 的茶园施用白云石粉等矿物质，而 pH>6.0 的茶园可使用硫黄粉调节土壤 pH 至 4.5～6.0 的适宜范围。

4.1.7　土壤相对含水量低于 70％时，茶园宜节水灌溉。灌溉用水符合 NY 5199 的要求。

4.2　施肥

4.2.1　肥料种类

4.2.1.1　有机肥，指无公害化处理的堆肥、沤肥、厩肥、沼气肥、绿肥、饼肥及有机茶专用肥。但有机肥料的污染物质含量应符合表 1 的规定，并经有机认证机构的认证。

4.2.1.2　矿物源肥料、微量元素肥料和微生物肥料，只能作为培肥土壤的辅助材料。微量元素肥料在确认茶树有潜在缺素危险时作叶面肥喷施。微生物肥料应是非基因工程产物，并符合 NY 227 的要求。

4.2.1.3　土壤培肥过程中允许和限制使用的物质见附录 A。

4.2.1.4　禁止使用化学肥料和含有毒、有害物质的城市垃圾、污泥和其他物质等。

4.2.2　施肥方法

4.2.2.1　基肥一般每亩施农家肥 1 000～2 000kg，或用有机肥 200～400kg，必要时配施一定数量的矿物源肥料和微生物肥料，于当年秋季开沟深施，施肥深度 20cm 以上。

4.2.2.2　追肥可结合茶树生育规律进行多次，采用腐熟后的有机肥，在根际浇施；或每亩每次施商品有机肥 100kg 左右，在茶叶开采前 30～40d 开沟施入，沟深 10cm 左右，施后覆土。

4.2.2.3　叶面肥根据茶树生长情况合理使用，但使用的叶面肥必须在农业部（现农业农村部）登记并获得有机认证机构的认证。叶面肥料在茶叶采摘前 10d 停止使用。

表 1　商品有机肥料污染物质允许含量　　　　　单位：mg/kg

项目	浓度限值
砷	≤30
汞	≤5
镉	≤3
铬	≤70
铅	≤60
铜	≤250
六六六	≤0.2
滴滴涕	≤0.2

5 病、虫、草害防治

5.1 遵循防重于治的原则，从整个茶园生态系统出发，以农业防治为基础，综合运用物理防治和生物防治措施，创造不利于病虫草滋生而有利于各类天敌繁衍的环境条件，增进生物多样性，保持茶园生物平衡，减少各类病虫草害所造成的损失。

5.2 农业防治

5.2.1 换种改植或发展新茶园时，选用对当地主要病虫抗性较强的品种。

5.2.2 分批多次采茶，采除假眼小绿叶蝉、茶橙瘿螨、茶白星病等危害芽叶的病虫，抑制其种群发展。

5.2.3 通过修剪，剪除分布在茶丛中上部的病虫。

5.2.4 秋末结合施基肥，进行茶园深耕，减少土壤中越冬的鳞翅目和象甲类害虫的数量。

5.2.5 将茶树根际落叶和表土清理至行间深埋，防治叶病和在表土中越冬的害虫。

5.3 物理防治

5.3.1 采用人工捕杀，减轻茶毛虫、茶蚕、蓑蛾类、卷叶蛾类、茶丽纹象甲等害虫的危害。

5.3.2 利用害虫的趋性，进行灯光诱杀、色板诱杀、性诱杀或糖醋诱杀。

5.3.3 采用机械或人工方法防除杂草。

5.4 生物防治

5.4.1 保护和利用当地茶园中的草岭、瓢虫和寄生蜂等天敌昆虫，以及蜘蛛、捕食螨、蛙类、蜥蜴和鸟类等有益生物，减少人为因素对天敌的伤害。

5.4.2 允许有条件地使用生物源农药，如微生物源农药、植物源农药和动物源农药。

5.5 农药使用准则

5.5.1 禁止使用和混配化学合成的杀虫剂、杀菌剂、杀螨剂、除草剂和植物生长调节剂。

5.5.2 植物源农药宜在病虫害大量发生时使用。矿物源农药应严格控制在非采茶季节使用。

5.6 从国外或外地引种时，必须进行植物检疫，不得将当地尚未发生的危险性病虫草随种子或苗木带入。

5.7 有机茶园主要病虫害及防治方法见附录B。

5.8 有机茶园病虫害防治允许、限制使用的物质与方法见附录C。

6 茶树修剪与采摘

6.1 茶树修剪

6.1.1 根据茶树的树龄、长势和修剪目的分别采用定型修剪、轻修剪、深修剪、重修剪和台刈等方法，培养优化型树冠，复壮树势。

6.1.2 覆盖度较大的茶园，每年进行茶树边缘修剪，保持茶行间20cm左右的间隙，以利田间作业和通风透光，减少病虫害发生。

6.1.3 修剪枝叶应留在茶园内，以利于培肥土壤。病虫枝条和粗干枝清除出园，病虫枝待寄生蜂等天敌逸出后再行销毁。

6.2　采摘

6.2.1　应根据茶树生长特性和成品茶对加工原料的要求，遵循采留结合、量质兼顾和因树制宜的原则，按标准适时采摘。

6.2.2　手工采茶宜采用提手采，保持芽叶完整、新鲜、匀净，不夹带鳞片、茶果与老枝叶。

6.2.3　发芽整齐，生长势强，采摘面平整的茶园提倡机采。采茶机应使用无铅汽油，防止汽油、机油污染茶叶、茶树和土壤。

6.2.4　采用清洁、通风性良好的竹编网眼茶篮或篓筐盛装鲜叶。采下的茶叶应及时运抵茶厂，防止鲜叶变质和混入有毒、有害物质。

6.2.5　采摘的鲜叶应有合理的标签，注明品种、产地、采摘时间及操作方式。

7　转换

7.1　常规茶园成为有机茶园需要经过转换。生产者在转换期间必须完全按本生产技术规程的要求进行管理和操作。

7.2　茶园的转换期一般为 3 年。但某些已经在按本生产技术规程管理或种植的茶园，或荒芜的茶园，如能提供真实的书面证明材料和生产技术档案，则可以缩短甚至免除转换期。

7.3　已认证的有机茶园一旦改为常规生产方式，则需要经过转换才有可能重新获得有机认证。

8　试验方法

8.1　商品有机肥料中砷、汞、镉、铬、铅、铜的测定按 NY 227 执行。

9　有机茶园判别

9.1　茶园的生态环境达到有机茶产地环境条件的要求。

9.2　茶园管理达到有机茶生产技术规程的要求。

9.3　由认证机构根据标准和程序判别。

附 录 A

（规范性附录）
有机茶园允许和限制使用的土壤培肥和改良物质

表 A.1

类别	名称	使用条件
有机农业体系生产的物质	农家肥	允许使用
	茶树修剪枝叶	允许使用
	绿肥	允许使用
非有机农业体系生产的物质	茶树修剪枝叶、绿肥和作物枯秆	限制使用
	农家肥（包括堆肥、沤肥、厩肥、沼气肥、家畜粪尿等）	限制使用
	饼肥（包括菜籽饼、豆饼、棉籽饼、芝麻饼、花生饼等）	未经化学方法加工的允许使用
	充分腐熟的人粪尿	只能用于浇施茶树根部，不能用作叶面肥
	未经化学处理木材产生的木料、树皮、锯屑、刨花、木灰和木炭等	限制使用
	海草及其用物理方法生产的产品	限制使用
	未掺杂防腐剂的动物血、肉、骨头和皮毛	限制使用
	不含合成添加剂的食品工业副产品	限制使用
	鱼粉、骨粉	限制使用
	不含合成添加剂的泥炭、褐炭、风化煤等含腐殖酸类的物质	允许使用
	经有机认证机构认证的有机茶专用肥	允许使用
矿物质	白云石粉、石灰石和白垩	用于严重酸化的土壤
	碱性炉渣	限制使用，只能用于严重酸化的土壤
	低氯钾矿粉	未经化学方法浓缩的允许使用
	微量元素	限制使用，只作叶面肥使用
	天然硫黄粉	允许使用
	镁矿粉	允许使用
	氯化钙、石膏	允许使用
	窑灰	限制使用，只能用于严重酸化的土壤
	磷矿粉	镉含量≤90mg/kg的允许使用
	泻盐类（含水硫酸岩）	允许使用
	硼酸岩	允许使用
其他物质	非基因工程生产的微生物肥料（固氮菌、根瘤菌、磷细菌和硅酸盐细菌肥料等）	允许使用
	经农业部登记和有机认证的叶面肥	允许使用
	未污染的植物制品及其提取物	允许使用

附　录　B

（规范性附录）
有机茶园主要病虫害及其防治方法

表 B.1

病虫害名称	防治时期	防治措施
假眼小绿叶蝉	5—6 月、8—10 月若虫盛发期，百叶虫口：夏茶 5～6 头、秋茶＞10 头时施药防治	1. 分批多次采茶，发生严重时可机采或轻修剪； 2. 湿度大的天气，喷施白僵菌制剂； 3. 秋末采用石硫合剂封园； 4. 可喷施植物源农药：鱼藤酮、清源保
茶毛虫	各地代数不一，防治时期有异。一般在 5—6 月中旬、8—9 月。幼虫 3 龄前施药	1. 人工摘除越冬卵块或人工摘除群集的虫叶；结合清园，中耕消灭茧蛹；灯光诱杀成虫； 2. 幼虫期喷施茶毛虫病毒制剂； 3. 喷施 Bt 制剂；或喷施植物源农药鱼藤酮、清源保
茶尺蠖	年发生代数多，以第 3～5 代（6—8 月下旬）发生严重，每平方米幼虫数＞7 头即应防治	1. 组织人工挖蛹，或结合冬耕施基肥深埋虫蛹； 2. 灯光诱杀成虫； 3. 1～2 龄幼虫期喷施茶尺蠖病毒制剂； 4. 喷施 Bt 制剂或用植物源农药：鱼藤酮、清源保
茶橙瘿螨	5 月中下旬、8—9 月发现个别枝条有为害状的点片发生时，即应施药	1. 勤采春茶； 2. 发生严重的茶园，可喷施矿物源农药：石硫合剂、矿物油
茶丽纹象甲	5—6 月下旬，成虫盛发期	1. 结合茶园中耕与冬耕施基肥，消灭虫蛹； 2. 利用成虫假死性人工振落捕杀； 3. 幼虫期土施白僵菌制剂或成虫期喷施白僵菌制剂
黑刺粉虱	江南茶区 5 月中下旬，7 月中旬，9 月下旬至 10 月上旬	1. 及时疏枝清园、中耕除草，使茶园通风透光； 2. 湿度大的天气喷施粉虱真菌制剂； 3. 喷施石硫合剂封园
茶饼病	春、秋季发病期，5 天中有 3d 上午日照＜3h，或降水量 2.5～5mm，芽梢发病率＞35％时	1. 秋季结合深耕施肥，将根际枯枝落叶深埋土中； 2. 喷施多抗霉素； 3. 喷施波尔多液

附　录　C

（规范性附录）
有机茶园病虫害防治允许和限制使用的物质与方法

表 C.1

种类		名称	使用条件
生物源农药	微生物源农药	多抗霉素（多氧霉素）	限量使用
		浏阳霉素	限量使用
		华光霉素	限量使用
		春雷霉素	限量使用
		白僵菌	限量使用
		绿僵菌	限量使用
		苏云金杆菌	限量使用
		核型多角体病毒	限量使用
		颗粒体病毒	限量使用
	动物源农药	性信息素	限量使用
		寄生性天敌动物，如赤眼蜂、昆虫病原线虫	限量使用
		捕食性天敌动物，如瓢虫、捕食螨、天敌蜘蛛	限量使用
	植物源农药	苦参碱	限量使用
		鱼藤酮	限量使用
		除虫菊素	限量使用
		印楝素	限量使用
		苦楝	限量使用
		川楝素	限量使用
		植物油	限量使用
		烟叶水	只限于非采茶季节
矿物源农药		石硫合剂	非生产季节使用
		硫悬浮剂	非生产季节使用
		可湿性硫	非生产季节使用
		硫酸铜	非生产季节使用
		石灰半量式波尔多液	非生产季节使用
		石油乳油	非生产季节使用
其他物质和方法		二氧化碳	允许使用
		明胶	允许使用
		糖醋	允许使用
		卵磷脂	允许使用
		蚁酸	允许使用
		软皂	允许使用
		热法消毒	允许使用
		机械诱捕	允许使用
		灯光诱捕	允许使用
		色板诱杀	允许使用
		漂白粉	限制使用
		生石灰	限制使用
		硅藻土	限制使用

附　录　D

（规范性附录）
有机茶生产中使用其他物质的评估

未列入附录 A 和附录 C 的在有机茶园使用的其他物质和方法，根据本附录进行评价。

D.1　使用土坡培肥和土坡改良物质的原则

D.1.1　该物质是为了保持土壤肥力或为满足特殊的营养要求所必需的。

D.1.2　该物质的配料来自植物、动物、微生物或矿物，宜经过物理（机械、热）处理或酶处理或微生物（堆肥、消化）处理。

D.1.3　该物质的使用不会导致对环境的污染以及对土壤生物的影响。

D.1.4　该物质的使用不应对最终产品的质量和安全性产生较大的影响。

D.2　使用控制植物病虫草害物质的原则

D.2.1　该物质是防治有害生物或特殊病害所必需的，而且除此物质外没有其他可以替代的方法和技术。

D.2.2　该物质（活性化合物）来源于植物、动物、微生物或矿物，宜经过物理处理、酶处理或微生物处理。

D.2.3　该物质的使用不会导致环境污染。

D.2.4　如果某物质的天然数量不足，可考虑使用与该自然物质的性质相同的化学合成物质，如化学合成的外激素（性诱剂），使用前提是不会直接或间接造成环境或产品的污染。

D.3　评估

D.3.1　评估意义

定期对外部投入的物质进行评价能促使有机生产对人类、动物以及环境和生态系统越来越有益。

D.3.2　评估投入物质的准则

对投入物质应从作物产量、品质、环境安全性、生态保护、景观、人类和动物的生存条件等方面进行全面评估。限制投入物质用于特种农作物（尤其是多年生农作物）、特定的区域和特定的条件。

D.3.3　投入物质的来源和生产方法

D.3.3.1　投入物质一般应来源于（按先后选用顺序）有机物（植物、动物、微生物）、矿物、等同于天然产品的化学合成物质。应优先选择可再生的投入物质，再选择矿物源物质，最后选择化学性质等同天然产品的投入物质。在允许使用化学性质等同的投入物质时需要考虑其在生态上、技术上或经济上的理由。

D.3.3.2　投入物质的配料可以经过机械处理、物理处理、酶处理、微生物作用处理、化学处理（作为例外并受限制）。

D.3.3.3　采集投入物质的原材料时，不得影响自然环境的稳定性，也不得影响采集区内任何物种的生存。

D.3.4 环境影响

D.3.4.1 投入物质不得危害环境,如对地面水、地下水、空气和土壤造成污染。这些物质在加工、使用和分解过程中对环境的影响必须进行评估

D.3.4.2 投入物质可降解为二氧化碳、水和其他矿物形态。对投入的无毒天然物质没有规定的降解时限。

D.3.4.3 对非靶生物有高急性毒性的投入物质的半衰期不能超过 5d,并限制其使用,如规定最大允许使用量。若无法采取可以保证非靶生物生存的措施,则不得使用该投入物质。

D.3.4.4 不得使用在生物或生物系统中蓄积的投入物质,也不得使用已经知道有或怀疑有诱变性或致癌性的投入物质。

D.3.4.5 投入物质中不应含有致害的化学合成物质(异生化合制品)。仅在其性质完全与自然界的产品相同时,才允许使用化学合成的产品。

D.3.4.6 投入矿物质的重金属含量应尽可能低。任何形态铜的使用必须视为临时性,必须限制使用。

D.3.5 人体健康和产品质量

D.3.5.1 投入物质必须对人体健康没有影响。必须考虑投入物质在加工、使用和降解过程中是否有危害。应采取一些措施,降低投入物质的使用危险,并制定投入物质在有机茶中使用的标准。

D.3.5.2 投入物质对产品质量如味道、保质期和外观质量等应无不良影响。

D.3.5.3 伦理和信心

D.3.5.3.1 投入物质对饲养动物的自然行为或机体功能应无不利影响。

D.3.5.3.2 投入物质的使用不应造成消费者对有机茶产品产生抵触或反感。投入物质的问题不应干扰人们对天然或有机产品的总体感觉或看法。

附录三　中华人民共和国农业行业标准
有机茶产地环境条件

（NY 5199—2002）

1　范围

本标准规定了有机茶产地环境条件的要求、试验方法和检验规则。

本标准适用于有机茶产地。

2　规范性引用文件

下列文件中的条款通过本标准的引用而成为本标准的条款。凡是注日期的引用文件，其随后所有的修改单（不包括勘误的内容）或修订版本均不适用于本标准，然而，鼓励根据本标准达成协议的各方研究是否可使用这些文件的最新版本。凡是不注日期的引用文件，其最新版本适用于本标准。

GB/T 6920　水质　pH 的测定　玻璃电极法

GB/T 7467　水质　六价铬的测定　二苯碳酰二肼分光光度法

GB/T 7468　水质　总汞的测定　冷原子吸收分光光度法（eqv ISO 5666-1～5666-3）

GB/T 7475　水质　铜、锌、铅、镉的测定　原子吸收分光光谱法（neqISO/DP8288）

GB/T 7483　水质　氟化物的测定　氟试剂分光光度法

GB/T 7484　水质　氟化物的测定　离子选择电极法

GB/T 7485　水质　总砷的测定　二乙基二硫代氨基甲酸银分光光度法（neq ISO 6595）

GB/T 7486　水质　氰化物的测定　第一部分：总氰化物的测定（eqv ISO 6703-1～6703-2）

GB/T 8170　数值修约规则

GB/T 11898　水质　游离氯和总氯的测定　N，N-二乙基-1，4 苯二胺分光光度法

GB/T 15432　环境　空气总悬浮颗粒物的测定　质量法

GB/T 15433　环境　空气氟化物的测定石灰滤纸·氟离子选择电极法

GB/T 15434　环境　空气氟化物质量浓度的测定滤膜·氟离子选择电极法

GB/T 15435　环境　空气二氧化氮的测定　Saltzman 法

GB/T 16488　水质　石油类和动植物油的测定　红外光度法

GB/T 17134　土壤质量　总砷的测定二乙基二硫代氨基甲酸银分光光度法

GB/T 17135　土壤质量　总砷的测定　硼氢化钾 - 硝酸银分光光度法

GB/T 17136　土壤质量　总汞的测定　冷原子吸收分光光度法

GB/T 17137　土壤质量　总铬的测定　火焰原子吸收分光光度法

GB/T 17138　土壤质量铅、锌的测定　火焰原子吸收分光光度法

GB/T 17140　土壤质量铅、镉测定 KI-MIBK 萃取火焰原子吸收分光光度法

GB/T 17141　土壤质量铅、镉的测定　石墨炉原子吸收分光光度法

NY 395　农田土壤环境质量监测技术规范　采样技术和 pH 的测定

NY 396　农用水源环境质量监测技术规范　采样技术

NY 397　农区环境空气质量监测技术规范　采样技术

3　要求

3.1　基本要求

3.1.1　有机茶产地应水土保持良好，生物多样性指数高，远离污染源和具有较强的可持续生产能力。有机茶园与交通干线的距离应在 1 000m 以上。

3.1.2　有机茶园与常规农业生产区域之间应有明显的边界和隔离带，以保证有机茶园不受污染。隔离带以山和自然植被等天然屏障为宜，也可以是人工营造的树林和农作物。农作物应按有机农业生产方式栽培。

3.2　空气

有机茶园环境空气质量应符合表 1 的要求。

表 1　有机茶园环境空气质量标准

项　　目	日平均	1h 平均
总悬浮颗粒物（TSP）/（mg/m³）（标准状态）	≤0.12	—
二氧化硫（SO_2）/（mg/m³）（标准状态）	≤0.05	≤0.15
二氧化氮（NO_2）/（mg/m³）（标准状态）	≤0.08	≤0.12
氟化物（F）（标准状态）	≤7mg/m³	≤20mg/m³
	≤1.8mg/（dm²·d）	—

注：日平均指任何一日的平均浓度；1h 平均指任何 1h 的平均浓度。

3.3　土壤

有机茶园土壤环境质量应符合表 2 的要求。

表 2　有机茶园土壤环境质量标准

项　　目	浓度限值
pH	4.0～6.5
镉/（mg/kg）	≤0.20
汞/（mg/kg）	≤0.15
砷/（mg/kg）	≤40
铅/（mg/kg）	≤50
铬/（mg/kg）	≤90
铜/（mg/kg）	≤50

3.4　灌溉水

有机茶园灌溉水应符合表 3 的要求。

表3 有机茶园灌溉水质标准

项 目	浓度限值
pH	5.5～7.5
总汞/（mg/L）	≤0.001
总镉/（mg/L）	≤0.005
总砷/（mg/L）	≤0.05
总铅/（mg/L）	≤0.1
铬（六价）/（mg/L）	≤0.1
氰化物/（mg/L）	≤0.5
氯化物/（mg/L）	≤250
氟化物/（mg/L）	≤2.0
石油类/（mg/L）	≤5

4 试验方法

4.1 取样方法

4.1.1 环境空气按 NY/T 397—2000 执行。

4.1.2 土壤按 NY/T 395—2000 执行。

4.1.3 灌溉水按 NY/T 396—2000 执行。

4.2 空气

4.2.1 总悬浮颗粒的测定：按 GB/T 15432 执行。

4.2.2 二氧化硫的测定：按 GB/T 15262 执行。

4.2.3 二氧化氮的测定：按 GB/T 15435 执行。

4.2.4 氟化物的测定：按 GB/T 15433 或 GB/T 15434 执行。

4.3 土壤

4.3.1 pH 的测定：按 NY/T 395 提供的方法执行。

4.3.2 铅和镉的测定：按 GB/T 17140 或 GB/T 17141 执行。

4.3.3 汞的测定：按 GB/T 17136 执行。

4.3.4 砷的测定：按 GB/T 17134 或 GB/T 17135 执行。

4.3.5 铬的测定：按 GB/T 17137 执行。

4.3.6 铜的测定：按 GB/T 17138 执行。

4.4 灌溉水

4.4.1 pH 的测定：按 GB/T 6920 执行。

4.4.2 汞的测定：按 GB/T 7468 执行。

4.4.3 铅和镉的测定：按 GB/T 7475 执行。

4.4.4 砷的测定：按 GB/T 7485 执行。

4.4.5 六价铬的测定：按 GB/T 7467 执行。

4.4.6 氰化物的测定：按 GB/T 7486 执行。

4.4.7 氯化物的测定：按 GB/T 11898 执行。

4.4.8 氟化物的测定：按 GB/T 7483 或 GB/T 7484 执行。

4.4.9　石油类的测定：按 GB/T 16488 执行。

5　检测规则

5.1　有机茶产地空气、土壤和灌溉水各项指标评价采用单项污染指数法，如有一项不合格，则该产地不符合有机茶产地环境条件。

5.2　检验结果的数据修定按 GB/T 8170 执行

读者意见反馈

亲爱的读者：

感谢您选用中国农业出版社出版的职业教育规划教材。为了提升我们的服务质量，为职业教育提供更加优质的教材，敬请您在百忙之中抽出时间对我们的教材提出宝贵意见。我们将根据您的反馈信息改进工作，以优质的服务和高质量的教材回报您的支持和爱护。

地　　址：北京市朝阳区麦子店街 18 号楼（100125）

中国农业出版社职业教育出版分社

联系方式：QQ（1492997993）

教材名称：_____ ISBN：_____

个人资料

姓名：_____所在院校及所学专业：_____

通信地址：_____

联系电话：_____　电子信箱：_____

您使用本教材是作为：□指定教材□选用教材□辅导教材□自学教材

您对本教材的总体满意度：

从内容质量角度看□很满意□满意□一般□不满意

改进意见：_____

从印装质量角度看□很满意□满意□一般□不满意

改进意见：_____

本教材最令您满意的是：

□指导明确□内容充实□讲解详尽□实例丰富□技术先进实用□其他_____

您认为本教材在哪些方面需要改进？（可另附页）

□封面设计□版式设计□印装质量□内容□其他_____

您认为本教材在内容上哪些地方应进行修改？（可另附页）

_____

_____

本教材存在的错误：（可另附页）

第_____页，第_____行：_____应改为：_____

第_____页，第_____行：_____应改为：_____

第_____页，第_____行：_____应改为：_____

您提供的勘误信息可通过 QQ 发给我们，我们会安排编辑尽快核实改正，所提问题一经采纳，会有精美小礼品赠送。非常感谢您对我社工作的大力支持！

欢迎访问"全国农业教育教材网"http：//www.qgnyjc.com（此表可在网上下载）

欢迎登录"中国农业教育在线"http：//www.ccapedu.com 查看更多网络学习资源

欢迎登录"智农书苑"read.ccapedu.com 阅读更多纸数融合教材

图书在版编目（CIP）数据

茶树栽培技术 / 蔡烈伟主编 . —2 版 . —北京：
中国农业出版社，2022.3
高等职业教育农业农村部"十三五"规划教材
ISBN 978-7-109-29249-9

Ⅰ.①茶… Ⅱ.①蔡… Ⅲ.①茶树－栽培技术－高等
职业教育－教材 Ⅳ.①S571.1

中国版本图书馆 CIP 数据核字（2022）第 048015 号

中国农业出版社出版

地址：北京市朝阳区麦子店街 18 号楼
邮编：100125
责任编辑：吴　凯　钟海梅
版式设计：王　晨　责任校对：刘丽香
印刷：北京通州皇家印刷厂
版次：2014 年 7 月第 1 版　　2022 年 3 月第 2 版
印次：2022 年 3 月第 2 版北京第 1 次印刷
发行：新华书店北京发行所
开本：787mm×1092mm　1/16
印张：18
字数：400 千字
定价：54.00 元